LETTRES COSMOLOGIQUES SUR L'ORGANISATION DE L'UNIVERS,

ECRITES EN 1761

PAR

J. H. LAMBERT.

TRADUITES DE L'ALLEMAND

PAR

Mr. DARQUIER,

De l'Inſtitut National de France, et de l'Académie de Toulouſe.

Publiées et augmentées de remarques

PAR

J. M. C. D'UTENHOVE,

De la Société Provinciale d'Utrecht.

à AMSTELDAM, chez

GERARD HULST VAN KEULEN.

1801.

AVIS
DE
L'ÉDITEUR.

Le Manuscrit de l'Ouvrage, que nous présentons au Public, nous fut envoyé par Monsieur DE LA LANDE *sur les sollicitations de son estimable ami Monsieur le Major* DE ZACH, *qui nous avait engagé à le publier, et à le réduire à l'état actuel de l'Astronomie. Le Traducteur, lors d'un voyage qu'il fit en Angleterre, l'avait remis à son Excellence Monsieur le Comte* DE BRÜHL *pour en faire la révision et la confrontation avec l'original, examen dont son Excellence avait été parfaitement satisfaite.*

La rédaction de cet Ouvrage, publiée en 1770 *sous le titre de* Système du Monde, *et qui, en effet, en renferme le contenu dans un bien plus petit volume, a sans doute été la principale cause que Monsieur* DARQUIER *ne pût trouver en Angleterre ni en France des libraires pour sa Traduction. Ici nous nous félicitons d'avoir été assez heureux pour pouvoir profiter du zèle qu'a montré en plusieurs occasions l'Imprimeur Hydrographe* G. HULST VAN KEULEN *à Amsterdam pour mettre au jour des ouvrages qui ont rapport à l'Astronomie.*

Les remarques que nous avons ajoutées à cette édition sont pour la plupart relatives aux progrès de de l'Astronomie depuis la publication et la traduction de l'Ouvrage, ayant tâché par là de nous rapprocher du but que s'était proposé le traducteur dans les siennes, dont nous les avons distinguées en les désignant par des caractères alphabétiques, tandis que celles-ci sont marquées par des astérisques. Nous les avons puisées dans les ouvrages les plus célèbres et les plus distingués, que nous avons eu soin d'indiquer, et nous nous flattons d'avoir ainsi ajouté quelque chose au mérite de celui-ci. La considération qu'elles sont écrites dans une langue qui nous est étrangère nous donne droit de prétendre à l'indulgence des Lecteurs Français.

Enfin, déférant aux avis de Monsieur LA LANDE, *nous avons mis à la tête de cet Ouvrage l'Éloge de son Auteur tiré des Mémoires de l'Académie de Berlin. Nous avions formé d'abord le projet d'y joindre encore deux lettres supplémentaires tirées du commerce épistolaire de l'Auteur, publié par Monsieur* BERNOUILLI, *et un Catalogue plus moderne des comètes; mais croiant ensuite avoir suffisamment suppléé à ces défauts dans nos remarques, et ne voulant pas grossir inutilement le volume et le prix de cette édition, nous avons pris le parti d'y renoncer.*

AVANT

AVANT PROPOS
DU
TRADUCTEUR.

Il n'est aucun Mathématicien auprès duquel le nom de Mr. LAMBERT, membre de l'Académie de Berlin, ne soit parvenu. Génie universel et vraiment original, il n'est point de partie des mathématiques qu'il n'ait attaquée et dont il n'aye réculé les bornes. Étayé d'une métaphysique profonde et d'une dialectique perfectionnée c'est à la lueur du flambeau de ces deux sçiences qu'il a parcouru la Carrière des autres. Inventeur même dans ce qu'on avoit découvert avant lui, c'est de son propre fonds qu'il a tiré toutes ses richesses: des méthodes à lui, et que lui fournissoit sa marche sûre et lumineuse; un tact fin pour reconnoître les voyes, les plus courtes et les plus directes pour arriver à la vérité, l'avoient mis en même de se passer des auteurs et de maître.

Ayant mené d'abord une vie assés ambulante; chargé pendant quelques années de l'instruction de quelques jeunes gentils-hommes Suisses; occupé auparavant d'affaires d'un genre bien différent des sciences qu'il a cultivé dans les suites; enfin enlevé par une mort assés prématurée, tout cela ne semble par annoncer qu'il ait pu publier beaucoup d'ouvrages; cependant ceux qui avoient parû pendant sa vie sont importants et nombreux il a laissé à sa mort une foule de manuscrits précieux que l'Académie de Berlin, s'est empressée d'acquérir de ses héritiers et dont elle a confié l'édition à Mr. BERNOUILLI, son astronome Royal. Il a déjà paru plusieurs volumes de cette édition dont les deux premiers comprenent le Commerce épistolaire de Mr. LAMBERT, avec la plus part des sçavants d'Allemagne, on ne tardera par sans doute à voir publiées les autres, mais de touts les ouvrages de cet homme célèbre, qui ont paru avant ou après sa mort; il n'y en a aucun qui annonce plus le génie et la belle imagination, que ses *Lettres Cosmo-*

mologiques qui ont été imprimées a Leipsic en 1761, et dont je présenté ici une traduction au public. (*a*)

J'avoue qu'apres les avoir lües j'ai été étonné que personne, n'eut été tenté de les faire connoitre aux Astronomes François (†), j'ai osé le faire et je pense qu'on doit m'en sçavoir gré.

Ce n'est point ici une histoire de la création ni de ce que l'Etre supréme a fait, ou pu faire à cette Epoque pour former, diviser, donner le mouvement à tous ces Globes roulans sur nos têtes; ce n'est point un roman physique, un tableau imaginaire tracé d'une main Éloquente du debrouillement du Cahos et de la marche de la nature jusques à ce moment, tel que celui du Pline François (*b*), c'est une es-

---

(*a*) l'Ouvrage de M. MERIAN intitulé : *Système du Monde*, Bouillon 1770 et Paris 1781, n'est qu'un extrait des Lettres Cosmologiques de LAMBERT.

(†) Les deux Premières ont été traduites en François par un anonyme et insérées, dans le nouvcliste Suisse du mois Fevrier 1764. mais quelques récherches que j'aie faites je n'ai pas pu découvrir si cette avoit été continuée.

(*b*) Le système de M. DE BUFFON est connu de la pluspart des lecteurs Français. Au reste différens auteurs ont donné de différens systêmes de cosmogonie. Le meilleur et le plus plausible de tous parait renfermé dans un excellent petit ouvrage anonyme qui a pour titre: *Allgemeine Naturgeschichte* &c. c'est à dire: *Histoire Naturelle et Théorie générale du ciel, ou essai sur la constitution et l'origine mécanique de l'Univers entier déduites des principes de la gravitation Newtonienne.* Königsb. et Leips. 1755. Ce livre, (dont tout le monde connoit aujourd'hui l'auteur dans le célèbre Kant de Königsberg,) a trop de rapport avec l'ouvrage que nous publions pour le passer ici sous silence: nous tâcherons de faire appercevoir ce rapport au lecteur dans nos remarques ce qui est d'autant plus nécessaire, que cet ouvrage, quoique plus ancien que celui-ci de LAMBERT, lui paroit cépendent avoir été entierement inconnu: car il est nullement vraisemblable qu'il eût emprunté en plusieurs endroits des idées, d'un ami sans indiquer son ouvrage ou il les auroit puisées. l'Auteur en fit donner un extrait en 1791, et en 1797 un Auteur anonyme s'est permis de le faire réimprimer en entier avec ses propres remarques qu'il n'a pas hésité d'appeller des *corrections de l'auteur même* sur le titre: Mais nous espérons d'en voir encore une édition nouvelle de la main même de l'auteur et de son vivant.

esquisse fidelle, desfinée d'après les obſervations de nôtre Système Solaire, tel que nous le voions dans la partie la plus voiſine de nous, et que nous le verrions dans la plus éloignée, ſi elle n'étoit par au de là de nôtre Sphère de viſibilité. Mr. LAMBERT s'occupe ici peu des cauſes, il nevoit que les effets: guidé par le fil de l'analogie; appuyé ſur les principes de la *Teleologie* (*), qui lui a fourni les preuves dont il a beſoin, il s'enfonce dans la profondeur des cieux pour y conſidérér cette foule prodigieuſe de fixes ou de Soleils entrainant des ſyſtêmes pareils au notre, mais qui dépendent eux mêmes d'autres plus grands ſyſtêmes; ceux ci ne ſont à leur tour qu'une partie d'un tout encore plus vaste, et ainſi graduellement des uns aux autres, jusques au ſyſtême tôtal unique de l'Univers, dont l'immenſité effraye l'imagination mais qui n'en est pas moins borné par des limites finies.

Ces Syſtêmes petits, mediocres, grands, prodigieux, immenſes, ne ſont qu'une conſéquence néceſſaire de ce qui est immédiatement ſoumis à nos obſervations. La Terre, Jupiter, Saturne ſont au Centre du mouvement de leurs ſatellites. Ces Planetes les entrainent avec elles en tournant pareillement au tour du Soleil, il n'y a pas de raiſon pour que celui ci n'ait pas lui même ſon orbite et ſon centre de révolution. Pourquoi s'arrêteroit-on de nouveau ici? il y auroit peut-être plus d'abſurdité à prétendre, que c'est la le dernier anneau de la chaine, qu'à la ſuppoſer infinie.

Cette ſérie croisſante ſuppoſeroit, il est vrai, des orbites d'une grandeur que l'imagination ne ſcauroit concevoir, mais ſçavons nous ce que c'est qu'être petit ou grand? avous nous une échelle propre à établir cette manière d'être? peut-être que les microscopes les plus forts, ne nous rapprochent que d'un chainon également éloigné des deux extrêmes. C'est ſurquoi nous ſerons toujours, n'en doutons pas, dans une ignorance éternelle. En attendant nous prendrous quel-

(*) Science des cauſes finales M. LAMBERT, a conſacré une partie de ſa Préface à développer et à justifier l'Uſage qu'il a fait des principes de cette ſcience dans ces Lettres.

quelques idées de distances enlisant dans la premiere de ces Lettres que Mr. LAMBERT, pense qu'il y a des Étoiles à une distance de nous, telle que leur lumière, qui d'après ce qu'on sçait emploie huit minutes à venir du Soleil à nous, n'a pas encore a-cheve, depuis la création de parcourir la distance qui nous sépare, et qu'il y a loin encore d'elles aux limites reéls de l'Univers.

Tout cet espace absolu ne doit pas être dépeuplé. Le créateur n'ayant rien fait envain, les corps doivent y être distribués en nombres tel qu'ils puissent seulement s'y mouvoir chacun en parcourant l'orbite qui lui est assignée, sans gêne, sans embarras, sans risque de choc mutuel; (*) tout l'ensemble de l'Univers se meut d'un mouvement commun et continû. Ses parties ont leurs révolutions particulieres; elles fourniasent leur carrière aujourd'hui comme elles l'ont fait au moment de leur premier départ, et continueront ainsi de même jusques à l'Époque marquée pour la fin de leur course, l'instant de leur stagnation sera celui de l'anéantissement matériel, d'ou l'on peut tirer cette conclusion singulière, mais exacte, qu'aucun corps céleste n'a resté un instant divisible dans le même lieu absolu, et n'y est revenu deux fois.

Il n'y a nulle intervention d'employ à craindre dans ce gouvernement; nulle anarchie. Les choses ne se passent pas dans le monde physique comme dans le moral, chaque corps a sa destination invariable: les Satellites ont toujours été soumis, jamais soumétants; toujours régis jamais régissants. Les vicissitudes de la fortune y sont inconnues; l'immutabilité de l'ouvrage annonce celle de l'Ouvrier.

A l'égard des Cométes si calomniées par les anciens qui les envisageoient comme des messagers funestes; soupçonnées de mauvais desseins et d'un dangereux voisinage par quelques modernes, mais rétablies dans leur honneur par d'autres; ce sont de Planétes tranquilles et pacifiques quoique

(*) C'est cette faculté qu'à l'Univers de pouvoir être rempli de corps célestes que Mr. LAMBERT, pense être une des fins de la Création qu'il apelle *Bewohnbarkeit* et que j'ai traduit pas *habitabilité* faute de mieux, pourquoi n'est il pas françois?

que très nombreuſes; des voyageuſes de longs cours qui viennent de temps en temps rendre hommage au Soleil leur Souverain Seigneur et maître: par honnêteté et par reſpect elles étalent leurs belles chevelures, ſe parent de leur rôbe trainante lorsqu'elles s'approchent de ſon Thrône, mais l'abdiquent enſuite et la mettent en réſerve pour s'en revêtir à une nouvelle viſite. Ces queües ſubmergentes ou incendiaires; ne ſont aux yeux de l'astronome et du Phyſicien que des Phénomènes intéresſans qui ne peuvent avoir aucune influençe ſur notre Planète. Ces astres ne font pas touts leurs Révolutions dans des orbites rentrantes; quelques unes privilégiées parcourent peut-être des hyperboles, s'enfoncent dans les cieux, et, pasſant d'un ſyſtème a l'autre fournisſent aux êtres qui les habitent, le moyen de conſidérer ſuccesſivement tout le ſuperbe édifice de l'univers.

Un dernier coup de pinceau a-chevera le tableau des idées de Mr. Lambert. La Lune, les Satellites de Saturne, ceux de Jupiter, ont un corps opaque au centre de leur ſyſtême qui est leur Planéte principale; il en prend droit de conclure par analogie, que touts les ſyſtêmes de fixes, même de la voye Lactée, ont des corps pareils à leur centre. Si l'imperfection de l'optique les a derobés jusqu'à préſent à nos yeux, pouvons nous asſurer qu'ils ſeront toujours inviſibles pour nous? il y a plus: M. Lambert, ſoupçonne que la nébuleuſe d'Orion est un de ces corps qui pourroit bien être le régisſeur de notre ſyſtême Solaire. Un Astronome a decouvert en 1781. (c) une nébuleuſe auprès de β de la Lyre qui par la

(c) La nébuleuſe dont parle ici M. d'Arquier parait être celle qu'il découvrit lui même en obſervant la comète de 1779. Voici la déſcription qu'on en donne dans pluſieurs vol. de la Conn. d. Tems: *Amas de lumière placé entre γ & β de la Lyre. Il ſemble que cet amas de lumière, qui est arrondi, est composé de très petites étoiles: avec les meilleures lunettes il n'est pas posſible de les apercevoir, il reste ſeulement un ſoupçon qu'il y en a.* M. Messier *a rapporté cet amas de lumière ſur la carte de la comète de* 1779. (il ſe trouve auſſi dans l'Atlas celeste de M. Bode publié en 1784, de même que ſur les grandes cartes célestes dont ce ſavant est occupé maintenant). M. Darquier, *à Toulouſe, découvrit cette Nébuleuſe en obſervant la même Comète, et il rapporte: „ Nébuleuſe entre γ & β „ de*

la description qu'il en donne femble appartenir à ce genre de Corps.

Après avoir jetté le coup d'œuil rapide précédent fur l'enfemble du fyftême de M. **Lambert**, il me reste un mot a dire fur ma traduction. Elle n'est ni fervile ni abfolument libre. Le défir qu'avoit l'Auteur de conferver l'illufion d'un commerce épistolaire réel entre deux amis, l'a nécesfairement entrainé dans quelques longueurs, dans des répétitions, et dans des hors d'œuvre qu'il étoit, peut-être, inutile de transporter dans notre langue, mais auxquelles je n'ai ôfé touchér qu'avec la plus grande réserve. Il en est de même des formules de compliment, qui commencent et finisfent toutes les lettres, et des Eloges que fe donnent mutuellement çà et là les deux amis: j'ai cru devoir faire main basfe fur tout ce qui m'a paru ne rien ajouter au fujet; mais j'ai taché de conferver fcrupuleufement les idées et l'esprit de l'auteur, fans me permettre d'autre addition qu'un très petit nombre de courtes notes comunement relatives aux découvertes faites depuis la publication de ces Lettres. Je terminerai cet avant propos par deux notices necrologiques de notre auteur; l'une traduite du mercure Allemand, du mois de Septembre 1778. l'autre publiée en françois à Berlin, par M. **Jean Bernouilli**.

„ *de la Lyre; elle est fort terne, mais parfaitement terminée; elle est* „ *grosfe comme Jupiter, et resfemble à une Planète qui s'éteindroit.*" *Asc. Dr. en* 1779. 281°. 20'. 8". *Decl.* 32°. 46'. 3". B. Il parait donc qu'il faut lire ici 1779 au lieu de 1781. — M. **Herschel** parle ausfi de cette nébuleufe dans les Transact. Philofop. de 1785, (ou fe trouve fon mémoire intéresfant *fur la Construction du ciel.*) C'est une de celles que fon grand télescope de 20 pieds ne represente pas en amas d'étoiles, mais qu'il croit cependant apartenir au genre *réfoluble:* mais ce qu'il y découvre de curieux et de fingulier, c'est que cette nébuleufe a au milieu une ouverture ou tache noire, ronde, et concentrique à la circonférence de fon disque; ou, pour mieux s'exprimer, qu'elle fe présente fous la forme d'un anneau elliptique femblable à celui de Saturne dans fa plus grande ouverture: M. **Herschel** en a même donné le rapport des axes de 83 à 100; ainfi que, fi les étoiles qui la compofent forment un cercle, celui ci ferait incliné d'environ 56° à la ligne menée du foleil au centre de la nébuleufe: les fommets du grand axe lui paraisfaient moins lumineux et pas fi bien terminés que les autres parties de la circonférence.

TRA-

TRADUIT
DU
MERCURE ALLEMAND.

Du Mois de Septembre 1778.

Le mérite éminent de M. LAMBERT dans les Sciences, l'avoit rendu aussi recommandable que l'excellence de son caractére le rendit digne de vénération. Il est vrai qu'on retrouvoit souvent dans ses manières, les traces ineffaçables de sa premiere éducation qui s'étoit ressentie de la médiocrité de sa naissance. Ses vêtements quelquefois ridicules, les meubles toujours misérables de sa chambre, donnoient une mince idée de son gout pour la parure, et annonçoit peut être celui de sa singularité. Son maintien étoit en général bizarre et presque comique, il aimoit à rire, et étoit naturellement porté à la froide et souvent platte plaisanterie. Passionné au plus haut dégré pour les aliments grossiers, et les Vins de liqueur, il alloit souvent se mêler dans les cabarets et les caffés avec les gens du Peuple pour s'amuser et y rire de leurs saillies et de leurs raisonnements politiques. Mais sous ce singulier et bizarre extérieur il cachoit le plus excellent caractère et le meilleur esprit: à la modestie franche et pure d'une jeune personne il joignoit la pureté des mœurs la plus exacte; un éloignement sincere et recherché de toute ombre de deguisement et de mensonge ainsi que de toute tournure équivoque, une aversion déterminée contre tout soupçon d'improbité; le plus grand empressement à réparer par le desaveu où tout autre moyen qui fut en son pouvoir, le tort qu'il auroit pu faire à quelqu'un par un Jugement précipité ou par quelque action injuste, chérissant la paix au point d'apportér le plus grand soin à évitér toute occasion, même la plus éloignée, de contester avec quelqu'un; la patience la plus éprouvée ne lui coutoit rien.

Jamais de l'humeur; ne repousſant en aucun cas ceux qu'il pouvoit éclairér par ſes inſtructions, et qui avoient recours à lui, il étoit animé de la compaſſion et de la charité la plus active pour les pauvres: en un mot, il reuniſſoit toutes les vertus.

Il avoit une piété ſolide et fervente; un ſentiment profond de notre dépendence de la Divinité et de l'imperfection de nos connoisſances ſur ſon esſence; il ne s'étoit jamais départi de l'humble ſoumisſion et de la crainte mélée de reſpect dont il avoit été pénétré dès ſa plus tendre jeuneſſe pour l'Etre Suprême; il y a invariablement perſiſté, quoique dans les dernières années de ſa vie il eut adopté inſenſiblement quelques changemens, qui lui étoient propres, à ſes premieres idées ſur la Religion; il en étoit réſulté une Vénération intérieure pour l'auteur de toutes choſes, une tranquilité d'âme, et un certain état de repos, qui quelqueſois l'exaltoit au point que ſa phyſionomie et ſes yeux ſembloient dans ſes inſtants empreints du ſeu Divin. Il avoit le plus ſouverain mepris pour les détracteurs de la Religion, et le plus vif enthouſiaſme pour ſes vengeurs, Philanthrope et Cosmopolite dans toute l'étendüe de l'expresſion, ausſi peu attaché à lui même qu'à aucun pays en particulier, ſans en excepter même ſa patrie; tenant en cela du caractere national des Suisſes.

Il prenoit le plus vif intérêt a ceux qu'il estimoit; et à la mort de M. SULZER, célèbre membre de l'Académie de Berlin, il verſa les ſeules larmes qu'on lui eut vue répandre encore: il n'avoit pas de plus grand plaiſir que d'aider de ſes lumieres les jeunes gens qui montroient du génie, et que de pouvoir contribuer à le développer: il étoit toujours content lorsqu'il trouvoit qu'un autre avoit travaillé d'après ſes idées, qu'il les avoit utiliſées ou qu'il étoit parvenû à les étendre et à y jetter plus de lumière.

PRÉ-

PRÉCIS
DE LA VIE
DE
Mr. LAMBERT.

l'Astronomie, la Physique, les Mathématiques, et les Sciences spéculatives, comme toutes les sciences exactes viennent de faire une perte des plus sensibles, et on peut dire, irréparable, par la mort de Mr. Jean Henry Lambert, membre ordinaire de l'Académie des Sciences et belles Lettres de Berlin, laquelle donne à un confrere aussi estimable et aussi utile les regrets les plus sinceres. Je saisis avec douleur cette occasion d'être le premier a témoigner publiquement les miens. Je ne pourrai à la vérité encore que consigner à la hâte le peu de détail que ma mémoire me fournit sur une vie si digne d'être célèbrée avec plus d'étendüe et par une plume plus excercée dans ce genre que la mienne; mais je me flatte qu'on ne des-aprouvera pas ce foible essai que j'ôse faire en attendant que les parents et les amis du défunt ayent mis le célèbre (a), historiographe de l'Académie en état d'accompagnér de plus d'accessoires intéressants un Éloge, que les excellentes productions de feu Mr. Lambert rendentaussi facile à faire, que bien d'accord avec ce titre; s'il se trouve dans la suite que j'aie été moins fidelle sur quelques points de peu de conséquence: j'espere qu'on me le pardonnera.

Feu Mr. Lambert étoit né à *Mulhose* en Alsace vers l'an 1727. Je ne sçais pas s'il a jamais dit son âge à personne; mais ce qui me fait juger que c'étoit la à peu près l'année de sa naissance, c'est que je me rapelle lui avoir entendu dire, qu'à l'âge de 16 ans il avoit observé et construit

(a) M. Formey, dont nous donnons l'Éloge, q'indique ici Mr. B., à la suite de ce Précis.

ſtruit la marche, de la Comète de 1742 ou 1744. Je ne me ſouviens plus au juste de la qu'elle.

M. LAMBERT ne pouvoit point être dans le cas de ceux qui n'ont qu'un éclat emprunté de leur famille; et c'est lui au contraire qui a illustré la ſienne. Son Pere étoit tailleur, et le ſeul frere qui lui ſurvit excerce le même métier à Mulhoſe leur ville natale commune. Sa première destination ne m'est pas exactement connûe; quelqu'un ma dit que c'étoit d'être libraire: quoiqu'il en ſoit; après avoir fait quelques études au Collége de ſa patrie, dans les quelles ſon génie ſe portoit dès lors toûjours fort au dela des inſtructions qu'il recevoit, Mr. LAMBERT devint encore fort jeune Sécretaire dans un Bureau pour les mines, et démeura enſuite à Basle, deux ou trois ans, auſſi en en qualité de Sécretaire chéz Mr. J. ROD. ISELIN, Profesſeur en droit encore vivant, qui étoit chargé alors de la rédaction de la Gazette politique de Basle, et qui tenoit un ſécretaire pour ſe ſoulagér dans ce travail: à cette occaſion Mr. LAMBERT étudia un peu de droit, en asſiſtant aux leçons que donnoit Mr. ISELIN; mais au bout de peu d'années il le quitta pour les Griſons, et pour un Poste agréable que probablement Mr: ISELIN, lui procura lui même par les relations que je lui connois. Il devint inſtituteur de quelques jeunes gens de l'ancienne et reſpectable famille de SALIS; et quoiqu'il ne fut par là encore dans ſa Sphère, il ne laisſa pas d'y mener une vie fort heureuſe. Il étoit chez de perſonnes remplies de mérite qui l'aimoient et l'estimoient, et pouvoit, ſemblable à Pascal, ſans livres, *et ſans frotér ſa cervelle contre d'autres*, comme le dit Montagne, employer beaucoup de moments et loiſir à ſe dévelopér et à ſe préparér au grand esſor qu'il a pris dans la ſuite. Il faiſoit des découvertes qui lui étoient propres, et qui le flattoient parcequ'il ignoroit qu'elles eusſent déja été faites: il pouvoit librement, et dans un bon climat méditer, calculer, et faire des obſervations de phyſiques, de météorologie, et d'astronomie: on dira peut être que probablement dans ce pays les inſtrumens lui manquoient; mais il avoit une resſource unique à cet égard en lui même: il a toujours employé pour ſes expériences les moyens

les

les plus simples, les instruments en apparence les plus chetifs, qu'il exécutoit la plus part lui seul: il avoit le tact si sûr, l'esprit si judicieux, qu'il en tiroit presque toujours le même partie que d'autres auroient fait avec un grand appareil fort couteux. Mais on ne sçauroit déguiser que cette habitude, qu'il s'étoit faite, dégénéra en foiblesse, puisqu'il ne pût même s'en défaire, lorsqu'étant de l'Académie, et dans une Ville comme Berlin, il auroit pû arriver en bien de choses à une perfection qu'il étoit impossible avec tout son génie d'atteindre en n'emploiant que ses moyens ordinaires; Mr. LAMBERT resta avec ses éleves plusieurs années; il les conduisit à l'université de Göttingue et à celles de Hollande: pendant qu'il fut dans ce pays il publia en 1749. à la Haye son beau *traité sur les propriètes les plus remarquables de la route de la lumière*; après avoir publié l'année précédente la première édition de sa *perspective* à Zuric. Lorsqu'il eut fait encore avec ses éleves un tour par la France et le haut de l'Italie; il les remit à leurs parents, et revint par Baslé dans sa patrie, qui n'en est qu'à quelques lieues; mais il ne resta à Mulhose que peu de temps. Il pouvoit se passer à la vérité de Bibliotheque, d'observatoire, et de Cabinet de Physique; mais il avoit son admirable photométrie, et son traité si utile sur les Orbites des Comètes à faire imprimer; ce besoin le conduirit à Ausbourg ou il publia le premier ouvrage en 1760 et le second en 1761. là il se lia d'amitié avec Mr. BRANDER, qui reconnoîtra bien en avoir reçû quantité de bonnes instructions, ensorte que nous sommes redevables en quelque façon à notre Académicien d'avoir en Allemagne un artiste aussi éclairé qu'il est habile dans sa profession.

Pendant le séjour que Mr. LAMBERT fit à Ausbourg, il fut consulté pour l'établissement de l'Académie Électorale de Munic. La cour lui témoigna la plus grande confiance et lui donna une pension; mais lui même n'a peut-être jamais mis le pied à Munic; et s'étant brouillé même de loin avec la nouvelle Société, il n'a pas gardé longtemps les émolumens qu'il en tiroit.

Mr. LAMBERT fit, si je ne me trompe, après son séjour à Aus-

Ausbourg un voyage dans les Grifons, et y compofa fes profonds ouvrages, le nouvel *organon* et *l'architectorique*: il vint enfuite en Saxe dans la vüe de chercher un libraire pour ces ouvrages, et peut-être aussi dans l'espérance de trouver à se fixer à Berlin: il n'ignoroit pas ce qu'il valoit, et que lui feul pouvoit repréfenter, en cas de béfoin, toute une Académie: il réusfit pour *l'organon* à Leipfic, et avec un peu moins de facilité, à dire le vrai, qu'il ne l'imaginoit à Berlin, où il arriva au commencement de 1764. Il y parût, fi j'ôse le dire, comme un homme tombé de la Lune, tant fon extérieur, foit pour fes manières, foit pour la façon de fe vêtir, étoit finguliere et peu foignée, et il n'est pas étonnant fi bien de perfonnes portoient de l'état de fon cerveau un jugement peu favorable: mais lorsqu'au bout de quelques mois il eut été donné par notre auguste protecteur à l'académie, on commença à revenir fur fon compte, et lui de fon côté prit peu à peu une façon de fe préfenter moins frappante à fon dés-avantage, pour ceux qui ne connoisfoient pas fon mérite. Il fut aimé, estimé, et honoré d'un chacun. Le Roi fur tout lui donna des preuves, en divers temps, de fon estime, en le nommant Commisfaire pour les finances de l'Académie, en lui donnant une place de confeiller fupérieur au département des bâtimens, et en augmentant confidérablement la penfion qu'il avoit comme académicien. C'est comme tel que je devrois le confidérer encore, mais j'ai prévenu que je n'entreprenois pas ici de faire fon éloge dans les formes: c'est à fes ouvrages principalement à parler; la liste feule en feroit trop nombreufe pour pouvoir lui donnér encore une place ici. Combien à côté des ouvrages qu'il a fait imprimer féparément, et que toute l'Europe admire fur la foi du trop petit nombre de ceux qui font à portée et en état de les lire; combien d'excellentes pièces répandues dans les mémoires de Basle, de Munic, de Berlin, et dans nos éphémérides!

J'ai parlé de la comète que Mr. LAMBERT avoit obfervée dans fa grande jeunesfe; elle paroit avoir eu une forte influence fur fes travaux fuivants, elle a été la première occafion, fans doute, de fon ingénieux ouvrage: *insigniores orbitæ cometarum proprietates*, et de différens bons

bons memoires ſur les Comètes, inſerés dans ſon recuïil de l'application des mathématiques à différens objèts, et ailleurs; et celle de déveloper ce talent particulier qu'il avoit pour les conſtructions géométriques, ce talent, qui est avec l'univerſalité, l'originalité, et la grande clarté de ſes idées un des principaux caractères de ſes ouvrages, ſe faiſoit ſentir dans toute ſa façon de penſer et d'âgir; elle à toujours eu quelque choſe de compasſé et de resſemblant à une conſtruction, et à été, avec un peu d'amour propre, la ſource de quelques ſingularités et de quelques taches legeres, très pardonnables dans un ſi grand homme. Mais ce qu'on ne peut lui pardonner c'est qu'il ait voulu en être la victime; helas! ſi M. Lambert, avoit été plus docile aux conſeils de ſes amis qui s'affligeoient depuis deux ou trois ans de le voir dépérir à vue d'oeuil, après avoir toujours joui de la ſanté la plus ferme; s'il n'avoit perſiſté pres-que jusques à la fin, de ſe conduire d'après ſes propres principes trop erronés en médecine; s'il n'avoit pousſé ſon illuſion ſur ſon état jusques à croire, même le dernier jour de ſa vie, et dans ſa plus grande foiblesſe, qu'il avoit encore 15, ou 20 ans à vivre: il auroit pû inſtruire le monde effectivement encore bien des années et nous n'aurions pas eu la douleur de le voir s'eteindre de conſomption le 25 Septembre dernier, après un léger ſoupér, mangé encore avec appetit, mais ſuivi d'une eſpèce d'attaque d'apoplexie. Ce ſçavant, unique dans ſon eſpèce, et ſi justement regretté, a vecu dans le célibat, et ſagement; il étoit de taille médiocre; il avoit pris avant ſon déclin beaucoup d'embonpoint et de belles couleurs; ſa phyſionomie etoit naïve, douce, prévenante, et ſpirituelle; elle décéloit ouvertement ſon esprit pénétrant, et un de ces génies que la nature employe des ſiècles à former; il joignoit le talent de la muſique et de la poëſie et la connoisſance de pluſieurs langues à ſa profonde ſagacité; ſon caractere étoit des plus honnêtes; plein de candeur et de probité; ſa Religion ſublime et à lui; à ce point, qu'il avoit compoſé lui même ſes prières; et peut être croyoit il qu'il jouiroit en effet aprés ſa mort du bonheur, dont il est ſi digne, de contemplér d'une comète rapide, toute la ſtructure de cet Univers ſur le quel il à expoſé les vues les plus élevées dans les immortelles Lettres Cosmologiques.

F. L. O.

ÉLOGE

DE

Mr. LAMBERT.

Tiré des Mémoires de l'Académie de Berlin 1778. pag. 72 de l'Hist. de l'Academie.

En commençant la tâche que j'ai aujourd'hui à remplir, tâche pénible, supérieure même à mes forces, il me semble appercevoir un Janus à deux faces également extraordinaires et difficiles à rendre. L'une m'offre le savant et l'assemblage radieux de tous les traits, de toutes les connoissances, de tous les talens qui peuvent servir non seulement à illustrer un homme de lettres, un Philosophe, mais qui, partagés entre plusieurs individus, les auroient rendus célèbres. L'autre face présente l'homme, mais un homme simple, uni, presque tel que la Nature les fait sans le secours de l'art: il me rappelle ce bloc de marbre dont le sculpteur n'a pas encore décidé s'il en fera un Dieu, ou une cuvette. De tels hommes sont certainement rares; il importe de les faire connoître par des détails caractéristiques; et ceux qu'on a bien voulu me fournir, joints à ce que nous avons tous pu voir et observer nous-mêmes, distingueront-peut-être cet Éloge de tant d'autres où l'on n'a que des objets communs à présenter, et des choses vagues à dire.

Jean Henri Lambert nâquit a Mulhause le 26 d'Avril 1728. Ce qu'on dit ordinairement des premieres années, de la vie et de l'éducation des savans est une espéce de lieu commun à tout fait fastidieux. Ils ont eu d'heureuses dispositions naturelles, ils ont été à portée de les cultiver avec succès, et sont ainsi parvenus à la mesure de savoir qu'ils ont possédée, et aux postes qu'ils ont occupés. On ne ne rencontre souvent dans tout cela que des noms obscurs et des dates inutiles. Ici il n'y a pas un trait à perdre, pas une circonstance à négliger.

Le pere de notre Académicien étoit un honnête Citoyen, tailleur de corps de jupe, dont l'Aïeul étoit sorti de France pour cause de Religion, s'étoit retiré à Mulhause, et y avoit obtenu le droit de bourgeoisie. L'opulence n'étant guères compagne du refuge, cette famille étoit demeurée fort à l'étroit; et Lucas Lambert, pere de Jean Henri avoit beaucoup de peine à subsister par son travail. On éleva le fils comme destiné à la profession paternelle; on tourna ses vues de ce côté-la et on y appliqua ses forces, sans penser ni prévoir qu'il pût jamais sortir d'une spère aussi bornée pour s'élancer jusqu'aux confins de celle de l'Univers. La famille du Tailleur s'étant fort accrue, les occupations du jeune Lambert, qui étoit l'un des aînés, devinrent plus nombreuses, et pour ainsi dire, plus abâtardissantes. Il étoit obligé de rendre à ses freres et soeurs tous les services qu'exigeoient leur âge et leurs bésoins: et pour dire exactement les choses, il faisoit alternativement l'office d'apprentif et celui de servante.

Cependant son éducation ne fut pas entierement négligée. Son pere l'envoya jusqu'à l'âge de douze ans aux Écoles publiques de la ville et il s'y distingua par son application, laissant bien loin derriere lui tous ses camarades, et donnant de bonne heures des indices marqués du désir le plus ardent de s'instruire. Cela ne faisoit pourtant pas venir à ses parens l'idée de le pousser de ce côté-là: au contraire on l'astreignit formellement au métier, et il fut contraint de quitter la plume pour l'aiguille.

L'Adolescent, qui dans tous les âges de sa vie, a été entier dans ses volontés, et incapable de céder, fit connoitre, respectueusement à la vérité, mais fermement, qu'il ne lui étoit pas possible d'embrasser un pareil genre de vie, qu'il regardoit d'ailleurs comme répugnant à sa constitution, alors foible. Il ne pouvoit ni ne vouloit s'y soustraire par la voie de rebellion, mais il redoubloit des instances; et en attendant saisissoit tous les moyens d'apprendre quelque chose. En faisant aller un berceau du pied, dans un réduit

bruy-

bruyant, il tenoit en main quelque livre qu'il lifoit avec la plus grande application.

Mais voici un trait qui montre encore mieux, jusqu'où allerent les obftacles qu'il eut à vaincre, et quel fut le courage qu'il y oppofa. Sa mere, pour l'empêcher d'étudier la nuit, lui refufoit de la lumiere. Le jeune LAMBERT s'étoit appliqué à la Calligraphie qui lui a été fort utile dans la fuite: il écrivoit et desfinoit fort bien. Il fit des petits desfeins qu'il vendoit à fes camarades, pour un liard ou un demi-fol, fuivant qu'il s'y trouvoit plus ou moins des figures; et avec cet argent il achetoit des chandelles qu'il allumoit lorsque toutes celles de la maifon étoient éteintes. La Providence fit fervir ces veilles au falut de la famille entière. Un foir on avoit eu l'imprudence de mettre des cendres encore chaudes au grénier, elle rallumerent le charbon qui s'y trouvoit mêlé; le plancher prit feu au desfus de la chambre de l'Étudiant: il s'en apperçut et fut encore à tems d'éveiller les gens de la maifon pour éteindre un incendie dont la véhémence n'eut pas tardé à la confumer.

Il n'étoit guères posfible de réfiter à une pareille perfévérance. D'ailleurs les Maîtres de l'enfant avoient fouvent rendu témoignage de fa capacité et fait connoître au pere ce qu'il valoit. Il fe rendit donc, et s'adresfant à ces Maîtres mêmes, il les pria de tendre la main à leur éléve et de lui frayer les premières avenuës de la route où il vouloit entrer. Il est bon de remarquer qu'alors le nombre des gens de lettres à Mulhaufe fe bornoit à une demi-douzaine de Théologiens, parce qu'on y étoit perfuadé qu'il n'y a point d'autre fcience que la Théologie, ou d'autres hommes propres à cultiver les fciences que les Théologiens. On tiroit de là une conféquence naturelle, c'est qu'il ne falloit encourager et asfifter que ceux qui fe vouoient à ces connoisfances fublimes. Comme il n'y avoit pas à opter, LAMBERT le pere demanda une bourfe, ou penfion, pour les études théologiques de fon fils; mais elle lui fut refufée, fans que les follicitations les plus réitcrées ni les inftances les plus vives pusfent fléchir les dispenfateurs de ces graces.

Qu'on fe figure la douleur, ou plutôt le défespoir du jeune homme, lorsqu'il vit totalement s'évanouir la feule espéranrance qu'il put raifonnablement avoir de continuer fes études. Ses parens reprirent toute leur févérité, et lui déclarerent, quoiqu'en le plaignant, qu'il falloit travailler, et que fes doigts feuls devoient être déformais l'inftrument de fa fubfiftance. Il gémit, mais fe foumit, redevenant ce qu'il avoit été, garçon tailleur et fervante. Ce double fardeau ne faifoit même que s'aggraver; et il y auroit probablement fuccombé, fi un de fes freres, qui exerce encore aujourd'hui le métier ne l'eût fouvent foulagé, en achevant des tâches commencées qu'il étoit hors d'état de finir.

Au fort de fes occupations domestiques, un de fes camarades lui prêta un livre d'Arithmétique et de Géométrie; il ne l'eut pas plutôt ouvert, qu'il fe fentit dans une région faite pour lui et qu'il brûla du défir d'y avancer. Et voila presque toujours le début de ces génies originaux, qui renferment quelque germe caché à eux mêmes, et qui doivent à quelque heureux hazard fon premier développement. C'est ainfi que LA FONTAINE, à qui l'on a fouvent comparé M. LAMBERT, parut fortir de l'espèce de léthargie où il avoit été jusqu'alors plongé, en écoutant la lecture emphatique de l'Ode de Malherbe:

> Que direz-vous, races futures,
> Si quelque fois un vrai discours
> Vous récite les avantures
> De nos abominables jours?

Il feroit curieux de favoir, quel fut ce premier livre par où M. LAMBERT commença; tout ce qu'on fait, c'est qu'il l'étudia fi asfidûment qu'il le comprit enfin d'un bout à l'autre; mais, ce qui fournit une preuve encore plus complette de la force de fon génie, il s'apperçut de plufieurs fautes ou erreurs que ce livre renfermoit, fans être en état de les corriger.

Nous ne fommes pas au bout de ces heureufes fingularités. La maifon de LAMBERT le pere menaçant ruine, on employa des ouvriers pour la réparer. Le jeune homme, confidérant leurs manoeuvres, fon livre à la main, leur fit plufieurs questions relatives à l'application pratique

des

des principes auxquels il s'étoit initié; et il montra tant d'intelligence dans ces questions, qui surprenoient d'autant plus qu'elles sortoient de la bouche d'un simple garcon tailleur, qu'un des principaux ouvriers conçut de l'amitié pour lui, et lui promit un autre livre, du même genre que le sien, mais plus étendu et rempli de figures. Le jeune homme tressaillit de joie à l'annonce d'un pareil trésor; il suivit l'ouvrier chez lui, se fit donner le livre sans délai, le dévora, et fut doublement ravi en trouvant, par un concours fortuit des plus surprenans, que cet ouvrage étoit précisément destiné à corriger les erreurs de celui qu'il avoit lu. Alors aux foibles clartés qui l'avoient jusqu'alors guidé succeda une lumière qui ne fit plus que s'accroitre. Il apprit, sans autres Maîtres ni secours que ces deux livres, l'Arithmétique et la Géométrie. Il a plus d'une fois assuré (et sa véracité n'a jamais été révoquée en doute) que malgré la sécheresse de ces deux sciences, il avoit été ni rebuté un seul instant ni arrêté par aucune difficulté.

Un pareil phénomène, se fut-il manifesté au fond de la Béotie, devoit produire quelque sensation. Aussi se trouva-t-il dans Mulhause des hommes estimables, sans être Théologiens, qui encouragerent non seulement LAMBERT, mais lui donnerent des instructions particulieres et gratuites, dont ils se jugeoient abondamment récompensés par les progrès étonnans de l'élève.

De cette manière, et toujours dans le sein de sa patrie il jetta encore les fondemens de ses connoissances Philosophiques, et s'appliqua même aux langues Orientales. Il perfectionnoit en même tems sa Calligraphie qu'il pressentoit devoir être son premier gagne-pain: en effet elle lui valut l'avantage d'être employé comme copiste dans la Chancellerie dont M REBER étoit alors le Chef. A quinze ans il eut envie d'apprendre la langue française; mais ses parens ne pouvant lui fournir de quoi payer un maître, il entra en qualité de Commis, ou Teneur de livres, chez un M. DE LA LANCE, de MONTBÉLIART, qui avoit une entreprise dans les mines de Scpoix en haute Alsace. Au bout de deux ans, croyant savoir assez de françois, M. LAMBERT souhaita de vivre dans un lieu où il pût sa-

satisfaire sa passion pour l'étude. Il fut assez heureux pour entrer comme Secretaire chez M. ISELIN Conseiller du Margrave de Bade-Durlach, résident à Bâle (*) où il publioit alors des Gazettes politiques, M. ISELIN conçut pour lui une telle affection, qu'il n'a cessé depuis de lui en donner des preuves. Et ce qui décide de la générosité de ses sentimens, c'est que M. ISELIN, malgré le désir qu'il auroit eu de le conserver et de se l'attacher, aima mieux s'en priver, afin de lui procurer un poste d'où lon peut dire que date tout le bien-être de notre illustre savant. Ce fut celui d'Instituteur des petits-fils de M. le Comte DE SALIS à Coire. Il entra dans cette Maison le 17 Juin 1748 et il y a passé huit ans.

Ici je voudrois que l'abondance des matières me permît d'enter un éloge sur un autre, et de m'étendre sur la respectable famille DE SALIS, pour lui rendre toute la justice qu'elle mérite.

Je trouverois certainement cet éloge tout fait dans le cœur de Monsieur LAMBERT, si l'on pouvoit y fouiller. Au moins ses prémices sont-elles consignées dans une lettre originale que M. LAMBERT écrivit quinze jours après son entrée chez M. DE SALIS, à feu M. le Conseiller et Trésorrier de Mulhause NICOLAS HEILMANN, son parent et son parrein.

J'ai lu cette Lettre; elle contient les détails les plus honorables sur la sagesse, les vertus, la piété qui avoient établi leur domicile dans cette maison, et sur le bel ordre d'éducation qui y régnoit. En mettant cette Lettre vis à vis de celle de M. le Podestat DE SALIS, écrite le 11 Novembre dernier à M. l'Archiatre HIRZEL, où il exprime les regrets qu'il donne à la mort de M. LAMBERT, et le souvenir précieux qu'il conserve du temps qu'ils ont passé ensemble, on verra le commencement et la fin de cette liai-

(*) Il étoit aussi Professeur en Droit et a eu de la réputation parmi les Jurisconsultes de Bâle. Il avoit été aggrégé à l'ancienne Société royale des Sciences de Berlin; et il avoit conservé cette qualité dans l'Académie. Il est mort en 1779.

liaifon intime qui a duré près de trente ans, et qui étoit de nature à durer des fiecles, fi la vie humaine s'étendoit à de pareils termes. Si l'on écrivoit une vie de M. LAMBERT, (et l'étoffe ne manqueroit pas,) ces pieces justificatives y figureroient bien avantageufement. Je fuis obligé de me restreindre, et voici tout ce que les bornes de cet Éloge me permettent de rapporter du féjour de M. LAMBERT à Coire et de fes voyages avec Mrs. DE SALIS.

d'Abord, pour bien déterminer la maifon à la quelle il appartint pendant ce période, ce fut celle de M. PIERRE DE SALIS, comte du faint Empire, auparavant Envoyé extraordinaire à la cour de Londres, et qui avoit été l'un des Négociateurs à la paix d'Utrecht. Ce feigneur avoit alors atteint l'age de 80 ans, et reunisfoit toutes les qualités éminentes d'un Homme d'État, d'un Patriote et d'un Philofophe Chrétien. Son Epoufe, Dame Angloife, du meilleur caractere, étoit ausfi vivante.

Les éleves de M. LAMBERT furent les petits-fils de ce comte, fils de fon gendre, M. ANTOINE DE SALIS, Podestat à Coire, et Préfident de la Ligue de la maifon de Dieu, mort en 1765. Ce fut en les inftruifant que M. LAMBERT trouva fous fa main tous les moyens de s'inftruire qui lui avoient manqué jusqu'alors. Santant de plus en plus fes forces, il embrasfa fans balancer la Phyfique, l'Astronomie, les Mathématiques, la Méchanique, et ne fe crut par impropre à la Théologie, à la Métaphyfique, à l'Éloquence, et à la Poéfie. Il fit même des vers dans toutes les langues qu'il favoit, l'Allemand, le François, l'Italien et le Latin; mais il n'ofa s'élever jusqu'a la verfification Grecque. Si les Mufes ne le mirent pas au rang de leurs plus chers nourrisfons, il trouva une récompenfe plus folide dans la dévotion qui lui infpira des cantiques. Cependant nous croyons devoir plus infifter fur les fruits de fon favoir que lui ceux de fa verve.

Ramenons-Le à fes véritables objets. Ayant lu un jour que Pascal avoit inventé une machine Arithmétique par l'effort de fon feul Génie, il n'eut point de repos qu'il n'en eut imaginé une femblable. Il fit ausfi de fa propre main une montre ou pendule à mercure, qui alloit 27 minunutes, et dont il se servoit pour déterminer exactement le temps dans ses expériences de Physique. Ses échelles Arithmétiques et sa machine pour faciliter le dessin de perspective ne sont pas moins remarquables. Un hazard singulier, (car le hazard sembloit s'être assujetti à l'ordre en faveur de M. LAMBERT,) le conduisit à cette derniere invention. Il avoit proposé à un de ses éleves la solution d'un probleme Algébrique; le disciple y commit une erreur de calcul, et ne pouvant la rectifier, il abandonna cette recherche à son Précepteur. Celui-ci s'en occupa infructueusement pendant quelques jours; à la fin, après une longue méditation, il s'écria comme un autre Archimede: *j'ai trouvé l'erreur, et cette erreur me vant une découverte:* sur quoi il exécuta dés le même jour son instrument pour la perspective. Les notions de l'assemblage desquelles M. LAMBERT a formé depuis sa *Logique Algébrique* et son *Novum Organon*, sont pareillement dues à ses veilles dans le même espace de tems.

La rapidité de ses progrés et le grand favoir auquel on le vit parvenir; le firent aggréger à une Sociéte Littéraire que plusieurs personnes distinguées avoient formée à Coire, et lui valurent des liaisons particulieres avec M. le Professeur MARTIN PLANTA, distingué par ses talens et surtout par son rare génie pour les mathématiques; auquel, entre autres obligations, on à celle d'avoir réglé les arrangemens du séminaire qui a été fondé à Haldenstein.

En 1753, il y eut des démêlés entre la ville de Coire, capitale des Grisons, et son Evêque. M. LAMBERT composa des Mémoires pour la ville, dont la solidité lui fit honneur. La même année, il devint membre de la société Helvétique de Bâle, à la quelle il à fourni plusieurs Mémoires de Mathématiques et de Physique qui ont été insérés dans les *Acta Helvetica*.

Ainsi s'écoulerent huit Années, si je ne me trompe, les plus fortunées de M. LAMBERT, qui en annonçoient de plus glorieuses encore, mais dont la fin à été trop prématurée. Il partit le 1 de Septembre 1756 de la maison DE SALIS, avec le troisième Fils de M. le Podestat et un de ses neveux, pour aller d'abord séjourner un an à l'Université de de Göttingen et voyager ensuite. Etant à Göttingen, il fit un tour au Hartz, et visita les fameuses mines de ces Montagnes. Avant que de quitter l'Université, il fut nommé correspondant de la Société Royale des Sciences.

De la les éleves et leur guide se rendirent à Utrecht et passerent un an en Hollande, ou M. LAMBERT remit à un libraire de la Haye son traité sur la route de la lumière. Mais tandis qu'il mesuroit cette route, il se trouvoit dans le cas de l'Astrologue tombé dans un puits. Un accident des plus funestes le mit à deux doigts du trépas, et sa constitution en fut ébranlée à un point dont je soupçonne qu'il s'est toujours ressenti. Par un effet de la coutume aussi bizarre qu'invariable qu'il avoit, de ne se présenter jamais que de côté, de changer sa position en conséquence suivant qu'on se mettoit vis à vis de lui, et de reculer à mesure qu'on approchoit il fit quelques pas en arrière sans penser à un escalier qui étoit derriere lui, et se précipita du haut en bas à la renverse. La chûte fut affreuse; il perdit totalement connoissance, et n'étant revenu à lui-même qu'au bout de 24 heures, lorsqu'il r'ouvroit les yeux tout noirs de sang extravasé, il ne voulut absolument point ajouter foi au Médecin qui lui certifioit la durée de son Asphyxie: je ne sai s'il ressembloit en cela au célebre BOSSUET, qui après un évanouissement de quelques heures, dit à ceux qui l'entouroient: *Comment un homme comme moi a-t-il pu être aussi longtems sans penser?* Quoi qu'il en soit, il fallut à M. LAMBERT un tems considérable pour se remettre par les soins du même Médecin, M. HAHN, célebre Professeur d'Utrecht (*), qui lui conseilla de s'abstenir de fortes méditations pendant une couple d'années; mais de tous les régimes il n'en avoit point auquel il pût moins s'assujettir. A Leyde il eut une avanture plaisante avec MUSSCHENBROEK, et il me semble que l'on peut aisément se représenter cette scene comme une des plus risibles. Le professeur déjà blanchi dans son métier, en recevant la visite de M. LAMBERT, crut que c'étoit l'hommage d'un Écolier, ou tout oui plus d'un commençant. Il

(*) Il à passé de cette Université dans celle de Leyde.

Il se mit donc à l'endoctriner, et à lui dire des choses communes aux quelles les connoissances de M. LAMBERT étoient fort supérieures. Celui-ci lui répondit avec ce ton ferme et cette volubilité qu'il avoit à son commandement; et ayant bientôt fait perdre terre au bon homme, les interlocuteurs changérent de personnage, LAMBERT fut le Maître et MUSSCHENBROEK le disciple.

Les voyageurs entrerent en France. Pendant son séjour à Paris, M. LAMBERT vit les principaux Géometres, Astronomes, et Physiciens.

Il se fit connoître à M. D'ALEMBERT, qui sentit son mérite; et il reçut surtout beaucoup de marques d'Amitiés de M. MESSIER, fameux par ses observations et ses découvertes dans le firmament. De Paris le retour au pays des grisons se fit par Marseille, le Comté de Nice, le Piemont et le Milanez. M. LAMBERT sut bien mettre ces voyages à profit pour étendre ses connoissances sur divers objets.

De retour à Coire, il passa encore quelque tems dans la maison de M. DE SALIS, qu'il quitta enfin au mois de Mai 1759. pour revoir sa patrie. En passant par Zurich, il donna sa *perspective* à la presse. De retour à Mulhausen, il trouva sa mere encore vivante, (le pere étoit mort dès l'an 1747;) il logea trois mois chez elle, et s'en sépara pour toujours, l'ayant perdue encore dans la même Année. Pour ne plus revenir à sa Famille, nous dirons ici qu'il à laissé en vie quatre freres et deux socurs; qu'il à toujours eu de la prédilection pour son frere JEAN GEORGE le Tailleur, et qu'il vouloit faire venir à Berlin un fils de ce Frere, âgé de 14 ans, qui à des talens, et qu'il auroit, pour ainsi dire, formé à son image.

Au mois de Septembre 1759, M. LAMBERT étoit à Augsbourg, et il s'y arrêta quelque temps, pour mettre la derniere main à sa *photometrie* et la faire imprimer. Dans le même tems naissoit l'Académie Électorale des Sciences de Munich, qui le mit au nombre de ses Membres. Elle vouloit même se l'attacher plus particulierement en faisant un accord avec lui, par le quel il s'engageoit à lui fournir des Mémoires, et promettoit en général de l'assister de ses con-

conſeils. Ce là lui valut le titre de Profeſseur honoraire, avec une penſion de 800 florins. Il ſe réſerva la liberté d'établir ſon domicile hors de la Baviere, ou il lui plairoit. Cette liaiſon fut de coure durée. On lui reprocha de ne pas prendre asſez à cœur les intérêts du corps; et lui ſe plaignit, peut-être avec plus de fondement, qu'on négligeoit ſes avis et qu'on ne remédioit pas aux déſordres qu'il indiquoit. On ceſſa de lui payer ſa penſion, et il ne daigna faire aucune démarche pour la recouvrer. Il étoit trop occupé d'abſtractions pour penſer au matériel, quoique ſa ſituation ne fut rien moins qu'aiſée. Il lui ſuffiſoit qu'à l'aide du produit de ſes ouvrages, il pût vivre en philoſophe d'une compoſition à l'autre, comme Scarron vivoit autrefois des revenus de ſon Marquiſat de Quinet, c'est ainſi qu'il appellait ce que le libraire Quinet lui donnait pour ſes burlesques productions. Celles de M. Lambert auroient été impayables ſi le taux Bibliopolaire ſe réglait ſur les valeurs intrinſeques, ou ſi le débit favoriſoit ce taux. Mais on ſait que les bagatelles s'enlevent, et que les ouvrages ſolides restent au Fond des Magazins. Cependant les ouvrages de M. Lambert furent ausſitôt appréciés par les connoisſeurs, et en lui donnant une réputation distinguée, fixerent d'une manière invariable le rang qu'il à tenu depuis dans l'Empire des ſciences. En 1760 il rasſembla les piéces encore éparſes, de ſon *Novum Organon*. En 1761 il publia ſon Traité *ſur les propriétés des orbites des Cometes*, imprimé à Augsburg. Le torrent d'idées qui couloit continuéllement et rapidement dans ſon cerveau, y charria encore les matériaux de *l'Architectonique*. C'étoient là ſes tréſors; et il étoit bien dans le cas de dire qu'il portoit tout avec lui.

Je ne veux ni ne puis donner une liste exacte et Chronologique de tous les ouvrages de M. Lambert, encore moins les Analyſer. Deux de mes illustres confreres ont déjà porté la-desſus des jugemens dont perſonne n'appellera; la réputation de ces ouvrages est faite; et la postérité confirmera ce que notre ſiecle à décidé. Mais ce que je veux mettre ſous les yeux de cette reſpectable Asſemblée comme une choſe unique dans ſon genre, et presque incroyable;

c'est

c'est l'Histoire de l'esprit de M. Lambert pendant vingt cinq ans, la marche de son Génie, le fil ses opérations, qu'il à notée lui-même avec autant de vérité que de simplicité, dans une espece de Journal qui va du Mois de Janvier 1752 au Mois de Mai 1777. Voici ces feuilles volantes plus précieuses que celles de la sibylle; jamais il n'y en eut qui méritassent mieux d'être conservées; et je demande à l'Académie de permettre qu'elles soient imprimées à la suite de cet Éloge, dont elles seront en quelque sorte l'Ame et feront le prix.

Remontons encore à l'Année 1761, et réunissons les divers voyages que M. Lambert fit avant que de venir à Berlin. Nous l'avons laissé à Augsbourg; il alla voir l'Université d'Erlangen et les eaux de Pfeffers· après quoi il revit Coire; il passa l'Hiver suivant à Zurich. Un penchant secret le rappellait toujours chez les Grisons; il revint encore à Coire dans l'Été de 1762 et y demeura jusqu'à l'Automne de 1763. Il fit un tour dans la Valteline, et fut employé utilement à régler les Limites entre le Duché de Milan et la République des Grisons. Il étoit à Leipzig en Décembre 1763; la typographie de cette ville l'y amena, et il mit au jour son *novum Organon* au commencement de 1764.

Berlin l'attiroit depuis longtems par bien des endroits; surtout il y avoit un ami infiniment précieux, M. Sulzer, qui lui tendoit les bras depuis longtems, et qui eut enfin le plaisir de l'y serrer étroitement au mois de Février 1764. Ici commence une nouvelle époque sur la quelle j'insisterai moins, ayant à parler à des témoins aussi instruits que moi de tout ce qui s'est passé. Il faut pourtant en dire assez pour mettre au fait ceux qui viendront après nous.

Précédé de sa réputation, escorté, pour ainsi dire, de son savoir, M. Lambert n'en étoit pas moins un individu auquel l'Oeil et l'Oreille avoient de la peine à s'accoutumer. Vêtu chétivement et singulierement, se présentant d'une manière gauche, ne sachant presque aucun des usages reçus ou ne voulant pas s'y conformer, il ne paroissoit occupé que de lui-même; toujours pensant, il devevenoit toujours parlant avec qui-conque se trouvoit vis à vis de lui; et ce flux de bouche philosophique ne tarissoit que quand il se retrouvoit seul; encore l'ai je vu, ayant entamé un propos avec quelqu'un qui le quitta, le continuer, et l'achever, comme s'il eût été dans le cas d'être ecouté. Avec ce-la des saillies d'amour propre, des traits de l'opinion de soi-même la plus avantageuse revenoient si souvent que la conséquence en étoit contraire aux prémisses. On voyoit, si l'on vouloit y prendre garde, que ce n'étoit point l'Orgeuil qui le faisoit parler; cette passion est plus habile, et ne tend pas à ses fins par des moyens aussi grossiers: c'étoit une pure et simple intuition de ce qu'il valoit, une conviction intime de ses lumieres et de leur prix, et surtout une satisfaction personnelle qu'il fondoit sur les manières dont il avoit acquis tous ces trésors, par lui-même, par la force de son Génie, par l'assiduité de son travail. Ne s'inquiétant donc point de ce que les autres pouvoient penser sur son sujet, ne se souciant ni de plaire, ni de déplaire, il se montroit à nud; et à force de se montrer ainsi, il à vaincu le préjugé et a forcé l'admiration des autres à s'identifier avec la sienne. On a bien senti toujours les inconvéniens attachés à sa façon d'agir et de converser; mais on les a trouvés rachetés par tant d'excellentes qualités de l'Esprit et du Coeur qu'on l'a regardé finalement, je vous en atteste, Messieurs, comme un lingot d'or pur dont la façon n'auroit pas augmenté la valeur.

Le Roi le fit appeller à Potsdam au mois de Mars. C'étoit une conjoncture bien critique pour le sort de M. LAMBERT; et dabord elle parut décider pour la négative. Le ton tranchant de ses réponses, l'assurance avec la quelle il répondit sans hésiter à la question *que savez vous? — Tout, Sire;* et a l'instance, *Comment l'avez-vous appris? De moi-même,* en frappant des oreilles peu faites à ce langage, pouvoient faire juger que la plénitude de son cerveau en avoit altéré quelques resorts. L'entrevue demeura donc infructueuse et paroissoit devoir l'être sans retour; mais le Roi mis au fait de la singularité de ce caractère, qu'un de nos dignes confreres, honoré des entretiens journaliers de S. M. lui assura ressembler à ce lui de LA FONTAINE, ne voulut

pas

pas priver son Académie d'un Membre dont elle avoit tant à se promettre. Il y fut donc aggrégé avec une pension, et prononca son discours de réception dans l'Assemblée publique du Mois de Janvier 1765 Depuis ce tems-là le Roi lui à donné des marques fréquentes et distinguées de son estime, en le plaçant dans la commission économique de l'Académie, et dans le Département des Bâtimens avec le titre de conseiller supérieur, et en augmentant considérablement sa pension. Pendant ces douze années qui se sont véritablement écoulées comme un songe, M. LAMBERT, dans son élement, n'a cessé de travailler à l'accroissement des sciences et au bien public. Il a mis au jour quantité d'excellens ouvrages et à répandu des piéces sans nombre, toutes dignes de lui, dans nos Mémoires, dans les Éphémerides de Berlin et dans plusieurs autres recueils. Tous ses Écrits offrent les deux grands caracteres de l'Universalité et de l'Originalité.

Il étoit prodigieusement inventif: et la source de cette disposition paroît dériver de ses premiers bésoins. N'ayant et ne pouvant avoir à sa disposition aucun des instrumens nécessaires pour faire des observations, aucune machine de physique expérimentale, il en construisoit en se servant des matières les plus communes qui se trouvoient sous sa main; et la dexterité avec laquelle il s'en servoit, compensoit l'imperfection de leur structure. On ne sauroit s'imaginer jusqu'où de pareils secours l'ont mené; mais on ne sauroit dissimuler qu'il auroit été probablement beaucoup plus loin, si lorsqu'il a eu sous la main tout ce qu'il pouvoit désirer dans ce genre, il ne s'en étoit tenu à sa fabrique, soit par la force de l'Habitude, soit par un peu d'Opiniâtreté dans le caractere. Cela l'empêchoit d'atteindre à la précision pour laquelle son esprit étoit fait.

Qu'il me soit permis de décompenser M. LAMBERT, pour achever de le faire connoître. Je n'ai jamais mêlé la satire à l'éloge; mais je n'ai jamais outré l'éloge; et j'ai cru que ce genre de composition, ainsi que la peinture, admettoit quelques ombres qui ne servent qu'a faire ressortir les masses lumineuses.

M. LAMBERT n'ignoroit rien en Géométrie; et il n'a rien

rien fait que d'estimable dans ce genre, fans avoir peut être atteint la profondeur des vues ni même la dextérité du calcul qui caractérifent, les trois ou quatre premiers géometres du fiecle. Il excelloit dans toutes les parties de la Méchanique, il n'a cesfé d'en manier des fujets intéresfans, et d'aller plus loin que ceux qui l'avoit précédé. Il étoit fublime dans les connoisfances Astronomiques et Cosmologiques; et par une espéce d'affinité entre fon esprit et la lumière, il avoit fuivi celle-ci dans toutes fes routes et en avoit Analyfé toutes les propriétés, de maniere à réveiller l'attention du grand NEWTON, s'il pouvoit avoir connoisfance des travaux de cet émule, digne de joûter avec lui: „ La Comete que M. LAMBERT avoit obfervée dans fa „ grande jeunesfe, (j'emprunte cette remarque de M. BER- „ NOULLI, et je me fers de fes propres termes,) cette „ Comete paroît avoir eu une forte influence fur fes tra- „ veaux fuivans; elle à été la premiere occafion de fon In- „ genieux ouvrage *infigniores orbitæ cometarum proprie-* „ *tates*, et de différens bons Mémoires fur les Cometes „ dans fes fameux, *Beyträge zur angewandten Mathe-* „ *matik* et ailleurs; et celle de développer ce talent parti- „ culier pour les conftructions géométriques." En général, tout ce qui étoit mefurable, M. LAMBERT vouloit le mefurer; et il n'y a peut-être point de dimenfions prenables qu'il n'ait prifes, ou esfayé de prendre. Outre ce qui en fait foi dans fes ouvrages, je trouve dans la liste de fes occupations une *Pithométrie*, (c'est l'art de jeauger,) à laquelle il s'est fort appliqué, et il a fini par une *Pyrométrie* que la derniere ligne de fon journal atteste avoir été achevée le 16 Mai de l'année derniere.

La logique et l'Ontologie ont exercé l'activité de fon esprit; deux de fes plus grands ouvrages, *l'Organon* et *l'Architectonique* font des monumens refpectables de fa fuffifance dans ce genre; mais il me femble qu'on fe borne à les refpecter. Il s'agisfoit de nouvelles routes; je ne décide par fi M. LAMBERT les à ouvertes; je ne fais attention qu'a ceux qui l'y ont fuivi, et je les vois presque defertes, foit parce qu'on s'en tient volontiers au chemin battu, foit parce qu'on n'a pas été asfez convaincu de ce qu'il y avoit à gagner en le quittant.

M.

M. LAMBERT étoit étranger dans les trois Regnes de la nature (*); il n'avoit jamais donné d'attention aux individus ni aux faits de cet ordre, ses points de vues se bornoient à la voute étoilée, à la ligne droite devant lui, et à l'intérieur de son cerveau ou il étoit presque toujours cantonné, lors même qu'on croyoit être avec lui, et fixer ou du moins partager son attention. Point de digression ni à droite, ni à gauche; toujours dans la région des abstractions, les objets qu'on appelle concrets ne faisoient que l'effleurer.

Enfin le goût étoit presque nul chez lui. Ce n'est pas qu'il n'eût parcouru toutes les riantes Campagnes ou cette belle fleur prend sa naissance et son éclat; nous avons même vu qu'il s'étoit élevé jusqu'au parnasse; mais avec tout ce-la il étoit demeuré dans le cas de demander de toutes les choses qui affectent le goût: *Qu'est-ce que ce la prouve?* je n'aurois pas voulu le lui dire de son vivant; je savois ses prétentions au sel attique; et j'avois entrevu un Mémoire eu forme de Dialogue qu'il avoit voulu saupoudrer de bel esprit, mais ou l'Académicien travesti ressembloit assez à un Acteur hors de son rôle. Les grands hommes désespéreroient trop leurs inférieurs, s'ils ne payoient quelque tribut à l'humanité.

Je n'ai plus que la face morale à présenter; mais elle est bien digne d'être considérée. Je pourrois l'exprimer d'un seul trait. M. LAMBERT étoit droit dans tous les sens possibles. Rectitude de vues, rectitude d'intention, rectitude d'action. On sent bien que je ne prétens pas plus lui attribuer l'impeccabilité que l'infaillibilité. Mais, si l'on peut dire des Hommes, ce que Horace dit des Auteurs,

— — *vitiis nemo sine nascitur: optimus ille est*
Qui minimis urgetur.

cet optimisme étoit incontestabement l'attribut propre du défunt.

En

(*) Il étoit cependant assez versé dans la Chymie: il à fait des experiences sur les sels, qui sont l'objet de quelques Mémoires lus à l'Académie.

En finisſant l'éloge *d'Ozanam*, M. DE FONTENELLE rapporte que cet Académicien diſoit en propres termes, *qu'il appartenoit au Mathématicien d'aller en Paradis en ligne Perpendiculaire.* Cette route à été ſans doute celle de M. LAMBERT en quittant la Terre; il ne lui à point fallu de char pour aller au ciel; un rayon de lumiere lui à ſervi de véhicule. Autant que nous avons montré de variété et de multiplicité dans les occupations de ſon esprit, autant y a-t-il eu d'unité et de conformité dans le plan de ſa vie. Toutes ſes journées commencoient, continuoient et finisſoient de la même maniere. Il n'étoit pas ennemi de la ſociété ni inſenſible à quelques-uns de ſes plaiſirs. Il y a peut-être même eu des occaſions ou il auroit dû ſuivre plus exactement les loix du régime. Mais il ne les violoit pas plus par intempérance qu'il ne violoit celles de la modestie en parlant tout ouvertement de ſon ſavoir, et de ſon mérite. Il alloit ſon chemin en mangeant et en buvant comme en parlant; il ne ſavoit ni ſe détourner ni s'arrêter. Mais ce-la ne l'a pourtant jamais jetté dans des excés proprement dits.

De ſa droiture naisſoit ſa fermeté, pousſée ſouvent jusqu'à l'inflexibilité. Il falloit s'ôter de ſon pasſage; autrement il heurtoit, il renverſoit, ſans égard, distinction, ni acception de perſonnes. Il négligeoit les uſages du monde plutôt qu'il ne les ignoroit. Ce n'est pas que ſon éducation n'ait pu contribuer à le faire parvenir à un âge trop avancé pour prendre ces plis, et contracter cette ſouplesſe, qui, chez tant de gens, dégénerent en grimaces et en contorſions. Il n'avoit eu qu'asſez tard l'accés dans ce qu'on appelle le grand monde, le beau monde; mais ſe ſentant plus de grandeur et de beauté réelles qu'il n'en trouvoit dans la plûpart de ceux qu'il y rencontroit, il s'asſignoit à lui-même une Place d'ou il auroit été difficile de le déloger. Tel est l'effet de la plus précieuſe des prérogatives: *mens conſcia recti.*

Couronnons cette partie de l'Éloge de M. LAMBERT, en répétant qu'il avoit de la religion, et même de la dévotion, qu'il étoit encore plus chrêtien que Philoſophe, et que tous les écarts de la fauſſe philoſophie lui ont été parfaifaitement inconnus. Il étoit trop grand pour s'abaisser à ce point. Son journal marque au mois de Janvier 1755 la composition d'un Écrit intitulé: *Oratio de characteribus Christiani, ejus que praestantia prae philosopho.* Sa vie en a été le commentaire perpétuel et la preuve sans réplique.

Un tel homme est mort; il n'a pas vécu un demi-siècle: nous ne le verrons plus! Je me rappelle l'exclamation de Fléchier dans l'Oraison funèbre de Turenne, exclamation qu'on a fort admirée, quoique plus éblouissante que judicieuse. L'Orateur en annonçant la mort de ce Héros, s'écrie: *Puissances ennemies de la France, vous vivez!* Je dis, mais avec bien plus de fondement: LAMBERT *est mort: et vous vivez, ignorans; vous vivez, ennemis du savoir; vous vivez, fardeaux inutiles de la Terre, nés pour consumer les biens, sans être capables d'en produire aucun!* Quand je jette les yeux sur la place où nous avions coutume de voir cet illustre Confrere, et où nous le voyions avec tant de plaisir, où nous l'entendions parler si souvent *quasi ex tripode*, je dis en moi-même, sans faire tort au mérite de qui que ce soit: Cette place est elle remplie? Le sera-t-elle jamais?

Je recule et je cherche en quelque sorte à éviter le récit de la catastrophe; il faut pourtant y venir, il faut s'approcher de cette fosse où git la dépouille mortelle d'un homme immortel. La constitution de M. LAMBERT avoit été foible dans les premieres années de sa vie; l'accident dont nous avons parlé, l'avoit fortement ébranlée, si tant est qu'elle n'y eût pas causé quelque altération irréparable; enfin il n'étoit pas assez attentif à certains ménagemens qui font durer plus longtems les organes qu'on ne fatigue pas trop: mais tout cela étoit bien éloigné d'annoncer aucune décadence, beaucoup moins une fin aussi prochaine. Nous lui avons vu pendant quelques années un embonpoint fleuri, qui étoit un signe actuel de santé, plutôt que de vigueur et d'une consistance durable. Il falloit un mal formel pour l'ébranler; et il a fallu qu'il en entreprît lui-même la cure pour en être terracé. Ce mal fut un gros rhume dans l'hyver de 1775. Il lui laissa dabord un libre cours, sans employer aucun de ces remedes simples, qui dégagent bientôt une na-

nature encore active et propre à s'aider. En suite, fatigué de l'abondance des matieres qu'il s'agissoit d'expectorer, il s'avisa d'un expédient incroyable, et qui me paroîtroit tel si je ne le tenois de sa propre bouche, et si, en me le racontant, il ne s'en étoit fort applaudi; c'étoit, à mesure que les phlegmes se présentoient à sortir, de les précipiter, à l'aide de petites croutes de pain sec, dans le canal de la déglutination, et de faire par la de son estomac le bourbier le plus infect. Il n'a cessé d'incorporer cette pourriture dans la masse de ses humeurs, et de la dans celle du sang. C'est ainsi que voulant toujours être inventif, il l'a été à ses propres dépens: *artifex periit arte sua.* La maladie a été longue, mais ses progrès étoient manifestes: lui seul n'en connoissoit pas le danger. Il n'a consulté les Médecins que fort tard et comme par maniere d'acquit, se conduisant toujours d'après ses propres principes et par ses prétendues regles.

On l'a vu fondre comme la cire au feu, jusqu'à ce qu'il ne soit resté qu'une peau séche et jaune collée sur les os. Dans cet état, et avec les signes les moins équivoques d'une défaillance universelle, il demandoit au Médecin, comme par curiosité, si un pareil état ne pouvoit pas durer longtems, une quinzaine d'années, par exemple. Je le vis au Parc prenant du caffé le 18 Août, et je m'entretiens avec lui: il me parla de son état en homme qui étoit très au fait de son mal, qui ne le craignoit point, et savoit bien comment s'en défaire. *Je me suis débarrassé*, dit il, *de cinq ou six-cent catarrhes:* (je conserve son expression:) *il n'en reste plus gueres* (*). Il avoit bien raison: la source de l'humide radical étoit tarie. Il alloit cependant toujours ne pouvant presque se soutenir, sans que sa tête parût participer à cet affoiblissement. Nous le vimes encore à l'assemblée du 18 Septembre plus mort que vif; et il eut même un symptome convulsif qui effraya ceux qui s'en apperçurent. Il

(*) En donnant cet Éloge à la presse, j'ai balancé si je conserverois ces détails, mais comme ils sont caractéristiques, j'ai cru pouvoir le faire.

Il m'écrivit Lundi le 22, m'envoyant un Mémoire de M. DE SEGNER à présenter, parce qu'il prévoyait qu'il n'aurait pas la force de venir à l'Assemblée suivante. Le jour de cette Assemblée, 25 Septembre, fut en effet celui de sa mort, imprévue néammoins pour lui. Il s'entretint, comme de coutume, des objets dont il étoit alors occupé, à peu près comme LEIBNITZ, quelques momens avant que d'expirer, raisonnoit sur la maniere dont FURTENBACH avoit changé la moitié d'un clou en or; il soupa légèrement, mais autant qu'à l'ordinaire, et avec le même appétit: après quoi un coup léger d'apoplexie le fit passer de la société des mortels à celle des immortels, où jamais personne n'apporta plus de titres pour y être admis, ni plus d'avance pour en profiter.

Cet Éloge a été lu l'Assemblée publique de l'Académie Royale des Sciences de Berlin, Jeudi le 29 Janvier 1778. par M. le Conseiller, Privé FORMEY, *Sécretaire perpétuel de la dite Académie.*

PRÉFACE
DE
L'AUTEUR.

Un double motif dont je crois devoir rendre compte ici m'a engagé à publier ces Lettres Cosmologiques, qui ont principalement la construction de l'Univers pour objet. J'ai taché, d'éclairçir autant qu'il ma été possible les idées qu'elles renferment, et sur tout les preuves dont je les étaye.

J'avois déja donné en passant dans ma *Photométrie*, (*) au chapitre ou je traite de la lumière des fixes et de leur distance, p. 504. une notion de la manière dont je pensois qu'il faudroit les distribuer dans l'Univers. J'y avois tracé par une suite de propositions particulieres et isolées, un tableau racourci de tout ce qui concerne cet objet; à la vérité je n'y avois pas joint les preuves qu'on auroit été cependant d'autant plus en droit, ce semble, d'exiger de moi, que les idées présentées étoient plus neuves et qu'elles paroissoient n'être qu'une suite d'autres conséquences antécédentes.

Autant les astronomes modernes, qui se sont occupés de la cosmologie de notre système solaire, ont ils été s'oigneux de porter leurs régards sur les orbites des comètes qui ont parû, et d'en calculer les périodes et les retours, autant ont ils négligé de chercher à découvrir quelque chôse de probable sur l'ordre, et la disposition des fixes. (*a*) Tout

---

(*) Ouvrage publié à Augsbourg en 1760 in 8°. sur la gradation et la mesure de la lumière matière déja savamment traitée par Mr. Bouguer en 1729. et sur tout dans une nouvelle Édition Posthume publiée par les soins de Mr. l'Abbé de Lacaille en 1760.

(a) Après Lambert, M. Herschel entr'autres a traité tres ingénieusement cette matière dans son excellent mémoire *sur la construction du Ciel*, dans les *Transact. Philosoph.* de 1785, et depuis en-

Tout ce qu'ils ont fait jusques à présent relativement à cet objet, se borne à avoir tenté de déterminer leur distance au Soleil. Il ne paroit pas qu'on soit si près de pouvoir en tirér des conséquences ultérieures sur leur propres distances relatives. Les observations faites jusques à présent, sont trop insuffisantes pour cet objet. Il seroit cependant nécessaire d'établir des vues générales qui pussent être portées du moins à un haut dégré de probabilité, si elles ne pouroient pas être rigoureusement démontrées.

Ce sont ces vues qui font l'objet, des dernieres Lettres de ce recueil. Elles s'étendent à la disposition générale et à l'ensemble du Tableau de l'Univers. Les premieres n'en présentent que des parties séparées et isolées. Elles sont principalement destinées à établir l'arrangement des Corps célestes, qui appartiennent à notre Systême, dont une partie nous est déjà connue, et dont l'autre le sera sans doute un jour par les observations qu'on est en droit d'espérer de la postérité.

Le premier motif qui ma animé à été de faire voir que les comètes ne sont pas aussi redoutables qu'on avoit voulu le faire craindre pendant longtemps; que nôtre systême solaire n'est par aussi dénué de corps célestes que le défaut d'observations semble nous l'annoncer; et enfin que si l'importance des planètes et comètes qu'on en voit pas ne l'emporte pas sur celle de ces astres qu'on y a observé, du moins ne leur céde-t-elle en rien.

Peut-être pensera-t-on, que par le ton de confiance avec laquelle je mets ces nouvelles idées en avant, je veux suppléer à la rigueur de mes preuves? Ce n'est certainement pas mon dessein; j'avoue volontiers que la pluspart des choses que j'a-

---

encore dans les *Transact. Philos.* de 1789, dans l'Introduction de son *second catalogue de mille nébuleuses.* M. KANT avoit déja dit pareillement de tres belles choses relativement à cette matiere dans l'ouvrage cité ci dessus. Le mouvement propre, qu'on commence aujourd'hui à remarquer dans presque toutes les étoiles fixes mettra enfin les Astronomes en état de pousser plus loin leurs recherches de ce côté-la.

j'avance n'ont qu'un certain dégré de probabilité, mais je n'ai rien négligé pour le porter aussi loin qu'il étoit possible.

Je les ai examinées par toutes les façons et sous tous les points de vüe possibles. J'ai fait ensorte d'appuyer chacune d'elles sur de nouveaux principes en variant mes preuves de telle sorte que je pusse approcher de la certitude autant que la nature des objets le comportoit. J'ai pesé et analysé l'ensemble des principes pour voir ce qui leur manquoit pour présenter tous les caractères de l'évidence. J'ai mûrement considéré ce que le lecteur pouvoit m'accorder ou rejetter relativement à sa manière de voir. C'est tout ce que je pouvois faire dans une matière susceptible seulement d'un certain dégré de probabilité; mais je n'ai rien oublié pour former un corps de preuves que je pusse complétér dans les suites et c'est la mon second motif.

Il y a quelque temps que j'avois travaillé, tant d'après ce que j'avois découvert moi même, que d'après les travaux des autres, à rassembler une Collection tant de régles à suivre pour parvenir à de nouvelles découvertes dans les sçiences, que des artifices à employer dans ces cas, et que je comptois publier sous le titre de: *remarques et supplement à la logique des sçiences* (*), une partie étoit uniquement destinée aux Régles de l'argumentation ou à la Syllogistique, qui en tant qu'elles sont d'un genre différent des démonstratives, qui concluent rigoureusement, ne fournissent que des preuves insuffisantes, ou du moins, qu'on ne peut recevoir que pour telles. Il est inutile que je mette ici sous les yeux les différens moyens que j'ai mis en œuvre, et jusques à quel point je les ai étendûs mais cela ne m'empêchera pas de me servir avantageusement des exemples répandus dans la collection ci dessus mentionnée, et qui trouveront leur place fréquemment dans ces Lettres.

Il y a longtemps que l'on a désiré de ceux qui ont traité de la théorie des probabilités une collection de régles et d'exemples qui puissent servir de guide dans cette matière. Je ne sçaurois y suppléer pour tous les cas ordinaires, mais com-

(*) Elles forment le 3.ème Volume de l'édition de M. Bernouilli.

comme les ſçiences, même exactes, en offrent quelquefois de pareils, on pourra en rencontrer dans ces Lettres qui concouront d'autant plus à la rigueur des preuves, que la *Téleologie* ſert non ſeulement à conſtater la généralité des Loix de la nature, mais même à les faire trouver.

M. M. LEIBNITZ et MAUPERTUIS en ont fait un eſſai heureux, l'un dans ſa theorie des loix de la lumiere, par ſon principe de l'épargne du Chemin; l'autre par celui de la *moindre action* dans ſa théorie du mouvement (*b*). On ne ſçauroit douter qu'il n'y ait plus d'un *maximum* et d'un *minimum* dans les divers phénomènes de cet Univers; mais il est à craindre que les recherches qu'on a fait jusques à préſent à cet égard, ne restent dans la claſſe des ſimples probabilités, que chacun ſera le maître d'admettre ou de rejetter, et qu'il ne réſulte de la limitation des principes *téleologiques* une néceſſité illimitée de n'en croire qu'a l'obſervation.

Je ne me diſſimule pas que la plus grande partie des preuves que j'employe dans ces Lettres ſont dans ce cas; bien différentes des géométriques qui forcent l'acquiescement du Lecteur, elles lui laisſent la liberté d'examiner le dégré de leur force. Il en est de même des principes ſur lesquels elles ſont appuiées et qui n'étant fondées que ſur les fins, qu'a dû ſe propoſer le créateur, ſont purement *téleologiques*. On peut doublement révoquer en doute leur généralité; d'abord en demandant ſi elles ne doivent par néceſſairement ſouffrir quelque importante limitation, ou dans le cas contraire, s'il n'y auroit pas quelque cas particulier où la ſuppoſition d'autres fins les rendroient ſusceptibles d'exception.

Il s'en faut bien que la Cosmologie de l'Univers déduite des fins de la création ſoit encore aſſez complète pour pouvoir induire de leur comparaiſon réciproque cette ſubordination qui fixe les limitationes et les exceptions. Ce n'est ce-

(*b*) Voyez cependant *l'Expoſition du Syſtême du Monde* de M. LAPLACE, Liv. III. Chap. 2 à la fin.

cependant que d'après elles qu'on pourroit déterminer tous les différens cas qui se présenteront.

Chacune d'elles considérée d'une manière isolée est sans doute trop foible; mais réunies elles acquiérent un certain dégré de probabilité qui, quoique différente, il est vrai, de la certitude géométrique, ne laisse pas d'être concluante; peut-être même qu'elle n'en diffère qu'en ce qu'on n'a pas trouvé la meilleure forme qu'elles peuvent recevoir, et qui est encore assez indéterminée pour induire à considérer comme insuffisante, ou du moins comme douteuse, une preuve qui ne l'est peut-être pas intrinséquement.

Pour donner une idée plus étendue des principes *téléologiques* que j'ai employé, j'ai eu soin d'en tirer des conséquences *a posteriori* que nous connoissions déja *a priori* par les observations. On en trouvera un exemple dans la sixième et septième lettre relatif à la position et au nombre des Planètes et des Comètes. J'y ai fait voir que du principe *d'habitabilité* de notre systême solaire, ainsi que de celui de l'ordre établi entre les différens corps qu'il renferme pourqu'ils puisent s'évitér réciproquement, tirés l'un et l'autre des fins de la création, il en résultat nécessairement que le nombre des Comètes devoit être plus considérable que celui des Planètes; que celles ci devoient être à peu près dans le même plan, et que leurs distances réciproques devoient être telles que nous l'ont appris les observations.

Tous les principes dont j'ai fait usage dans ces lettres ne sont pas purement *téléologiques*. Les loix de la Gravitation dont l'effet a lieu dans toute l'étendue de l'univers, m'en ont fourni quelques uns dont les conséquences sont nécessairement rigoureuses. La distance réciproque des fixes, dont il est question dans la 12e Lettre ainsi que la nécessité ce l'écart mutuel des Comètes et des Planètes dont j'ai parlé dans la troisième, sont de ce nombre; on remarquera seulement relativement à cette dernière que la manière dont je prouve qu'il est imposible qu'une comète puisse en aucun cas devenir Satellite, est bien plus courte et exacte, que si j'avois voulu d'abord prouver qu'il étoit imposible que la terre s'arrêtat dans un point de son orbite.

La

La lune décrit une vraie cycloide dans la qu'elle elle ne fe meut pas beaucoup plus vite que la terre. Son mouvement fe ralentit à la conjonction. Une comète au contraire fe meut le double plus vite que la terre lorsqu'elle est à la même diftance du foleil; cette vitesfe doit même s'accroitre lorsqu'elle s'en approche; ainfi il est impoſsible qu'elle s'y arrête et qu'elle puisfe l'escorter et l'accompagner comme fait la lune, et à moins d'un miracle perpétuel on ne voit pas de moyen de maintenir une comète dans la Cycloide de la Lune. Je n'ai fait cette remarque que pour montrer que la légitimité de la conclufion tenoit en grande partie à la manière de préfenter la preuve.

J'ai tâché de donner aux conféquences ultérieures que je tire des principes *téleologiques* une extenfion telle qu'elles pusfent tôt ou tard être confirmées par des obfervations pousfées plus loin. Ce que je dis du nombre des comètes est dans ce cas. C'est avec mûre réflexion que j'en ai porté le nombre très haut. J'ai voulu par la les rétablir dans le rang dont les avoient fait déchouer *Ariftôte* et fes disciples, et montrer que leurs révolutions étant infiniment variées, elles étoient plus conféquentes que les planètes pour compléter les fyftêmes folaires, contribuer d'avantage à leur perfection et conféquemment à celle de l'Univers dont elles font partie. Il fuffit que d'après tout ce que j'ai dit de leur nombre, on puisfe légitimement conclure qu'il doit être très confidérable, il n'est réfervé qu'a la postérité de le fixer.

J'ai principalement confacré la dernière partie de ces Lettres à conftater et à établir, l'immenfité de l'étendüe de l'Univers, et c'est ici que l'on verra la tournure fingulière que j'ai été forcé ce prendre pour fuppléer au défaut de preuves rigoureufes. Je laisfe au lecteur la liberté la plus entiere de n'adopter que telle ou telle de ces preuves qui lui conviendra, en attendant que quelqu'un ait pris la peine de rasfembler les obfervations, et fait les calculs relatifs à cet objet. Je n'ai jusqu'à préfent trouvé aucun motif pour abandonner ces idées préfentées comme probables, et je ne fais aucune difficulté de partager les étoiles vifibles en

 dif-

différens systêmes dont l'ensemble doit probablement former un seul systême qui fait partie lui même de quelqu'autre plus considérable ; c'est ainsi que m'en tenant aux simples probabilités et laissant indéterminées les chôses douteuses, j'ouvre un vaste champ aux conjectures et à des nouvelles recherches. M'étant d'abord arrêté à la 14e Lettre je n'avois pu songer à ce qui fait l'objet des dernières et que je n'ai examiné qu'apres avoir eu connoissance des observations de M. Mayer sur le déplacement reél des fixes. Tout ce que j'en avois dit jusqu'à cette époque n'étoit qu'une conséqnence des principes généraux consignés dans la 10e Lettre et les suivantes. On trouvera que ce sont à peu prés les mêmes sur lesquels sont appuyées la plus grande partie des conoissances astronomiques, ou d'apres lesquels on a conclu leur probabilité ; j'avoue que je n'ai rien trouvé qui put restreindre leur généralité, et que j'en ai été d'autant plus satisfait que, M. Mayer, qui avoit, comme je l'ai dit, conclu de ses observations le mouvement réel des fixes, n'avoit pas douté un instant de sa réalité et de son universalité.

Cette confirmation de mes premieres conjectures ayant été réalisée plus tôt que je ne l'avois espéré, m'a engagé à donner plus de développement et de liaison à mes conséquences, jusques là, pour ainsi dire, gratuites. J'ai voulu voir si elles ne pourroient pas me conduire, en suivant le fil de l'analogie, à quelque nouvelle découverte également générale.

On trouvera dans la dernière Lettre une note des doutes ou des questions que mon systême offre à résoudre et sur lesquelles le lecteur pourra librement se décider en adoptant ce qui lui paroitra suffisamment confirmé par l'observation, ou en rejettant, non comme impossible, mais comme trop éloigné des idées reçues, ce qui n'est donné que comme probable.

J'ai mis dans la même balance les principales suppositions qui sont le sujet de la dernière moitié de ces Lettres. Je les ai considérées sous toutes les faces pour qu'on puisse juger plus aisément qu'elles ne sont pas toutes de même poids. On peut en particuliér regardér, comme complétement prouvé ce qui concerne le mouvement central des

fixes,

fixes, puisqu'il est fondé fur les premieres loix du mouvement, fur les principes de la confervation de l'univers, et confirmé par l'obfervation. Celle ci prouve que ce mouvement est réel; le fecond principe qu'il n'est pas rectiligne, et le premier qu'il est central.

à l'Égard de mon opinion fur la divifion de la voye lactée en différens petits fyftêmes de fixes féparés fenfiblement les uns des autres, il n'est pas aussi aifé d'en donner de preuves fatisfaifantes. Ce qui s'y oppofe principalement, c'est que nous ne pouvons l'obferver que d'un feul point de vüe, nous voyons bien, il est vrai, qu'elle est évidemment féparée du reste du Ciel et disperfée çà et là en plus petites parties; nous la verrions fans doute de même fi nous pouvions l'obferver d'un autre côté, mais comme cela est impossible, nous fommes forcés de fuppléer à cette lacune par d'autres confidérations.

Je n'ai préfenté ma troifième attention que comme un problême dont il s'en faut bien que la folution foit complète. Il s'y agit de fçavoir s'il est conforme aux principes cosmologiques et méchaniques qu'un fyftême de fixes puisfe fe mouvoir autour de fon centre fuppofé vuide, ou s'il est nécesfaire que ce centre foit occupé par un corps d'une masfe proportionnée au fyftême, ainfi qu'on l'obferve dans les petits, tels que dans ceux de Saturne, Jupiter &c.

Les principes méchaniques dépendent des loix de la pefanteur, mais les cosmologiques tiennent à l'immutabilité et à la fimplicité de l'arrangement de l'Univers. Si l'on est une fois convenu de la nécesfité de la préfence d'un corps dans le centre du fyftême pour y entretenir le mouvement, fon immenfité effrayante pour l'imagination n'en fera plus qu'une conféquence inévitable et fa probabilité fera pousfée alors presque jusques à l'évidence. Mais dans le cas contraire ce ne feroit plus qu'une fuppofition contre la quelle l'exemple contraire tiré des petits fyftêmes ne concluroit rien.

Ce qui augmente l'incertitude d'une propofition fimplement probable, c'est lorsque les principes fur lesquels elle est appuyée font dans le même cas. Elle ne fera même qu'une pure hypothefe fi la confirmation de ces mêmes

prin-

principes tient à des obſervations à faire. Il est aiſé de juger que la derniere des trois mentionnées ci deſſus est dans ce cas, et qu'elle ſuppoſoit les deux premieres complétement prouvées. Ainſi ſi l'on ne convient pas de la réalité de la diviſion des fixes en ſyſtêmes particuliers, il est inutile de s'occuper de l'exiſtence des corps placés dans leur centre; encore moins de la réunion de ces différens Corps en ſyſtêmes régis par un autre de même eſpèce; de ſuivre l'analogie relativement à ceux ci, et ainſi de ſuite jusques au dernier.

En examinant attentivement l'enſemble des idées qui ſont l'objet de ces Lettres, on ſera peut être étonné du ton de ſécurité et de confiance avec lequel je les ai preſentées dans l'ordre qu'elles devroient garder, ſi elles avoient été préliminairement démontrées et irrévocablement adoptées. On penſera ſans doute que j'aurois du m'en tenir aux premieres jusques à leur entiere confirmation; mais j'ai cru devoir ne cacher au lecteur aucune des conſéquences que j'avois entrevû; ne trouvant aucune raiſon d'interrompre la chaine qui les lioit, rien n'a du m'empêcher de la mettre ſous ſes yeux toute entiere. Je ne me diſſimule pas, il est vrai, que les derniers chainons ne ſoient encore beaucoup trop réculés pour nous, mais du moins ſerviront ils à rendre la conſidération des premiers plus intéresſante: il étoit inutile de contester ſur la certitude de ceux la avant d'être d'accord ſur ceux ci.

à l'Époque ou ce dernier objet ſera rempli, on aura un tableau complet de l'univers tel que j'ai esſayé de l'esquisſer dans les trois dernieres Lettres que j'ai conſacré à cette déscription: ce tableau ſera plus ou moins exact ſelon que les données le ſeront plus ou moins. Il nous restera la ſatisfaction de penſer, que ſi l'harmonie nous en paroit interrompue quelque part, c'est au défaut de bonnes obſervations que nous devons attribuer les lacunes.

Nous ſommes relativement au ſyſtême de l'Univers dans la même poſition ou étoient *Pythagore*, *Philolaus*, *Ariſtarque*, et les autres cosmologues Grecs a l'égard de notre ſyſtême ſolaire. Ils avoient hazardé des conjectures qu'ils n'ont pu vérifier faute d'obſervations; *Ptolomée*, *Alphonſe* le *la fage* &c. n'ont pu y fuppléer; il étoit réfervé à l'immortel COPERNIC de développer un fyftême fur le quel KEPLER et NEWTON ont répandu la plus vive clarté. Il faut attendre que la Nature par un nouvel effort produife des Génies de cette trempe pour opérer relativement à l'enfemble de l'univers une révolution pareille. Nous pouvons il est vrai hazarder fur cet objet des prédictons telles que celles de SÉNEQUE fur les comètes; reste feulement à fçavoir fi elles s'accompliront dans une moindre période de temps.

J'aurois défiré que ces Lettres pusfent fervir de fuite aux *Mondes* de Mr DE FONTENELLE: mais outre qu'il m'étoit impoffible d'atteindre à la richesfe du ftile, à la vivacité des images, à la légéreté du badinage qui y brillent de toutes parts, nos idées, quand au fond, étoient trop différentes, pour pouvoir adopter la même forme. La nature de mes recherches, leur marche, et leur liaifon, ainfi que les preuves dont je devois les étayer, m'a engagé à donnér la préférence à une fuite réciproque de Lettres entre deux amis. J'ai dû fuppofer à celui des deux qui est confulté plus de fermeté et de confiance dans fes opinions qu'à celui qui cherche à s'inftruire, et qui doit peu à peu adopter les idées de l'autre. Mon objet principal étant de retourner de tous les côtés, et d'examiner fous toutes les faces mes principes et leurs conféquences plutôt que de prévenir les objections qui fe préfenteroient, on ne doit pas être étonné que le disciple n'affecte point de pousfer les fiennes ausfi loin qu'il fembleroit pouvoir le faire.

LET-

LETTRES COSMOLOGIQUES DE Mr. LAMBERT.

1ère LETTRE.

Croiries vous bien M. que depuis que j'ai parcouru les écrits sur la structure de l'univers que vous m'avez procuré, je suis, ainsi que vous le verrez par la fin de ma Lettre, un peu moins rassuré sur les dangers que nous courons, qu'auparavant? J'esperois, il est vrai, sur votre parole, et vous ne m'avez pas trompé, d'y trouver de quoi satisfaire pleinement ma curiosité sur le cours des planètes et des comètes, et d'y puiser la connoissance du mecanisme qui dirige la marche de ces dernieres, et les ramene vers nous à des époques marquées; je le désirois avec d'autant plus d'ardeur que nous avons été l'année derniere (a) les témoins du premier retour calculé d'un de ces astres singuliers.

Il

(a) La Comète de 1759 est la seule des 87 que nous connaissons aujourd'hui, dont nous sommes en état de prédire avec certitude le retour. L'année 1834 ou 1835 nous la ramenera, sa révolution autour du Soleil étant de 75 ou 76 ans. Dans son périhélie elle s'approche du Soleil à une distance un peu plus grande que la moitié de celle de la terre à cet astre, tandis que dans son aphélie elle s'en éloigne jusqu'au double à peu près de celle d'Uranus. Elle a réparu déjà plusieurs fois, comme en 1305, 1380, 1456, 1531, 1607, 1682. Le célèbre HALLEY, après avoir reconnu par un calcul aussi exact que les observations de ces anciennes apparitions le permettoient, qu'elles n'indiquoient toutes que des retours différens d'une seule et même comète, fut le premier qui par cette considération osa prédire le suivant pour la fin de 1758; prédiction que l'événément accomplit exactement au tems marqué.

Il m'est infiniment aisé maintenant de concevoir tous les espaces compris depuis le Soleil jusques au delà de Saturne, remplis d'orbites elliptiques parcourûs par différentes comètes et entrainant même s'il le faut chacune un Satellite avec elles. Je puis avec la même facilité étendre cette idée jusques aux étoiles fixes; les considérer comme les centres du mouvement d'un pareil nombre de corps qu'elles éclairent et échauffent et sur lesquels rien n'empèche de supposer et de placer des individus de toute Espece.

Il n'en coute rien à mon imagination pour reculer les bornes de l'univers de telle manière, qu'en prenant par exemple pour échelle la distance de notre soleil à une étoile de la cinquième grandeur (*) je soie obligé de la répéter plusieurs millions de fois pour arriver seulement aux étoiles télescopiques; que sera-ce pour les plus éloignées? toutes les comparaisons, prises de la meule de Moulin qui tomberoit du soleil sur la terre, soit relativement à l'Espace, au temps, à la vitesse, s'évanouissent devant les idées qu'enfante mon imagination exaltée. l'Espace parcourû n'est qu'un point; la vitesse celle d'un Limaçon qui se traine sur le Globe, et le temps n'est que foiblement représenté par celui qu'employe l'éclair pour se répandre dans toute l'Étendue de l'air; la lumiere et le chemin qu'elle parcourt peut seulement servir de mesure commune; on sçait qu'elle employe huit (b) minutes pour parvenir du soleil à nous, distance évaluée à peu prés àvingt mille demi diametres de la terre. D'après cette échelle je ne trouve aucune absurdité à supposer que la lumière des astres connûs les plus éloignés employe des siècles entiers pour parve-

(*) Il y a 5c^{eme} dans l'original; mais fut ce une faute d'Impression les conséquences seroient les mêmes.

(b) La vitesse du mouvement de la lumière est connue par l'observation des éclipses des Satellites de Jupiter & par l'aberration des fixes; et comme l'un et l'autre de ces phénomènes donne des résultats à peu près égaux, il semble par là que la lumiere est aussi promptement réfléchie par des corps opaques que lancée par les corps lumineux, voyez l'Astronomie de M. LA LANDE art. 2835. et celle de M. BODE § 456—469.

venir jusqu'à nous et qu'il y a peut être telle fixe dont la lumière est en route depuis (*c*) ſix mille ans ſans avoir encore atteinte nos yeux, et dont l'apparition est reſervée à nos néveux. J'en conclus qu'il nous arrive tous les jours une nouvelle lumiere, et que la clarté de nos nuits va toujours en croiſſant. Avec tout cela je conçois que ces distances ne ſont pas encore les bornes de l'Univers.

Je m'appercois, Monſieur, que je me laiſſe aller inſenſiblement à un enthouſiasme Aſtronomique ſur des objets qui vous ſont certainement bien plus familliers qu'à moi; recevez-en, je vous prie, le détail comme une preuve du plaiſir, que j'ai pris à déférer à vos conſeils. Mais dites moi donc ne ſeroit-il poſſible d'arriver à la vérité qu'en planant par l'incertitude et le doute? ou ceux ci, qui ſont d'abord ſimples deviendroient ils plus compliqués à meſure qu'on les a réſolû? je ne vous ai jusques à préſent demandé que le tableau général de la ſtructure de l'Univers, maintenant je vai plus loin, et je voudrois ſçavoir quelle ſera ſa destinée ainſi que celle des Philoſophes qui nous en ont donné de ſi magnifiques déscriptions? les comètes qui ne ſont plus maintenant redoutables par leur préſage, ne le ſont elles pas au moins par leurs effets? les corps célestes ſont ſoumis

---

(*c*) Une telle étoile ſerait éloignée 388392960 fois plus que le ſoleil; et, en ſuppoſant la parallaxe annuelle de l'étoile la plus voiſine ½ ſeconde de degré ſeulement, elle ſerait encore mille fois plus éloignée que celle ci, et nous paraitrait par conſéquent, ſi elle étoit groſſe comme Arcturus, de la millionième grandeur. Quoi qu'il en ſoit, il est certain aujourd'hui par des obſervations incontestables de M. HERSCHEL que les nébuleuſes les plus voiſines, et que ſes grands télescopes lui repréſentent en amas d'étoiles de 10′ de diamètre, ſont à une diſtance au moins 17000 fois plus grande que celle de l'étoile la plus prôche de nous: et celle-ci ne fut elle éloignée que 100000 fois la diſtance du ſoleil, la lumiere de telle nébuleuſe mettra toujours plus de 25000 ans à parvenir à nos yeux dont nous l'appercevons dans le ſiècle où nous ſommes! Qu'on juge après cela de la diſtance de ces nébuleuſes dont les étoiles ſe confondent en une lueur très foible de quelques ſécondes de diamètre aux yeux même du plus habile des obſervateurs armés de ſes plus forts télescopes: elle ſurpasſe ſans doute pluſieurs milliers de fois celle des premieres; et cependant nous les voyons!

mis à l'action de leur gravitation réciproque. Jupiter peut en conſéquence troubler la révolution de Saturne et de ſes Satellites; la lune peut influer un peu ſur celle de la terre, et augmenter ou diminuer les marées. Que deviendrions nous ſi quelque groſſe comète s'approchoit aſſez près de la terre pour élever la maſſe des eaux au point de l'inonder, ou pour l'entrainer avec elle et en faire ſon ſatellite?

Dites moi ſi je dois ranger dans la Claſſe des ſimples poſſibilités tout ce que les (d) phyſiciens nous ont débité à cet égard, ou s'ils ont ſans réflexion mêlé parmi les vraiſemblances quelques vérités qui puiſſent juſtifier nos frayeurs par leur événement? quoiqu'il en ſoit, frappé des conſéquences redoutables du tableau qu'ils nous ont tracé de ces astres, je les restreins à ſuivre rigoureuſement leurs orbites dans notre ſyſtême, et je leur inhibe toutes les routes où elles pourroient à la longue cauſer du déſordre; mais je n'en ſuis guères plus avancé, puis-que ſi je ſuis forcé de prendre les Comètes pour ce qu'elles ſont, et qu'elles ne veuillent pas parcourir tranquillement leur route, nous ſerons toujours dans le cas de craindre qu'une guerre continuelle ne règne au firmament.

Que penſes vous ſur cela? peut on ſerieuſement d'après de ſimples poſſibilités trouver quelque vraiſemblance dans de pareils bouleverſemens? Jupiter, Saturne, et la Terre auroient ils conquis leurs Satellites, et pourroient ils de la même manière s'emparer de quelque Comète ſuivant tranquillement ſon chemin et la forcer de voyager à leur ſuite? comment les habitans de cet astre s'accomoderont ils de leur nouvelle poſition? devons nous nous arrêter aux déſcriptions de la création et du déluge de WISTHON et BURNET et des autres Cosmologues? tout cela, à vous parler vrai, res-

---

(d) On peut lire au ſujet des effets nuiſibles que pourroient occaſionner l'approche des comètes les ouvrages de WHISTON *A new theory of the Earth* Cambr. 1708. 8. de HALLEY *Théorie des Comètes* pag. 68. de l'édit. Françaiſe de Paris 1759. de MAUPERTUIS *Lettre ſur la comète de* 1742. de LA LANDE *Réflexions ſur les Comètes qui peuvent approcher de la terre.* Paris 1773. et d'autres.

ressemble trop à un roman pour être le résultat des réflexions sérieuses des philosophes. À la bonne heure; que les Poëtes égayent leur imagination; que par leurs fictions ingénieuses ils composent et arrangent leur monde de la manière qui leur paroitra la plus agréable et la plus parfaite; j'y consens; je lirai leurs ouvrages avec plaisir, et je mettrai dans la même classe leurs comètes, leurs vaisseaux aëriens (*) &c. Mais le philosophe doit étendre ses recherches au de là de la simple vraisemblance, et je vous avoue que je ne m'attendois pas à un mélange si monstrueux de grandes vérités et de rêves si absurdes; car je ne sçaurois leur donner un autre nom jusques à ce qu'ils les aient rendus plus vraisemblables. Je leur abandonnerois cependant volontiers leurs romans, si les philosophes ne s'y l'aissoient prendre, mais ils présentent leurs systêmes de manière qu'il est difficile de démêler le vraisemblable du faux. Ils ne nous garantiroient pas que nous ne fussions dans le cas de craindre, qu'aujourd'hui même une comète malfaisante ne vint nous dérober notre paisible lune, peut être heurter notre terre de manière à la réduire en poudre, ou du moins de laisser une partie de sa queue dans notre athmosphère. Je rends maintenant justice aux Chinois que j'avois jusqu'à présent tourné en ridicule, de ce qu'ils plaçoient des sentinelles la nuit dans leurs observatoires, pour examiner s'il ne se passoit rien de contraire au bon ordre et à l'harmonie des Corps célestes dans le firmament, comme nous le faisons dans nos camps.

Ptolomeé et ses disciples, tranquilles sur le sort de la terre qu'ils avoient placée au centre de notre systême, ne s'attendoit pas que Copernic viendroit troubler son repos, et la forcer de tourner autour du soleil: maintenant c'est bien pis, et cet astronome ne seroit pas content lui même de son arrangement, s'il sçavoit qu'il l'a exposée à être à tout instant entrainée jusqu'aux étoiles fixes, ou peut être submergée, brulée, divisée, écrasée par les comètes, en un mot, éprouvant tous les malheurs qu'il a plu aux philosophes d'imaginer et de prévoir. J'aimerois mieux, je l'avoue, leur restituer

la

(*) Mr de Mongolfier n'avoit par fait alors sa découverte.

la propriété de n'être que les préſages de guerres, et d'autres fléaux, qui communement ne ſont funestes que pour une contrée particuliere, au lieu que l'effet, qu'on leur attribue maintenant, rejaillit ſur tout le globe, et qu'on ne peut le prévoir et le prévenir comme les guerres &c. Notre terre étant une des plus petites planètes, offre d'autant plus de facilité à l'incurſion des Comètes, et qui ſçait ſi dans l'espace qui ſépare les régions de Jupiter et Mars il ne manque pas quelque Planète qui voyage dans l'Univers à la ſuite de quelque comète conquérante? (e) en ſeroit il du Ciel comme de la terre ou les plus foibles ſont les victimes des plus forts? Jupiter et Saturne ne ſeroient ils que des corſaires enrichis des biens d'autrui?

Voila, Monſieur, le ſujet des terreurs dont je vous ai parlé au commencement de ma Lettre, et qui ne vous étoient pas inconnues puisque les écrits que vous m'avez indiqué les ont fait naitre, vous êtes cependant tranquille; de

---

(e) Pluſieurs Astronomes ont ſoupçonné l'exiſtence d'une Planète entre Mars et Jupiter, à cauſe d'une lacune qu'on a remarqué dans une progreſſion d'ailleurs aſſez réguliere que les planètes obſervent dans leurs distances reſpectives au Soleil. Si l'on diviſe en 4 parties égales la distance moyenne de Mercure au Soleil, Vénus s'en trouve plus éloignée de 3 de ces parties, la Terre de $2 \times 3 = 6$, Mars de $2 \times 6 = 12$, la planète ſuppoſée entre Mars et Jupiter de $2 \times 12 = 24$, Jupiter de $2 \times 24 = 48$, Saturne de $2 \times 48 = 96$, et enfin Uranus de $2 \times 96 = 192$ parties plus éloigné que Mercure. (Quoique notre auteur parle ici de cette lacune, il ne paraît pas cependant qu'il y ſoit conduit par la conſidération de cette loi obſervée dans les diſtances des planètes, dont la connaisſance parait lui avoir été étrangère jusqu'en 1772 lorsqu'il la trouvait dans *l'Introduction à la connaisſance du ciel étoilé* de M. Bode; voyez le traité de ce ſavant *ſur la nouvelle Planète* (Uranus) pag. 51 et 52.) — Au reste la Cosmogonie de M. Kant pourrait faire conjecturer, que c'est à cauſe de la proximité de Jupiter que cette planète ſoupçonnée manque dans notre ſyſtème ſolaire, cette maſſe énorme ayant abſorbée dans ſa ſphère d'activité toute la matière dont la planète en question devait être formée. C'est à la même cauſe que M. Kant attribue déjà la petiteſſe de Mars, et ſon manque de ſatellites.

de deux choses l'une, ou vous avez un courage à toute épreuve, ou vous regardez tout cela comme des contes. Éclairez moi dans ces circonstances, je me soumets aveuglement à vos lumières.

Je suis &c.

LETTRE II.

Je vois avec grand plaisir, Monsieur, par la Lettre que vous m'avez écrite, qu'il vous a fallu bien peu de temps pour vous faire un tableau exact de l'Univers, et pour vous former une juste idée de la certitude des notions des Cosmologues sur ce sujet; peut-être même ne vous y attendiez vous pas. Ne vous étonnez pas si de nouvelles connoissances donnent naissance à de nouveaux doutes; c'est la marche ordinaire pour parvenir à la connoissance de la vérité; il est seulement facheux que cette route soit trop longue pour satisfaire notre impatience. Au surplus, rassurez vous, ces doutes seront peu à peu résolus, mais ils en enfanteront d'autres, dont la solution est réservée à nos neveux; contentez vous donc de ce que vous sçavez avec évidence et laissez à la postérité le soin de déterminer ce à quoi vous ne sauriez atteindre dans ce moment.

Peut-être aussi les conjectures de ces philosophes ne vous paroissent elles effrayantes, que parce qu'elles sont nouvelles pour vous, et il y a apparence que vous vous accoutumerez peu à peu à considérer avec tranquillité des prédictions qui n'ont encore troublé le sommeil de personne. Mais allons plus loin, et mettons les chôses au pis, en supposant que tout ce qu'ils ont dit soit au moment d'arriver, que pourriez vous y faire? ne devriez vous pas les regarder comme des prophêtes envoyés pour vous prévenir, et leur rendre des actions de grace? soit que la terre fut destinée à servir de Satellite à une comète et à la suivre dans la Sphère de Saturne, soit que sa surface dut être couverte par les eaux; dans le premier cas il suffiroit de vous disposer à supporter un degré de froid plus fort que celui de la Sibérie, dans le second, de vous pourvoir d'un vaisseau propre à résister à l'impétuosité des vagues.

Mais j'envisage toujours les choses sous le point de vue le plus favorable. La conservation des Corps célestes me paroit au moins plus importante que celle de ces créatures qui se reproduisent tous les ans par la propagation de leur espece. Dans celles ci les plus âgées servent à la production des plus jeunes; mais il faudroit bien d'autres mysteres pour que des mondes servissent à créer d'autres mondes, et que des débris de l'un on put en construire un nouveau; d'où-il suit, que leur durée ne doit pas être moindre que de plusieurs milliers de siècles. C'est une proposition que nous pouvons conclure de ce qui se passe sous nos yeux. La durée est toujours relative à la grandeur; celle de la fleuraison de la Tulipe, et de la croissance du Cédre, de la vie d'un insecte, d'une mouche, et de celle de l'homme, n'ont aucuue proportion. Tous ces objets se réproduisent eux mêmes; mais la planète qui les supporte ne connoit point ces réproductions et ces changemens journaliers et annuels. Il faudroit pour y opérer quelque vicissitude conséquente plus de siècles qu'il ne faudroit d'heures pour compléter les périodes de la vie d'un insecte.

Quoique les idées de nos philosophes sur ce sujet ne soient peut-être que des jeux de l'imagination, je pourrois cependant, loin de les détruire, y en ajouter encore de mon cru, si vous ne me paroissiez pas déja plus que satisfait de celles que vous connoissez. Il ne faut cependant pas mettre dans la même classe les variations dûes aux petits écarts des Corps célestes de leur orbite, qui sont une suite de leur gravitation réciproque, et dont vous avez vous même donné des exemples. La seule question qu'il y ait à résoudre est de sçavoir si ces écarts sont simplement des exceptions aux loix générales, ou des moyens prévus par le créateur pour les mettre en état de supporter des plus grands écarts sans nuire à la durée de leur révolution.

Que penseriez vous, Monsieur, si on pouvoit prouver que ces écarts dans les révolutions des planètes et comètes sont dûes à une cause intelligente, et que leur masse, pesanteur, position, direction, et vitesse sont telles, que malgré la réciprocité d'une gravitation toujours agissante, el-

elles puissent facilement s'éviter les unes les autres? ne seroit il pas possible qu'une comète, qui autrefois tournoit autour du soleil de droite à gauche, fut forcée de tourner en sens contraire par sa plus grande proximité de Jupiter dans une révolution que dans l'autre? plus ce changement seroit extraordinaire, plus les principes, qu'il faudroit adopter pour l'expliquer, me paroitroient importants. Les vérités cosmologiques, et les principes de *Téleologie* que nous devons à l'expérience, vous sont si bien connues, qu'à peine j'oserai vous demander, si l'ordre des révolutions des Corps célestes ne vous annonce pas les sages vues du créateur tout comme le méchanisme des plus petits Corps répandus sur la surface de la terre? il est vrai qu'elles n'y sont pas aussi marquées, que dans ces derniers, où les suites du moindre changement sont faciles à prévoir: le firmament ne nous offre que des exceptions aux loix générales: combien ne faudroit il pas de siècles pour avoir le tableau de la somme des conséquences qui seront la suite de ces variations, et pour pouvoir comparer ensemble toutes les parties séparées? Ce ne sera cependant qu'alors qu'on apercevra nettement la mutuelle dépendance de toutes ces variations et la loi générale d'où elles dérivent.

Au reste ne serois je pas fondé à croire que vous n'avez considéré les comètes comme des objets malfaisans que parceque les philosophes les ont sérieusement données pour telles? tantôt comme présages de grands malheurs, tantôt comme causes prochaines d'effets funestes; et cependant je suis fort tenté de penser qu'ils n'ont cherché en cela qu'à mettre en jeu notre imagination. Vous sçavez combien elle est prompte à s'allumer lorsque la crainte d'un avenir facheux s'en empare. Qu'on raconte à quelqu'un qu'une Comète pourra être telle, et venir dans telle circonstance, qu'il sera possible qu'elle allonge ou raccourcisse l'année; qu'elle fasse de l'Été l'hiver; qu'elle force les eaux à surmonter les plus hautes montagnes; qu'elle nous enleve notre lune, ou la déplace de manière qu'à l'avenir nous n'ayons qu'une pleine ou nouvelle lune par an, des Éclipses tous les mois, et mille autres changemens encore plus remarquables; ils n'affecteront pas moins son attention quoique presentés comme des événements purement possibles. (a)

Mais on demande si réëllement il arrivera rien de pareil? il n'y a point de philosophe qui puisse répondre à cette question, puisque nous ne connoissons ni le nombre des comètes, ni conséquemment la position de leurs orbites, encore moins les points de leurs conjonctions. Vous pouvez aisément en conclurre que nous resterons dans cette incertitude, jusques à ce qu'on nous fasse connoître quelque principe qui nous conduise à des conséquences plus assurées. Je vous ai déjà exposé quelques principes généraux de Cosmologie, aidez moi, je vous prie, à examiner jusqu'à quel point on peut compter sur la légitimité de leur application. Je pense cependant qu'il en faudroit de plus particuliers, qui, dépendans de la Gravitation commune à tous les Corps célestes, pussent se déduire de la nature de la courbe de leur orbite. Les premiers serviront seulement à donner une idée générale de la structure et de l'arrangement de l'univers, mais pour ce qui concerne le petit dérangement dont les philosophes nous font craindre les suites, ils dépendent uniquement des loix de la gravité desquelles seules on peut les déduire.

Permettez moi seulement les deux questions suivantes, dont vous trouverez aisément les solutions d'après la lecture des écrits que je vous ai fait passer. Est il possible que deux comètes, ou une planète et une comète, puissent jamais se choquer mutuellement? ou bien, lorsqu'elles se seront rapprochées à un certain point, ne continueront elles pas de circuler ensemble autour du soleil leur centre commun? vous pourrez détermmer d'après les mêmes principes toutes les situations relatives de ces deux corps, et fixer qu'elle seroit,

(a) C'est ainsi que toute la France fut alarmée en 1773 à l'occasion d'un Mémoire de M. LA LANDE où l'on débitait que ce savant avait annoncé qu'une comète allait causer la fin du monde. M. LA LANDE, pour tranquilliser les esprits, fut obligé de publier son Mémoire où il fit voir au contraire, que la possibilité des dérangemens occasionnés par des comètes est trop éloignée pour faire naitre aucune crainte raisonnable.

roit, par exemple, la diftance à laquelle la Comète devroit s'approcher de la terre pour rester fuspendue dans fa fphère d'attraction, marcher, et décrire autour d'elle une ellipfe de figure donnée comme le fait la lune. Il est facile de voir, que l'exactitude de cette détermination dépend de la vitesfe originaire de la comète dans fon orbite; et du rapport de cette vitesfe avec fes diftances à la terre; fi les circonftances ne permettoient pas à la Comète de décrire cette Ellipfe autour de la terre, du moins celle ci ne pourroit elle que la détourner fenfiblement plus ou moins de fa première route. Confidérez avec qu'elle précifion il faudroit que les circonftances fe raccordasfent pour produire un pareil événement, et s'il ne feroit pas plus naturel de l'attribuer à un ordre primordialement établi qu'à un fimple hazard.

La feconde question est exactement parallèle à celle que vous m'avez faite lorsque vous m'avez demandé s'il étoit vraifemblable que Saturne et Jupiter fe fusfent emparés peu à peu des Satellites qui les accompagnent. La folution de la première question est appliquable à celle ci; et les différens phénomènes que nous préfentent les Satellites faciliteront la réponfe. Dabord ils fe meuvent, comme les planètes principales, d'occident en orient. Suppofons qu'ils ayent été autrefois des comètes; ils ne peuvent avoir été enchainés à la fuite de la planète principale que dans deux circonftances; ou lorsqu'elles revenoient de l'aphélie vers le foleil, ou lorsquelles s'en éloignoient en venant du périhélie. D.ns le premier cas elles ont dû couper l'orbite de la planète dans la partie orientale, et dans le fecond dans l'occidentale. Qu'elle est la probabilité que le contraire n'est jamais arrivé? voilà ce dont il doit s'agir fi l'on ne confidére que le *par hazard*. Il y a en tout dix (*b*) Satellites et dans ce nombre il y en a au moins cinq qui doivent faire leur révolution d'orient en occident puisqu'on fuppofe que le mouvement dans les deux fens est également posfible. Une comète, foit qu'el-

(*b*) Aujourd'hui on en compte dixhuit Saturne en ayant 7 et Uranus 6.

qu'elle monte, soit qu'elle descende, peut rencontrer l'orbite de la planète à droite ou à gauche, car c'est toujours le hazard que nous supposons ici diriger l'événement; or le calcul de la probabilité est fort simple. Pierre et Paul tirent dix fois le sort; considérés en eux même, ils avoient un égal droit au bon billet; cependant Pierre a été assez heureux pour le rencontrer dix fois de suite; le cas que cela n'arriveroit pas étoit 1023 fois plus probable, et il y avoit de même à parier plus de mille contre un, que dès que le mouvement des Satellites n'étoit dû qu'au hazard, quelqu'un d'eux tourneroit d'orient en occident. Une autre considération qui exclut encore ici le hazard, c'est le petit angle que les Plans des orbites de tous les satellites font avec celui de la planète principale. (*c*) Peut on supposer que toutes les Comètes qui ont été transformées en Satellites avoient des orbites précédemment si peu inclinées à celle de la planète principale, et qu'aucune de celles qui passoient au dessous ou au dessus n'a pu échapper à son attraction?

Si nous avions d'assez bons instruments pour mesurer les Diamètres des Satellites de Jupiter et de Saturne, vous verriez que la proportion qui régne entre leur volume et leur distance à la planète principale est la même à peu près que celle qui a lieu dans notre système solaire. (*d*) J'en

---

(c) Les Satellites d'Uranus font ici une exception. D'après les observations de M. Herschel leurs orbites sont presque perpendiculaires à celle de leur planète principale.

(d) Sur les diamètres des Satellites de Jupiter, nous pouvons dire aujourd'hui qu'il ne régne pas entr'eux la même disproportion de volume qu'entre les corps principaux du Système solaire y compris Jupiter et Saturne. Maraldi, Whiston, Cassini et d'autres avaient déjà prononcé sur leurs diamètres. Selon les plus nouvelles recherches de M. M. Bailly & la Lande les diamètres des 4 Satellites en parties de celui de Jupiter sont : I. 0,05139, II. 0,04032, III. 0,04898, IV. 0,03693. Mais M. Schröter trouva le diamètre du premier plus petit, et seulement d'$\frac{1}{33}$ ou de 0,030303 du diam. de Jupiter (*) : ce ferait environ le tiers de celui de la terre. M. Herschel mesura le 6 Avril 1780 l'ombre du 3ième Satellite sur le disque de Jupiter dont il trouva le diamètre 1″, 562 Ephém. de Berl. 1798 pag.

(*) Ephém. de Berlin. p. 1790 pag. 203.

J'en dirois autant de leur rotation autour de leur axe dont nous ne connoisfons qu'un feul exemple dans la lune (e) mais

---

pag. 92 : en fuppofant alors le diam. apparent de Jupiter 41″, 992 et la diftance du 3ième Satellite de 14,99 demi diam. de Jupiter, je trouve par cette obfervation le diamètre de l'ombre fur Jupiter vu du Satellite 16′. 10″, 336, qui étant ajouté à celui du foleil, vu alors de Jupiter, 5′. 53″, 43 donne 22′. 3″, 766 pour le diamètre du Satellite vu de Jupiter, et 0,048101, en parties de fon diam. ce qui s'accorde à merveille avec la détermination de BAILLY, qui avait employé pour cette recherche une méthode toute différente, *Astronomie* art. 3038 et 3046.

Enfin M. SCHRÖTER vient de publier un très intéresfant ouvrage fur cette matière dans fes *fragmens pour fervir à la connoisfance des fatellites de Jupiter*, dont feu M. le Confeiller de *Lichtenberg* a donné un extrait dans l'Almanac de Göttingue pour 1799. Les diametres des 4 fatellites font donnés par M. SCHRÖTER dans cet ouvrage comme il fuit; I. 0,0288, II. 0,0238, III. 0,0418, IV. 0,0291: en parties du diamètres de Jupiter. — Nous avions remarqué fur la précédente Lettre la progresfion admirable qui régne entre les distances des Planètes au Soleil; obfervons en maintenant encore une à peu près femblable dans celles des Satellites de Jupiter. Le premier est éloigné du centre de fa planète principale de 5,856 demi diam. de Jupiter: fi l'on y ajoute $\frac{3}{4}$ de cette distance ou 4,392, on a 10,248: ajoutant enfuite à ce nombre $\frac{6}{4}$ de la distance du I Satell. ou 8,784 nous avons 14,640, et fi enfin ou joint à ce dernier nombre 17,568 ou $\frac{12}{4}$ de la distance mentionnée, on obtient 23,424. Or les distances des Satellites en demi diam. de Jupiter à cette planète font felon les recherches les plus nouvelles de M. TRIESNECKER 5,856. 9,334. 14,990 et 26,311. *Ephem. de Vienne* 1797. pag. 333. On voit donc encore que les écarts font peu confidérables ici, et que l'analogie s'y montre également d'une manière évidente. Cependant les Satellites de Saturne s'écartent davantage de cette règle.

(e) Quand à la rotation des Satellites, on fait aujord'hui par des obfervations de M. HERSCHEL comparées à de plus anciennes de CASSINI que le 7ième de Saturne tourne fur fon axe, comme la lune, dans le même tems qu'il employe à faire fa révolution autour de Saturne. M. SCHRÖTER a reconnu au commencement de 1797, que le fecond de Jupiter en fait autant; et dans ce moment même nous apprenons que M. HERSCHEL vient d'établir la même loi pour tous les 4 Satellites de Jupiter. V. ausfi l'ouvrage de M. SCHRÖTER cité dans la note précédente § 231—234, et les remarques ingénieufes de M. DE LICHTENBERG fur cette matière dans l'Almanac de Göttingue pour 1799.

mais qui suffit pour l'attribuer à un motif déterminé plutôt qu'au hazard. Comment feroit il arrivé que de toutes les comètes qui ont passé dans la sphère d'activité de la terre, la seule qui, en tournant sur son axe, lui présentoit toujours le même hémisphère, y soit resté suspendue? si cette circonstance est dûe au hazard, il faut convenir, comme chacun peut s'en convaincre, que le degré de probabilité en est fort petit. Au reste en avouant que je ne connois pas la cause finale de cette Rotation singulière, vous serez encore infiniment moins à votre aise pour la trouver dans les combinaisons du hazard. Que feroit ce, si, en adoptant les idées de Wisthon, vous vouliez rapporter cet événement au déluge? Vous voyez, Monsieur, que j'ai fait main basse sur la pluspart des conjectures des philosophes sur les Comètes. J'ai fait voir l'impossibilité des unes, le peu de vraisemblance des autres, et si j'ai laissé subsister les moins considérables, j'ai eu soin d'avertir que les grands changements doivent être fort rares dans notre systême, et être considérés comme des exceptions aux loix générales; peut-être servir de préparation aux changements que peuvent éprouver chaque systême de fixes.

Sans doute que vous n'en voudrez plus au courageux Copernic pour n'avoir, en troublant le repos de la terre, fait, que ce que la moindre Comète pouvoit faire, et ce qu'elle a déjà vraisemblablement fait plusieurs fois. Peut être trouverez vous que nous n'avons pas poussé encore les idées de Copernic assez loin; Cependant je ne pense pas que pour être placé au rang de ses Disciples, il suffise de croire qu'il se pourroit avec le temps que la terre fut changée en Satellite d'une Comète. Je crois au contraire que les planètes et les Comètes ont pu parcourir l'Univers à leur aise en s'évitant mutuellement, et que cet effet même n'a été dû qu'aux petites altérations que l'observation nous a indiquées dans leurs révolutions.

Je me félicite en finisant d'être d'accord avec vous pour exclure de notre systême toutes les Comètes qui pourroient y causer du désordre, et j'adopte en entier cette vue bienfaisante.

Je Suis &c.

LET-

LETTRE III.

d'Après le Tableau Cosmologique de l'Univers que vous m'avez tracé, Monsieur, je commence à le voir sous des couleurs plus consolantes que celles qu'avoient employé les philosophes dont j'av..is parcouru les écrits. Peu s'en étoit fallu que je n'eusse considéré les astronomes comme des prophètes redoutables; la découverte des Télescopes et les progrés rapides de l'Astronomie comme les avant coureurs des plus funestes malheurs. Il y a donc, me disois-je, quelque part un génie qui a inspiré à COPERNIC l'idée de l'arrangement de l'Univers; qui a découvert à KEPLER ses fameuses loix, et à NEWTON son active attraction et la doctrine du cours et des effets des comètes, à fin que l'annonce des malheurs qui pourroient en résulter mit les habitants de la terre à même d'éviter une déstruction totale et de sauver le reste de leur race. La providence veilloit donc au salut de sa créature au milieu de toutes les infortunes qui la menaçoit.

Votre Lettre, Monsieur, dont je vous remercie bien sincérement, m'a délivré de ces tableaux sinistres dont vous ne niez pas absolument la possibilité, mais dont vous reculez au moins l'événement à des époques infiniment éloignées. Votre cosmologie présente quelque chose de plus grand et de plus digne de la sagesse du créateur, et vous vous occupez d'une manière plus élevée et plus noble de la conservation de la créature, que nos philosophes, qui semblent n'avoir vu l'avenir qu'en noir, ou du moins qui pour leur amusement n'ont songé qu'à nous intimider.

J'ai receuilli avec le plus grand soin tous les passages de votre Lettre, qui peuvent me donner une idée nette d'une cosmologie que vous m'annoncez comme l'ouvrage de la suprême sagesse. J'ai besoin de faire usage de toute mon imagination et de toutes les facultés de mon âme pour embrasser dans toute leur étendue cette foule de conséquences qui suivent de vos principes; je ne crains plus, quoique vous en disiez, qu'elles aillent trop loin. Vous m'avez ras-

rasſuré ſur le choc mutuel des Corps célestes, et ſur le bouleverſement qui en ſeroit la ſuite. Je ne vois plus dans leurs diverſes révolutions, et la poſition de leurs orbites, qu'une harmonie dirigée par les décrets de l'être ſuprême, qui, veillant à leur conſervation, les force de continuer leur route paiſiblement, et ſans ſe nuire réciproquement.

N'est ce pas ainſi, ce me ſemble, Monſieur, que vous vous répréſentés l'Univers? ce qu'il y a de vrai, c'est que je prends grand plaiſir à le conſidérer ſous ce point de vüe. Je ne regarde plus Jupiter comme un corſaire vivant de rapine, mais comme un pere tendre, qui, concentrant tous ſes ſoins ſur ſes quatre enfants, les éclaire pendant leurs nuits, et veille ſur eux en les conduiſant avec lui dans ſes voyages. Toute comète, qui arrive dans l'étendue de ſon domaine, continue ſa route, et s'en détourne pluſtôt que d'exciter le moindre déſordre dans ce paiſible ménage. Mais ſeroit il vrai que de toutes les Comètes qui maintenant font leur révolution de l'orient à l'occident aucune n'ait manqué à cette condescendance pour le prince des Planètes?

Cette maniere de concevoir l'ordre et l'arrangement de l'Univers est en même temps à mon gré la plus ſatisfaiſante et la plus vraiſemblable; je crois avec vous que chaque corps céleste est actuellement ce qu'il a toujours été. Je ne crains plus la déſtruction de leurs habitans qui auroit été inévitable ſi leur déplacement avoit été trop conſidérable. Vous ne m'avez pas cependant asſez tranquilliſé ſur le froid excesſif et bien plus âpre que celui de la Sibérie, dont vous nous avez menacé ſi une comète entrainoit notre terre avec elle. Cet hiver auroit été au moins de 70 ans ſi nous avions ſuivi la Comète de 1759, en ſuppoſant ſon retour au périhélie, le plus prompt posſible: celui des habitants des pôles n'auroit aucune comparaiſon avec lui, ainſi que celui que les Hollandois ont éprouvé dans la nouvelle Zemble où ils ont pasſé 6 mois avec leurs vaisſeaux: ils n'auroient rien gagné au retour de l'été puisque la terre ſe ſeroit éloignée du ſoleil elle même. Nous ſommes préciſement conſtitués tels que l'exige la place que notre planète occupe, et elle auroit resté éternellement inhabitée, ou ou pourvue d'êtres différens, si elle avoit dû être exposée à ces excursions lointaines.

Je me départs maintenant tout à fait des idées funestes qui m'assiégeoient, et j'adopte de grand cœur vos principes sur les Satellites. J'ai retourné les comètes de tous les côtés pour voir si par hazard notre lune n'en auroit pas été une; j'ai choisi les circonstances les plus avantageuses et les plus favorables au moyen desquelles je puisse lui supposer une révolution au de la de 27 fois plus lente que celle de la terre.

J'ai arrangé mes suppositions de manière que le lieu de l'opposition de lune fut celui de l'aphélie de la comète; je l'ai supposée partie de ce point avec une vitesse à peu prés égale à celle que la lune a réellement; mais le résultat m'a donné une ellipse impossible dont le périhélie tomboit dans le soleil. J'ai ensuite déplacé l'aphélie pour le porter plus loin; alors la comète auroit dû se mouvoir plus vite que la terre; elle nauroit pu rester assujettie à circuler autour d'elle ou l'ellipse seroit encore devenue impossible.

Je n'ai poussé cet examen plus loin que d'une manière générale, et j'ai toujours trouvé que la Comète auroit dû dabord parcourir autour de la terre la même orbite que la lune y parcourt maintenant sans s'en écarter de nouveau: aucune combinaison ne m'a dévoilé la manière dont cela auroit pu arriver. La supposition qu'elle est parvenüe à ce point à la longue et peu à peu, ne s'accorde point avec les loix du mouvement, qui exigent que la Comète dans chaque point de son orbite ait eu une vitesse relative à la distance de ce même point à la terre. J'ai été contraint de penser, que les choses sont comme elles ont toujours été, et de renoncer à toute idée de changement successif. D'un autre côté la terre n'auroit pas pu parcourir constamment sa même orbite autour du soleil, qui certainement auroit été un peu altérée.

En considérant les choses sous ce point de vue, il m'est impossible de concevoir qu'une comète ait pu être changée en Satellite, et encore moins, comme vous l'avez très bien remarqué, qu'un tel astre ait pu devenir notre lune, qui, par une cause finale aussi extraordinaire qu'impénétrable,

tour-

tourne autour de fon axe dans le même temps qu'elle employe à faire fa révolution autour de la terre. Je mettrois les conféquences de votre calcul des probabilités à l'égard des Satellites au rang des certitudes morales, et il m'auroit fuffifamment convaincu, quand elles n'auroient été appuyées fur aucun autre principe. Je défirerois feulement, que les Philofophes, au lieu de chercher à nous effrayer, eusfent voulu s'occuper à confidérer l'univers, ainfi que les différens êtres qui y font répandus, fous un régard, qui, en nous montrant le doigt de l'être fuprême, nous donnat une idée vraie non feulement de fa grandeur et de fa toute puisfance, mais encore de fa haute fagesfe et de fa bonté.

Plus il feroit important pour moi d'être bien tôt rasfuré fur ces objets, moins je l'espére. J'ai employé toutes mes forces à faire les recherches et les combinaifons que vous m'avez indiquées, pour d'aprés l'inombrable quantité de caufes finales que nous anonce la difpofition des corps terrestres, arriver à la connoisfance de celles qui appartienent à l'Univerfalité des l'univers. J'ai examiné avec le plus grand foin la fin de chaque partie, de chaque monde, de chaque nerf de notre corps, de leur pofition, de leur ufage pour la confervation de notre vie; j'ai étendu ces recherches à tous les animaux, et à toutes les merveilles qu'ils offrent à nos fpéculations, aux variations des faifons, à leurs influences relativement à eux et à différens végétaux &c. en cela DERHAM et NIEUWENTYT m'ont été d'un merveileux fecours; mais dès que j'ai voulu m'élever au desfus de l'athmosphère, planer dans les cieux, et fuivre pour l'examen de tout ce que préfente la voute céleste à nos yeux la même méthode que j'avois fuivie pour les objets terrestres, c'est alors que j'ai commencé à être frappé d'étonnement et faifi d'une admiration refpectueufe. J'ai vu que la fublimité de l'enfemble de l'ordre qui y régne est trop au desfus de notre portée pour pouvoir être conçu, ou que dumoins il faudroit plufieurs fiècles avant que la fuite des révolutions et des variations qui y ont lieu, et la chaine qui les lie, pusfent être apperçues: de manière que j'avoue franchement que je fçaurois aller jusques là.

J'ai cependant rasfemblé toutes mes forces pour tâcher de

de déduire, ainsi que vous me l'avez conseillé, tout ce méchanisme des principes cosmologiques, malgré le peu d'espoir que j'ai, même à votre avis, de receuillir par cette voie d'autre fruit que des connoissances fort communes. J'ai bien vu que l'univers n'étoit qu'une machine, dont les différentes parties étoient parfaitement correspondantes et dépendantes les unes des autres: qu'il falloit d'abord en découvrir les loix générales; ensuite une infinité de petites exceptions dont il falloit faire l'application à touts les nouveaux et divers cas. Je considére par exemple la lumière que répandent toutes les fixes en général, mais qui dans chaqu'une a une intensité qui lui est particulière; j'en conclus de suite, que cette intensité est telle que l'exigent les planétes et les comètes qu'elles doivent éclairer: j'analyse de même les loix de la gravitation qui pareillement sont générales, et j'en déduis une infinité de variétés dans le cours des planètes qui font leur révolution autour des fixes.

Le Plan et le dessein que les Philosophes ont déjà tracé depuis longtemps de tout cela est grand et superbe. On ne peut en effet se refuser à un étonnement mêlé d'admiration quand on réfléchit, que les cieux, et tous les Corps qu'ils renferment, se meuvent en vertu d'une seule et même loi, qui suffit pour montrer, que tout est lié dans l'Univers, et qu'il n'est pas composé des parties isolées et séparées que l'on réunisse au besoin. Cette vérité et grande et sublime, mais elle a été encore bien peu féconde en assertions particulières.

Leur petit nombre m'a forcé de me retourner du côté des observations quoiqu' encore bien incompiètes. J'ai pris pour base de mes recherches le (*a*) Catalogue des Comètes de

(a) Le Catalogue des Comètes, commencé par HALLEY, est un des plus précieux monumens de l'Astronomie moderne, et le résultat d'immenses calculs. Il contient les Élémens des orbites de tous les Comètes dont il nous est parvenu une connaissance suffisante pour les avoir pu calculer avec plus ou moins d'exactitude, et dont le nombre monte aujourd'hui déjà à 92. On appelle *Élémens* d'une Comète les cinq articles principaux qui déterminent la grandeur et la situation de

de M. HALLEY; j'ai comparé ensemble leurs élémens pour voir s'il ne me seroit pas possible de les classer dans un certain ordre. Elles sont au nombre de 24, ou seulement 21, parcequ'il est apparent, qu'une de celles là y est comprise pour deux apparitions, et une autre pour trois. Quoique je ne puisse pas me dissimuler que ce nombre et bien petit pour en faire le fondement d'une division en classes, et qu'il restera nécessairement beaucoup de places vuides, il se pourroit qu'il en renferme de diverse espèce, puisque M. HALLEY n'a pas fait un choix pour former son catalogue, mais qu'il les y a consignées telles que les observations les lui ont fournies.

Mar-

---

de son orbite: Ces Élémens sont : 1°. le tems où la Comète se trouve dans sa plus grande proximité du Soleil, ou son *passage au périhélie.* 2°. la longitude de la Comète vue du Soleil à cet instant, ou la *Longitude périhélie.* 3°. la Distance de la Comète au Soleil au même instant exprimée en parties de la Distance moyenne de la terre au soleil, ou la *Distance périhélie.* 4°. l'Angle d'intersection des plans des orbites cométaire et terrestre, ou *l'Inclinaison de l'Orbite,* et enfin 5°. la longitude de la comète vue du Soleil à l'instant où, s'élevant vers le nord, elle traverse le plan de l'orbite de la terre, ou le *Lieu du Noeud ascendant.* Quelques Auteurs y ajoutent encore le mouvement diurne de la Comète au périhélie, mais ce mouvement est donné déjà par la distance périhélie, et chacun peut aisément calculer son logarithme en soustrayant 1½ fois celui de la distance périhélie du logarithme constant 9,9601283. Le périhélie dans l'Écliptique, ainsi que la latitude du périhélie, que l'Auteur a ajouté à la table de HALLEY, ne sont proprement pas des Élémens. Il eut été facile d'étendre cette table jusqu'à la derniere comète que l'on a observé en Decembre 1798. mais comme ni l'auteur ni le traducteur ne l'ont jugé à propos, et puisqu'en effet elle suffit pour prouver ce que la suite de ce Catalogue a pleinement confirmé, nous nous bornerons à faire observer au lecteur cet accord dans nos remarques. M. DE LA LANDE Astron. §. 3179. et M. PINGRÉ Cométogr. Tom. II. ont complété le Catalogue des Comètes: mais nullepart on le trouve avec autant de détail et d'étendue, que dans un excellent petit ouvrage allemand du Docteur OLBERS *sur le Calcul des Comètes* Gotha 1797. 8°. à l'occasion de celle que ce savant découvrit en 1796. M. le Major DE ZACH, qui l'a publié, y a ajouté ce Catalogue avec une préface et des tables qui font de cet ouvrage un des plus intéressans pour l'Astronomie Cométaire.

Marquez moi je vous prie, M. ſi cette entrepriſe, dont votre Lettre m'a fait naitre l'idée, vaut la peine d'être ſuivie; je vous ferai part du ſuccès de mes recherches; et ſi vous daignes les pousſer plus loin, je vous ſupplie de me communiquer vos réſultats. Vous pouvez voir par tout ceci combien je déſire d'être initié dans les myſteres astronomiques. Que je m'eſtimerois heureux, ſi, en marchant ſur vos traces, et guidé par vous, je pouvois arriver à quelque découverte de l'importance de celles que j'ai receuilli de vos Lettres.

J'ai commencé par m'occuper du lieu et de la poſition des périhélies de ces comètes. Sur vingt un j'en ai trouvé deux éloignés du ſoleil à peu près comme la terre dans ſes moyennes diſtances (*b*); les autres étoient placés entre la terre et le ſoleil, ſçavoir deux entre la terre et Vénus, onze entre Vénus et Mercure, et ſix entre Mercure et le Soleil. Je ne puis conclure de cette remarque autre choſe, ſi non que les apparitions des Comètes, dont les périhélies ſont plus éloignées du Soleil que la terre, feront moins fréquentes, et qu'il y en a peut-être telle, dont la plus grande proximité du Soleil ne ſurpasſe pas celle de Mars ou des autres planètes ſupérieures.

En comparant de même les angles d'inclinaiſon du plan des orbites avec les plus petites distances, j'ai trouvé que ceux des 6 Comètes qui pasſent entre le Soleil et Mercure; ſont au moins de 30 degrés; (*c*) que parmi ces 6 il y en a

(*b*) Les distances périhélies de ces deux Comètes ſont un peu plus grandes que la distance moyenne de la terre au ſoleil. Au reste nous comptons aujourd'hui parmi les périhélies des Comètes calculées 20 entre le Soleil et Mercure; 37 entre Mercure et Vénus; 18 entre Vénus et le Terre; 12 entre la Terre et Mars; et 5 entre Mars et Jupiter. La comète qui s'approche le plus du Soleil est celle de 1680, qui n'en étoit éloignée le 18 de Decembre de cette année que d'$\frac{1}{33}$ de la diſtance de Mercure. Celle au contraire dont le périhélie s'éloigne le plus de cet astre est celle de 1729, dont la distance périhélie est 4 fois plus grande que la moyenne de la terre au Soleil.

(*c*) Parmi les 20 Comètes qui descendent jusqu'au desſous de l'orbite de Mercure nous en trouvons aujourd'hui trois dont l'inclinaiſon

 des

a quatre qui furpasfent 60°. À l'égard de celles qui en font plus éloignées, et qui, relativement à l'espace dans lequel elles font répandues, font moins rapprochées les unes des autres, ces angles d'inclinaifon font fans diftinction tels, que les plus petits ne font pas moindres que 5°. (*d*) Je fçais bien qu'il y a longtemps qu'on a prétendu, que la caufe finale de la grandeur de ces angles étoit la nécesfité d'empêcher la rencontre fortuite des planètes et des Comètes, et le désordre qui naitroit de leur choc mutuel; mais fi cela est, pourquoi nous avoir répréfenté ces dernières comme fi redoutables!

Enfin j'ai trouvé que les comètes comprifes dans ce catalogue, et qui ont été vues deux ou trois fois, ont eu à chaque apparition une orbite différente. (*e*) Quoique cette différence foit peu confidérable, je fuis en droit d'en inférer, qu'on ne peut pas légitimement conclure de la pofition de l'orbite actuelle à celle de la prochaine apparition.

Que penfez vous de cela M? la Comète de 1680, qu'on nous a dépeint comme fi dangereufe, ne pourroit elle pas, avant fon prochain retour, en avoir rencontré une autre chemin faifant, qui eut aafez dérangé fa marche, pour qu'il ne lui fut plus posfible de s'approcher de la terre autant qu'elle la fait en 1680? (*f*)

Voici maintenant le principe d'après lequel je voudrois ba-

---

des orbites ne monte pas à 30°, favoir celles de 1737, 1757 et 1795, dont les inclinaifons font 18°, 13° et 22°. M. Bode avait déjà remarqué cela dans fon mémoire *fur la fituation et Distribution des orbites planétaires et cométaires* lû à l'Académie de Berlin en 1787.

(*d*) De toutes les Cometes calculées la première de 1770 a la plus petite inclinaifon de 1°. 44' feulement. Il y a d'autres comètes encore dont l'inclinaifon n'est que de 4°, 3° et 2 degrés.

(*e*) Il n'y a proprement qu'une feule comète dont on fait avec certitude qu'on a vu des retours, V. *Lett.* 1. not. (*a*). L'identité de plufieurs autres comètes conjecturée par différens Astronomes est aujourd'hui fort douteufe.

(*f*) Cette comète, qui felon les calculs de MM. Prosperin et du Séjour, peut à la vérité approcher la terre à une distance double feulement de celle de la lune, a dans le fait toujours été vingt fois plus éloigné de nous que cet astre. V. du Séjour *Essai fur les Comètes* §. 139. et la Lettre fuivante, pag. 71.

batir mon fyftême des Comètes fi vous daignez me prêter votre fecours. J'y fuppoferois, que les angles d'inclinaifon feroient d'autant plus grands que les diftances périhélies feroient moindres; et de plus, que les Comètes feroient d'autant plus grosfes qu'elles parcourroient des régions moins remplies d'autres corps célestes. Cette dernière fuppofition fe vérifie dans les planètes relativement à Jupiter et à Saturne, qui font plus distants l'un de l'autre et des Planètes inférieures que celles ci le font entre elles (*g*).

Penfez vous que je puisfe fuppofer que leur orbite est parabolique, hyperbolique, ou fimplement une ellipfe? il est démontré il y a longtemps que toutes ces Courbes, ou fections coniques, peuvent être également parcourues, pourvu que le Soleil foit placé dans un de leurs foyers. Que voudriez vous que nous fisfions d'une comète qui ne fe montreroit à nous qu'une feule fois, et qui prendroit congé de nous pour toujours? s'il en est quelqu'une dans ce cas la, je voudrois que ce fut celle de 1680, dont on nous a fait toujours redouter les funestes effets. Mais d'un autre côté, en adoptant votre fyftême, ce feroit bien dommage qu'elle ne revint pas plus fouvent, puisqu'elle a offert à la vue un des plus beaux et des plus curieux fpectacles.

J'attens votre reponfe avec la plus grande impatience, et je fuis &c.

(*g*) Obfervons cependant que Saturne est moins gros que Jupiter, et Uranus moins encore que Saturne: ce qui porteroit à croire, qu'une pareille loi est fujette à un *maximum*. Il faut comparer ici le raifonnement de M. KANT, (*Allgem. Naturgefch. und Theor. des Himmels*, II. Partie, Chap. 2. pag. 46 et 47 de l'édit. originale.)

LETTRE IV.

L'Exposition de votre systême de l'Univers, M.r, que vous aves étayé de principes Cosmologiques et de l'observation, et que vous m'avez communiqué si généreusement, m'oblige de prendre votre empressement pour modèle, et de vous faire part de mes idées sur le même sujet, pour voir si elles peuvent avoir contribué en quelque chose aux vôtres; mais dites moi auparavant, si c'est par honêteté que vous n'avez voulu articuler aucune objection contre mon Plan, ou si vous avez voulu tout d'un coup bannir de l'Univers les objets de terreur pour ne plus y revenir. Vous êtes certainement aussi bon philosophe que les auteurs de ces idées funestes, et je suis convaincu que vous connoissez dans toute son étendue le droit qu'ont les philosophes d'exiger une preuve satisfaisante des propositions que l'on met en avant.

Je vous avouerai franchement, que mon systême me paroit d'autant plus lumineux, qu'il est plus assorti à l'idée que l'on doit avoir de la perfection du monde, et qu'il en découle naturellement cette assertion consolante, que les exceptions au bel ordre, qui doit en être la base, doivent y être d'autant plus rares, qu'elles auroient des suites plus funestes. Je ne vois aucun motif de recourir à aucune nouvelle création ou formation de Corps, beaucoup moins encore, de laisser la plus grande partie de l'Univers vuide, inhabité, et conséquemment hors de portée d'être observée sous la face la plus conséquente. Une planète qui seroit forcée d'y suivre une comète qui l'entraineroit, courroit à mon avis un grand danger, et je garantirois ses habitants et leur postérité perdus et detruits sans ressource. Supposez les animaux qui vivent sous le pôle transportés dans les sables brulans de l'Afrique, et réciproquement, ceux de cette contrée sur les montagnes glacés du nord; imaginez de même la mer deséchée, et les poissons exposés au seul élément de l'air; tout cela n'est rien vis à vis des terribles suites du déplacement supposé de la planète; mais aussi quel n'est pas le degré d'improbabilité d'un pareil événement?

ment? il est vrai, que pour pouvoir ſuppoſer, que la marche des Corps céleſtes est tellement arrangée, que les petites anomalies qui en réſultent, ſervent principalement à empêcher qu'ils ne s'approchent de trop près, je ſuis obligé, faute de preuves rigoureuſes, d'avoir recours à la ſageſſe du créateur, priſe dans ſa plus grande étendue, et d'en faire de même relativement à leur conſervation et celle de leurs habitants, en excluant poſitivement toute circonſtance qui pourroit en permettre l'entière déſtruction. Je conviens qu'une telle preuve priſe des cauſes finales n'est rien moins que complète, et qu'on pourra toujours douter, ſi un tel arrangement est poſſible. Vous voyez, Monſieur, que je n'ai pas mis mon ſyſtême à l'abri de toute objection; mais malgré cela je ne cherche pas à les multiplier et à les étendre plus loin ſans néceſſité.

Vous évitez avec juste raiſon de vous exprimer comme les philoſophes qui ne voyent dans l'arrangement de l'Univers que des effets du pur hazard. Ainſi s'il est question de la Comète de 1680, qui s'approcha aſſez près de l'orbite de la terre pour n'en être qu'à la distance de la Lune (*a*), vous ne dites plus depuis longtemps, que c'est un bonheur que la terre ne ſe ſoit pas trouvé dans ce point de ſon orbite dans ce moment; car en effet, il ne peut y avoir ni bonheur ni malheur dans un événement, dès qu'on l'envisage comme une ſuite de l'ordre de l'Univers d'où dépend la durée et la conſervation de la terre, des Comètes, et des autres corps céleſtes. Nous devons conſidérer tous les événements qui arrivent réellement comme émanés des décrets éternels de la providence qui les a dirigés et arrangés de la manière la plus parfaite poſſible.

On peut en outre déduire des loix de la Gravitation l'impoſſibilité de la rencontre fortuite de deux Corps céleſtes, et ſi cela arrivoit une fois, ce ne pourroit être qu'autant que leurs orbites auroient été originairement diſpoſées pour un

---

(*a*) Voyez ce que nous venons de dire ſur la fin de la lettre précédente au ſujet de la plus petite distance de cette comète à la terre.

un tel Événement. On peut donc être dans le premier cas fort tranquille sur le sort des Corps célestes, mais dans le second, en excluant toute idée de hazard, et dans l'impossibilité de prouver quelles ont été les vues générales du créateur, on ne sçauroit considérer une telle circonstance particulière que comme une exception réelle à la généralité de ces mêmes vues.

Nous ne connoissons parmi les orbites parcourues par les Comètes aucune Courbe qui puisse comporter un tel événement à la longue. La remarque que vous avez faite d'après le Catalogue de HALLEY, que les orbites des Comètes qui ont paru deux ou trois fois ont été un peu différentes à chaque apparition, montre déjà, que si une telle courbe avoit lieu une fois, elle changeroit bientôt de nature.

Le Choc mutuel de deux corps célestes me paroit d'autant plus opposé au but de la création, que la moindre variation dans une des orbites suffiroit pour les éloigner l'un de l'autre; d'ou je conclus enfin avec vous, qu'une comète ne sauroit devenir (b) Satellite d'une planète, qu'ils ont toujours été constamment ce qu'ils sont, et que tous ces différens astres sont faits pour la place qu'ils occupent, et non pour aucune autre, puisqu'elle doit être relative à la constitution des êtres dont ils sont le domicile. Que deviendrions nous, transportés au delà de Saturne, et exposés à un hiver dont la durée seroit au moins de 70 années?

Je sais parfaitement, que les réflexions précédentes ne sont que des matériaux détachés des preuves dont on peut étayer mon systême. Nos observations sont encore en trop petit nombre, et les principes Cosmologiques jusques ici trop peu développés, pour en tirer de conséquences bien étendues. Il seroit à désirer, que les philosophes cherchassent à s'assurer, si la conservation de tous les corps répandus dans l'Uni-

---

(b) Selon les calculs de M. DU SÉJOUR des comètes pourraient à la vérité devenir dans certain cas Satellites des Planètes pour quelque tems: mais les conditions qui devraient se rencontrer dans pareil cas sont de nature à ne laisser pas le moindre degré de probabilité à cette opinion. Voyez *Essai sur les Comètes* §. 278—287.

nivers est une des fins que s'est proposée le créateur qui ne puisse pas admettre d'exception. Pour moi je me crois autorisé à les supposer infiniment petites, et il en résulteroit tout au plus que je supposerois mon système de l'Univers plus parfait qu'il ne sembleroit pouvoir l'être. La toute puissance et la sagesse de l'Être suprême sont infinies, et je n'ai garde d'y mettre de bornes. C'est ce qui arriveroit cependant, si je supposois sans preuve, que la perfection de l'Univers implique nécessairement contradiction, qu'elle est trop étendue, impossible; ou que, ce que nous admirons en petit, ne sçauroit avoir lieu en grand.

J'ai vu avec grand plaisir les comparaisons que vous avez fait des différentes comètes comprises dans le Catalogue de HALLEY; Je pense que vous pouvez, d'après les règles que vous vous êtes faites, légitimement supposer l'espace qui est autour du Soleil fourni d'orbites elliptiques, dans lesquelles diverses comètes font leurs révolutions. Il est tout simple, que les apparitions de celles dont le périhélie est placé dans l'intérieur de l'orbe de Mercure, soient plus fréquentes que celles qui sont au delà de l'orbe de la terre, ainsi que l'indique le Catalogue de HALLEY. Il est presque inévitable, que les premières seront observées en allant ou en revenant du périhélie: le seul cas où elles peuvent échapper à la curiosité des astronomes situés dans l'hémisphère boréal, c'est lorsque leur aphélie est dans la partie inférieure relativement à eux, car dans cette position, le lieu, ou nous pourrions les observer, se trouve alors sous l'horison. On peut dire la même chose de celles qui passent entre Mercure et Vénus Elles font un plus long séjour dans le voisinage du soleil, qui les éclaire plus vivement, et auprès duquel elles se fournissent d'une queue quelquefois très longue, ainsi que nous l'avons vu lors de l'apparition de la Comète de 1744. (c) com-

---

(c) Cette comète est la plus belle de toutes celles qui ont paru dans ce siècle. Sa queue se présentait sous la figure d'un immense éventail qui occupait une partie très considérable du ciel: la lumière de cette queue était si vive, qu'on en apercevait même des vestiges après le lever du Soleil. On peut voir au sujet de cette comète

 MM.

Comme elles font fucceffivement en oppofition et en conjonction avec la terre, on peut les voir pendant quelque mois le foir ou le matin. d'Après ce que je viens de dire, on conçoit pourquoi fur 21 Comètes, que renferme le Catalogue de HALLEY, il y en a 17, dont le périhélie est renfermé dans l'orbe de Vénus, dont 6 feulement le font dans celui de Mercure.

Il en est tout autrement de celles dont le périhélie est fitué au déhors du grand orbe. Leur lumière est plus foible, leur queue plus courte, leur vifibilité d'une moindre durée. Lorsquelles font le plus près de la terre poffible, leur marche apparente est très prompte: elles parcourent par leur mouvement diurne dix, vingt degrès, quelque fois plus; leur grandeur diminue bientôt, et elles disparoisfent enfin entièrement dans peu de temps. Comme leur distance périhélie est encore fort confidérable, on peut en conclure, que leur orbite et une ellipfe fort allongée, circonftance qui contribue encore à rendre leur apparition pour nous moins fréquente. l'Espace autour du foleil, circonfcrit par leur orbite, étant d'autant plus étendu, que la diftance aphélie est plus grande; il fenfuit, qu'on pourra fans inconvénient multiplier ces orbites, et fuppofer l'apparition des comètes plus fréquente, quoique chacune d'elles en particulier foit plus longtemps hors de notre portée.

Je range dans cette Clasfe toutes celles dont l'apparition est de trop courte durée pour pouvoir en déterminer l'orbite. On en voit presque tous les ans de nouvelles de ce genre, (d) mais combien n'en échappe t-il pas à notre vue.

Les

MM. DE LA LANDE *Astronomie* art. 3209: PINGRÉ *Cométogr.* Tom. II. DU SÉJOUR *Esfai* §. 456. et *Traité Analytique* Tom. II. EULER *Theoria Motuum planetarum et cometarum.* Selon les calculs de ce dernier Auteur cette comète aurait une révolution de 2[illegible] ans; mais M. PINGRÉ, en calculant fur les mêmes données qu'EULER, trouve feulement 2?808 ans. On peut juger par là du peu de certitude que nous avons jusqu'aujourd'hui, et que nous aurons certainement encore bien longtems, fur les révolutions périodiques des Comètes.

(d) De toutes ces petites Comètes qu'on a vu annuellement jusqu'ici

Les nuages nous en dérobent la plus grande partie; ce n'est que par hazard qu'on pourra découvrir celles qui ne seroient visibles que par le secours du télescope; quelques unes se trouveront sous l'horizon pendant la nuit; d'autres, environnées d'une athmosphère qui en diminue l'éclat, ne seront visibles qu'au moment où elles entreront dans l'orbite de Mars, puisque c'est communément lorsqu'elles sont parvenues à cette distance après leur passage au périhélie que nous les perdons de vue.

La Comète de 1759 séjourna l'espace de cinq ans dans l'intérieur de l'orbe de Saturne; mais à peine fut elle visible pendant cinq mois.

Le Catalogue de HALLEY ne nous offre, ainsi que vous l'avez remarqué, qu'un tableau très raccourci des élémens des orbites des comètes; examinons et comparons leurs distances périhélies renfermées dans l'orbe de la terre, et ne comptons que pour une seule comète celles qui ont paru deux ou trois fois. Parmi ces distances il y en a 7, c'est à dire le tiers du total, comprises dans les limites (e) de 50,000 et 60,000. (*) d'ou l'on doit augurer, que c'est la circonstance la plus favorable pour rendre une comète visible de la terre. Le Catalogue ne nous en offre aucune entre 70,000 et 80,000, (f) quoique l'espace soit dans ce cas

---

qu'ici aucune cependant n'a échappé à la diligence des Astronomes, qui les ont toutes calculées, quoiqu'avec moins d'exactitude les unes que les autres, selon que les observations et les circonstances de leurs apparitions le permettaient.

(e) Aujourd'hui nous comptons 14 sur 92 dans ces limites, ce qui fait à peu près la septième partie du total: dans aucune des limites, comptées de 10,000 à 10,000 on n'en trouve encore autant, ce qui prouve que la suite du catalogue a confirmé la conclusion de l'Auteur.

(*) La Distance du la terre au soleil étant 100,000.

(f) Nous trouvons aujourd'hui 9 Comètes dont la distance périhélie tombe entre ces limites. Pour mettre le lecteur à portée de juger au premier coup d'oeil des distances périhélies des Comètes, nous avons rangé par classes dans la table suivante les distances périhélies des 92 Comètes calculées jusqu'ici: la distance moyenne de la terre au Soleil étant supposée de 1000 parties nous trouvons:

en-

cas ci bien plus étendu que dans le premier. Si nous comptons au nombre des Comètes qui s'approchent le plus près du soleil celle de 1680, on pourroit en supposer encore cinq ou six, qui, placées à la même distance, pourroient y faire leur révolution sans se nuireré ciproquement. Rien n'empêcheroit encore, qu'on n'en plaçat une douzaine d'autres, et même plus, à une distance double. C'est d'après ces données que je juge très vraisemblable, que le nombre des Comètes croit comme le quarré des distances périhélies (g), en étendant ces distances bien au delà de l'orbe de Saturne. Voici une petite esquisse de mon plan que je tracerai aussi exactement et aussi clairement qu'il me sera possible.

Je ne m'occupe que des 6. comètes du Catalogue de Halley qui pasfent entre le soleil et Mercure; ce nombre cependant et évidemment trop petit; car si je voulois remplir les lacunes de ce Catalogue, quelques milliers ne me suffiroient pas; mais je m'arrête à ce nombre. Je n'étens pas en outre les périhélies au delà de Saturne, quoique les fixes les plus voisines en étant 50000 fois plus éloignées j'eusse de l'espace de reste. Vous voyez avec quelle circonspection je procéde. Maintenant, en faisant le calcul, je trouve le quarré de la distance de Saturne au soleil 600 fois plus grand que de celle de Mercure, et en sup-

entre	0 et	100 parties	4 Comètes	entre	900 et	1000 parties	7 Comètes
—	100 —	200 —	3 —	—	1000 —	1100 —	8 —
—	200 —	300 —	7 —	—	1100 —	1200 —	2 —
—	300 —	400 —	9 —	—	1200 —	1300 —	1 —
—	400 —	500 —	10 —	—	1400 —	1500 —	1 —
—	500 —	600 —	14 —	—	1500 —	1600 —	3 —
—	600 —	700 —	7 —	—	2100 —	2200 —	1 —
—	700 —	800 —	9 —	—	3700 —	3780 —	1 —
—	800 —	900 —	5 —				
						Total	92 Comètes

Monsieur Bode avait donné déjà une pareille table dans le Mémoire cité ci dessus, mais elle ne contient que 72 Comètes.

(g) Selon cette loi, si la sphère de Mercure renferme 20 périhélies, la distance de 500 parties en contiendra 33; l'observation donne exactement ce nombre: celle de 600 parties 48, et on y a observé 47. Nous voyons donc par là que notre catalogue d'aujourd'hui, quatre fois plus fort que celui de Halley, confirme encore ce que l'auteur avait conjecturé sur un Catalogue si incomplet.

fuppofant les périhélies des Comètes répandues proportionellement dans chaque espace, j'en porterai conféquemment le nombre (*h*) à 6 fois 600, c'est a dire à 3600; auriez vous cru que notre foleil eut entrainé autant de corps après lui? en bien, ce nombre me paroit encore pécher en défaut, car il est apparent, et je le (*i*) fuppofe ainfi, que nous ne pouvons voir aucune des comètes dont le périhélie est plus éloigné du foleil que Mars, puisque nous commençons à les perdre de vue lorsqu'elles arrivent à cette distance; or la furface de fon orbite étant 40 fois plus petite que celle de Saturne, nous ne devrions appercevoir que la 40me partie de ces comètes c'est à dire 90.

Mais fi vous confultez les divers (*k*) Catalogues des comètes vues réellement jusques à préfent, vous ne trouverez pas qu'on en ait obfervé au delà d'une centaine indépendamment des météores que les anciens n'ont pas toujours distingué des comètes. On pourroit en toute fureté au moins doubler ce nombre à caufe de celles qui nous échappent par les obftacles dont j'ai fait mention ci desfus; par là on remplace de reste celles qui ont paru plus d'une fois, événement asfez rare, puisqu'outre que leur révolution est de plufieurs fiècles, il est posfible qu'elles ne foient pas vifibles à chaque retour. Vous avez déjà remarqué qu'il y en a 3. dans ce cas là dans le Catalogue D'HALLEY, et peut-être les comètes qui tournent autour du foleil ne nous

(*h*) Avec nos 20 périhélies compris dans la fphère de Mercure nous porterions ce nombre déjà à 12000.

(*i*) C'est en effet fur cette fuppofition que fe fonde la loi de l'augmentation du nombre des comètes comme les quarrés des distances périhélies, car par l'obfervation feule elle resterait beaucoup en défaut au delà des limites de 600 parties.

(*k*) Ces Catalogues historiques des Comètes ont été recueillis par LUBENIEZKI, RICCIOLI, HÉVÉLIUS, PINGRÉ et d'autres, et contiennent toutes les apparitions de Comètes dont les Historiens nous ont confervé la mémoire, et dont le nombre furpasfe aujourd'hui déjà 500; mais la plus part de ces apparitions font rapportées d'une manière fi vague, qu'il a été imposfible de déterminer les orbites de toutes ces Comètes, qui par conféquent ne laisfent aux Astronomes que le regret de ne pouvoir les foumettre au calcul.

nous ont elles visité qu'une fois depuis le Déluge; à peine cependant devroit il se passer d'année, ou l'on n'observat au moins une comète, s'il étoit aisé de rencontrer celles qui sont peu visibles (*l*), et si on étoit aussi attentif à observer le ciel que les chinois; en voic' la preuve.

Le périhélie de la comète de 1680 étoit 60 fois plus près du soleil que l'orbite de Mercure; d'ou il suit que cette orbite pouvoit, par la règle du nombre des comètes relatif aux quarrés des distances adoptée ci dessus, contenir 3600 comètes: le quarré de sa distance est 600 fois moindre que celui de la distance de Saturne, donc l'orbite de celui-ci peut contenir 600 fois 3600 comètes c'est à dire au dessus de deux millions. J'ai remarqué de plus, que deux ou trois comètes comme celle de 1680 auroient pu exister à la même distance ensemble sans se nuire mutuellement, d'ou il suit que le nombre des comètes comprises dans l'orbe de Saturne pourroit être porté à cinq millions: croyez vous que ce seroit trop? (*m*)

La Révolution des comètes dans toutes les sections coniques est en soi (*n*) également possible. Vous sçaves à quel point

---

(*l*) C'est effectivement ce qui arrive aujourd'hui.

(*m*) Ce nombre, à la vérité, parait énorme: mais M. Wurm, par une estimation beaucoup plus modique encore, en poussant les périhélies jusqu'à une distance 10000 fois plus grande que la moyenne de la terre au Soleil, porte ce nombre déjà à 64000 millions; et auroit, dit-il, trouvé par le raisonnement de Lambert, même 5½ billions jusqu'à cette distance. (*Eph. de Berl.* 1790. pag. 162)

(*n*) Quoique généralement parlant toutes les sections coniques soient possibles ici, il reste toujours à discuter encore la question: Quelle est la véritable trajectoire des Comètes? on pourrait peut-être exclure entièrement la parabole, vu que cette courbe n'est que le passage de l'ellipse à l'hyperbole, et que par conséquent il est contre toute probabilité qu'une comète se meuve dans une orbite exactement parabolique, et ce n'est qu'à cause de la facilité du calcul qu'on leur suppose une telle orbite, dont effectivent les comètes ne s'écartent pas sensiblement, en parcourant la partie de leurs orbites visible à la terre. On peut en dire autant du cercle. Mais beaucoup d'auteurs fort distingués, du nombre desquels paroit ici M. Lambert, ont jugé l'hyperbole très probable; voyes aussi M. la Place *Expos. du Sy-*

point ces courbes fe rapprochent, et avec quelle facilité on peut faire une Ellipfe d'un cercle, une hyperbole d'une parabole et réciproquement. Suppofez maintenant qu'une planète faffe fa révolution dans un cercle, vous trouverez facilement, que le moindre voifinage d'une comète pourra changer fon orbite et l'allonger; mais elle variera bientôt. Ainfi, fi l'orbite de Saturne étoit circulaire, elle deviendroit elliptique à fa première conjonction avec Jupiter: il en feroit de même fi elle étoit parabolique.

Les variations des orbites circulaires et elliptiques feront toujours affez petites, pour que la planète, qui les parcourra, continue de faire conftamment fa révolution autour du foleil. Il en fera de même des paraboliques lorsqu' elles deviendront elliptiques: mais fi elles fe changent en hyperboliques, nous la perdrons bientôt de vue pour ne plus la revoir, puisqu'elle s'éloignera toujours de plus en plus du foleil. Je n'affure pas qu'il exifte de comètes qui fasfent leur révolution dans des orbites pareilles, mais s'il y en a, il faut nécesfairement qu'elles aillent peu à peu s'enfoncer dans quelqu'autre fyftême folaire, et vraifemblablement elles employent plufieurs millions de fiècles à y parvenir.

Vers quelque fixe qu'elles fe dirigent en s'éloignant de notre foleil, comme elles restent toujours foumifes à l'action de la Gravitation, elles feront leur révolution autour d'elle dans

---

Syftême du Monde Liv. 4. *Chap.* 1. D'autres cependant ont, ce me femble, avec beaucoup de fondement pareillement exclu cette courbe, et fe font borné à l'ellipfe. V. le traité de M. Bode, *fur la nouvelle Planète* (Uranus) pag. 57—65. C'est en effet une trajectoire elliptique que doivent nécesfairement parcourir les comètes fi elles font des corps qui apartiennent à notre fyftême, au quel certainement elles paraisfent fort attachés. l'Analogie nous porte à le penfer, et l'orbite de la comète de 1789 étant une ellipfe, il est naturel d'en conclure, que c'est là en général la figure de toute orbite tant planétaire que cométaire. l'Ellipfe aussi fuffit à la nature pour exercer fa variété à l'infinie, et l'on peut avancer avec beaucoup de vraifemblance, que parmi les milliards de comètes qui, peut-être, exiftent dans le fyftême folaire, il ne s'en trouvent pas deux qui parcourent des ellipfes égaux ou même femblables. Voyez pareillement le raifonnement de notre auteur ci-après dans la fixième Lettre.

dans une des sections coniques, à moins qu'elles ne continuent de se diriger vers une autre, ce qui doit nécessairement arriver, tant que le voisinage de quelque comète, ou de quelque planète, n'aura pas changé en ellipse leur première direction. Ce changement sera plus ou moins aisé selon que leur orbite hyperbolique différera plus ou moins de la parabole. De tout cela on peut conclure, qu'il y a des Corps célestes, qui ne s'arrêtant nulle part, sont destinés à visiter les étoiles fixes l'une après l'autre.

J'ai souvent réfléchi à la nature de ces Corps, et je n'ai pas été peu inquiet sur le sort de leurs habitants; devinez quelle est la destination que je leur ai donné? j'en ai fait tout uniment des astronomes, dont l'emploi est de parcourir et d'observer l'ensemble de l'Univers, la place de chaque soleil, la position et la nature des orbites des planètes, satellites, comètes &c. on verroit l'un arrivant sur sa planète après un voyage de long cours, l'autre finissant sa révolution autour d'un soleil sur le point de prendre une autre route pour observer une nouvelle partie de l'Univers; les siècles s'écculeront pour eux comme les heures pour nous. Si la durée doit être mesurée par l'ouvrage qu'on a à terminer, l'immortalité doit être leur partage. C'est ainsi que la vie des insectes sur la terre se borne à quelques heures, parceque ce temps leur suffit pour remplir leur destination.

l'Univers doit il à votre avis être considéré sous ce vaste point de vue, ou penseriez vous que l'Être suprême, qui en a ordonné la disposition, n'ait voulu offrir à notre admiration que ses plus petites parties, et nous cacher l'ordre et l'harmonie qui régnent entre les soleils et les planètes? je serois assez de ce dernier avis. Et l'on peut fort bien établir un parallèle entre nos physiciens, passant quelques heures à découvrir au moyen du microscope des mondes dans le moindre atome, des êtres inombrables dans la moindre goutte d'eau, et les astronomes des comètes, employant de milliers de siècles à l'observation de tous les systèmes solaires. Vous sçavez au surplus, que le temps et l'espace n'ont aucune grandeur absolue, qu'ils ne sont que relatifs, et qu'ils ne doivent être considérés que par le rapport qu'ils ont ensemble.

Je suis &c.

LET-

LETTRE V.

Votre système de l'Univers, Monsieur, me paroit trop bien entendu et trop bien lié, pour qu'il puisse facilement se présenter à moi quelque chose à lui objecter; ce que je pourrois avoir à dire se réduiroit tout au plus à des questions qui ne serviroient qu'à vous donner occasion de le développer d'avantage: mais je ne suis pas inquiet sur cet article, et je ne doute pas que vous ne l'ayez plus approfondi qu'il ne le semble d'après votre exposition, et bien au delà de ce qu'il l'est dans les ouvrages dont vous m'avez procuré la lecture; enfin tout bien pesé, qu'est ce que j'y pourrois attaquer? seroit ce votre premier principe? celà seroit absurde; quel est il? que vous supposez dans l'univers en grand le même ordre, la même harmonie, variété, vicissitude, liaison, perfection, beauté, les mêmes fins, et les mêmes moyens que nous admirons en petit sur la terre; vous n'admettez que des exceptions infiniment petites à cette grande généralité; encore les laissez vous entrevoir comme des moyens de contribuer à la régularité et à la durée de la révolution des corps célestes; vous excluez toute idée de hazard, et ce que nous appellons, sans y réfléchir, bonheur, vous ne le considérez que comme une suite de l'ordre primitif, et une preuve de la sagesse, et de la bonté du Créateur, qui parmi tous les mondes possibles a choisi le plus parfait.

Rien n'empêche qu'on ne puisse admettre la longue durée du monde. Jusques à ce que les conséquences de cette supposition ayent confirmé et démontré qu'il n'a pas dû être créé pour un moment, comme les insectes répandus sur la terre, qui sont conformés relativement aux courtes transformations qu'ils doivent subir, tout ce que vous établissez sur le système général de l'Univers est conforme à sa grandeur, à sa magnificence, à sa durée, et à sa destination. Les doutes que vous élevez vous même sur la possibilité de cet arrangement disparoissent lorsqu'on considère toutes les perfections du créateur.

Sur quoi enfin en dernière analyse porteroient nos doutes? est ce sur l'impossibilité de la rencontre fortuite des comètes et des planètes? voulez vous sçavoir ce que j'en pense? le voici; Je me suis déjà élevé dès le commencement contre les idées des philosophes relatives à cet objet; ils n'ont cherché qu'a nous faire craindre les événemens les plus funestes, et le monde, que nous habitons, comme destiné à être bientôt rencontré et brisé par une comète; ainsi vous avez pris le bon parti en choisissant de toutes les possibilités la plus vraisemblable et la plus digne de la sagesse du créateur. Tenez vous en toujours à cette idée capitale, que l'Univers n'est qu'un effet durable de toutes les perfections divines réunies, qui ne sçauroient être autres que l'amour, la bonté, la toute puissance, la sagesse, la prévision, d'où résultent l'ordre, la conservation, la durée et la perfection du tout. Ne s'en suivra-t-il pas de là nécessairement, que la conservation et la permanence de chaque partie seront toujours proportionées à leur rapport avec cet ensemble? n'en est il pas de même de ce qui est mortel, qui est soumis au changement, mais qui se renouvelle par les différens moyens qui sont l'ouvrage de la nature? trouvez vous quelque part une exception à cette loi générale? et si vous n'en trouvez pas, comment, et où pourriez vous découvrir quelque fondement apparent du bouleversement du systême de l'Univers? vous avez fondé la construction de votre monde sur cette célèbre loi de la gravitation, que quelque génie a révélé à Newton, et qui prouve que les orbites des corps célestes ne sont pas arbitraires, mais déterminées, et rentrantes en elles mêmes. Dois je donc me creuser la tête pour trouver et imaginer les circonstances les plus invraisemblables, pour voir, si je ne trouverois pas de moyens d'en conclurre, qu'une comète a pu être changée en satellite, et que dix d'entre elles ont pu s'arrêter auprès de Saturne, de Jupiter, de notre terre, et faire autour de ces planètes leurs révolutions dans des orbites très approchantes du cercle, ainsi que le sont celles des planètes elles mêmes? Non M. n'imaginez pas que je sois assez déraisonnable pour m'arrêter à cette supposition, et pour combattre la vraisemblance avec les armes de l'invraisemblance. Je persiste donc à croire, que les satellites ont tou-

toujours été ce qu'ils sont maintenant, et que la ressemblance de leur révolution avec celle de la planète principale, leur direction, l'inclinaison de leurs orbites, leur courbure, tout m'annonce un ordre, un decret de la providence, et non pas l'effet d'un aveugle hazard.

Plus votre systême se développe à mes yeux, et plus je le trouve conforme à ma Cosmologie, et j'entrevois d'avance, que dans peu je n'aurai qu'à me louer de la généralité des principes de cette science. Mais dites moi, est-ce bien sérieusement que vous portez le nombre des comètes, dont le périhélie est renfermé dans l'orbe de Saturne, à cinq millions? Car vous ne me donnez ce calcul que comme une legère esquisse de votre plan; je ne vous cacherai pas que j'ai été un peu arrêté à cet endroit de votre Lettre. N'avez vous pas été un peu trop prodigue en celà? et que voulez vous faire de cette énorme quantité de comètes? vous sçavez que plusieurs philosophes les ont considérées comme des planètes informes, qui n'étoient pas encore parvenues à leur point de perfection, et qu'ils ont douté qu'elles pussent être habitées.

La Comète de 1680. fut le 8 Decembre de la même année à une distance du soleil 160 fois moindre que la terre. La chaleur augmentent inversement comme le quarré des distances au foyer, elle en auroit donc acquise 25600 fois plus que la terre. Supposez maintenant que le meilleur miroir ardent puisse augmenter deux mille fois la force des rayons solaires, il sera aisé de voir par le calcul, que douze mirois ardens pareils, dirigés au même foyer, y produiroient une chaleur à peine égale à celle de cette comète le 8 Décembre. J'ai tourné le calcul de cette manière parcequ'il est plus exact, que si j'avois voulu comparer sa chaleur à celle d'un fer rouge, et établir qu'elle ne pourroit se réfroidir que dans l'espace de 50000 ans: je ne veux pas fixer sa chaleur réelle à ce point là, mais ce qu'il y a de vrai, c'est que j'aimerois mieux être exposé avec la Comète de 1759. aux rigueurs d'un hyver de 70 ans de durée, qu'à la chaleur de la comète de 1680; du reste des philosophes tels que WISTHON ne feroient pas en peine de faire avec le temps une planète d'une aussi brulante comète.

Puisqu'un des principes fondamentaux de votre systême est que chaque corps céleste est maintenant ce qu'il a toujours été; qu'il est aussi imposfibe de faire d'une comète un satellite, que de changer celui-ci en planète principale; que vous en excluez toute idée de nouvelle création; que vous persistez à vouloir les comètes peuplées; je ne vous demanderai pas, où est cette provision, ce magazin de planètes informes, qui n'ont pas encore subi toutes les transformations dont parlent les philosophes. Mais ne craignez vous pas de nuire à la probabilité de votre systême, en poussant les choses trop loin? pour conserver la paix dans le ciel, vous allumez la guerre sur la terre entre les philosophes. Jamais OVIDE n'a imaginé d'aussi singulières Métamorphôses que celles qu'ils ont attribué aux comètes. ARISTÔTE en a fait de simples météores (*a*): KEPLER, HÉVÉLIUS, et quelques autres astronomes (*b*) les ont placées ensuite au dessus de la région des nuages: jusques là on ne les regardoit pas comme des Corps durables et permanens. Bientôt après elles ont disputé aux planètes leur prééminence, elles ont été maintenues dans la classe des Corps célestes, et il faut convenir que ce n'est pas sans fondement. Mais puis je adopter sans restriction vôtre idée de faire des comètes le pivot fondamental du systême solaire? à quel point faites vous déchoir les planètes de leur antique considération? comment pourront elles se maintenir, n'étant que 16 (*c*) y compris les satellites, contre une armée de Comètes? quel rang accordez vous à notre terre, qui jadis placée sur le trône de l'univers, ne regardoit le Soleil et la Lune que comme deux astres subalternes, destinés uniquement à l'éclairer, les planètes et les étoiles fixes comme ses satellites, et permettoit à

(*a*) La seule considération que les comètes participent au mouvement diurne du premier mobile aurait dû suffire aux anciens pour ne pas les confondre avec les météores, et pour en faire des véritables corps célestes.

(*b*) *Les ont placées au dessus de la région des nuages.* l'Original dit: *En ont fait des nuages célestes.*

(*c*) On en connoit 25 aujourd'hui.

à peine aux comètes de venir lui faire une courte visite dans son athmosphère.

Vous ne me reprocherez plus, j'espere, que je ne vous propose point d'objection contre votre systême, peut-être même me serai-je trop hâté; mais je suis bien aise que vous voyez, si j'ai bien saisi vos principes, et voici entre beaucoup d'autres questions dont j'aurai à vous demander la solution, la première sur la quelle j'ai quelque doute.

Croyez vous que les planètes et les comètes soient des Corps de même espèce, et que malgré leur apparente différence et leur révolution si dissemblable, il faille les ranger dans la même classe, non seulement entant qu'elles s'approchent du soleil qui est le centre de leur révolution, mais à bien d'autres égards? Si vous repondez affirmativement, je vous demanderai encore, d'où vous croyez qu'il y a si peu de planètes et tant au comètes, question dont je regarde la solution sans contre dit comme la plus difficile.

Je vous passe volontiers des centaines des milliers même de comètes, et si la chose dependoit de mon consentement je vous accorderois sans difficulté les cinq millions résultants de votre calcul; je ne m'arrêterois même à ce nombre que parceque je ne voudrois pas, que tout l'espace qui est autour du soleil fut rempli par les seuls Corps des comètes, et que j'y reserverois de la place pour leurs queues et leurs chevelures, dont le volume doit augmenter considérablement lorsque les comètes, ainsi que celles de 1680 et 1744 l'ont fait voir, s'approchent beaucoup du soleil.

Pour vous montrer que ce n'est pas aveuglément que j'ai acquiescé à ce grand nombre de comètes, j'ai décomposé et analysé votre calcul. J'étois d'abord étonné que vous n'eussiez par fait croitre le nombre des comètes comme les cubes des distances périhélies, puisque vous paroissez n'avoir d'autre projet que d'en augmenter le nombre: il est évident, qu'étant distribué d'une maniere uniforme dans un espace sphérique, il doit être comme le cube, et non comme le quarré des distances. Mais j'ai bientôt compris, que vous aviez cherché en cela à éviter les interfections trop multipliées des orbites, et à faire ensorte que chaque comète put faire sa révolution sans être troublée par une trop proche voisine, ce qui ne manqueroit pas d'arriver, si elles se trouvoient à la fois rassemblées dans leurs périhélies; la confusion de ces périhélies entraineroit nécessairement celle des orbites; je ne considère pas celles-ci comme la limite exacte et géométrique de leur plan, mais comme la partie la plus active de leur sphère d'attraction, comprise dans l'espace qu'elles parcourent, et dans laquelle aucune autre comète ne peut entrer. Cette considération altère un peu la loi du quarré des distances. Il est très aisé de se faire une idée de la position des périhélies, et de la ligne de leurs apsides autour du soleil, en les regardant comme des rayons divergens dont conséquemment l'espace, qui les sépare, va en augmentant. Qu'on en suppose seulement 12, qui laisseront 12 intervalles; ensuite 12 autres à une plus grande distance du centre placés dans ces 12 intervalles; ainsi toujours de même en s'éloignant du soleil, et supposant tous ces périhélies placés dans la même sphère: on en conclut la loi exacte du quarré des distances, mais on voit qu'elle doit, comme nous l'avons déjà dit, être un peu altérée par la considération que j'ai faite sur la gravitation qui s'étend au delà du plan des orbites.

Il s'en faut bien que je trouve à redire à vos principes, mais ils ne prouvent tout au plus que la possibilité de l'existence d'une aussi grande quantité de comètes. Mais dans le fait croyez vous à leur existence réelle? et pourriez vous la conclure d'autre principes que de Cosmologiques? si c'est là sérieusement votre idée, il me sera aisé de juger de votre motif. Il est évident que vous poussez si loin l'horreur du vuide dans la Nature, que vous rangez dans la même classe les places vuides, et les inhabitées, et que vous les excluez entièrement de l'Univers.

Je conçois que les découvertes dûes aux Microscopes, dont vous avez parlé à la fin de votre dernière lettre, ont dû vous conduire par l'analogie à ne laisser aucune orbite possible dans le firmament sans y supposer quelque corps céleste qui la parcoure, et à tirer de là cette hardie et importante alternative, ou la terre est la seule Planète habitée, ou dans chaque point de l'univers il y a des êtres qui l'occupent. Comme je vous accorde cette dernière as-

serfertion, vous devez voir, qu'il ne tient pas à mon acquiescement que votre fyftême n'aye la prééminence; mais avant d'aller plus loin, j'infifte fur les éclaircissements que je vous ai demandé fur la comparaifon, des comètes aux Planètes.

Je n'élève pas le moindre doute fur la certitude des conféquences que vous avez tirées de vos remarques fur les orbites hyperboliques des comètes. Je vois maintenant que votre plan est de vous aider d'un principe qui mériteroit bien d'être approfondi, celui des caufes finales, pour fixer tout ce fur quoi nos obfervations trop bornées n'ont point de prife; vous voulez conclurre de ce que nous obfervons en petit fur la terre relativement aux êtres vivants à ce qui a lieu en grand dans l'Univers: il est vrai que nos yeux n'étant conformés que pour voir les feuls petits objets qui font à notre portée, l'ufage du microscope et du télescope nous étant à peine connu, ce qui nous en a été découvert jusques à préfent eft bien peu de chofe relativement à ce qu'un fentiment intérieur nous apprend, que toutes les fciences peuvent offrir à nos recherches, foit dans les grands, foit dans les petits mondes.

Les êtres répandus dans l'Univers devroient ils être à jamais un myftère pour nous parceque fon mécanisme nous est inconnu? ou l'ordre qui concourt à fa perfection feroit il inférieur et moins admirable que dans les petits objets qui frappent nos fens? La terre feule auroit-elle épuifé les tréfors de cet Être tout puisfant dont il est dit qu'elle est le marchepied, tandis que les cieux lui fervent de trône? il fe montre à nous, ainfi qu'aux habitans des autres planètes, mais vraifemblablement d'une manière différente; grand et infini dans les petites comme dans les grandes chofes. Remarquez au furplus, que nous n'aurions pas fait un pas de plus vers la connoisfance de fon infinité, quand on auroit découvert le plan général de l'Univers.

J'avoue franchement, que je n'avois qu'une idée très incomplète des termes *Efpace, grandeur, diftance, étendue*, &c. relativement aux ouvrages de l'Être fuprême, avant d'avoir confidéré le chemin que parcourt la lumière comme échelle et unité de mefure, et furtout avant d'avoir fécoué les préjugés de l'enfance, qui me répréfentoient les fixes, comme à

 pei-

peine élevées au desfus des nuages, et le ciel, comme éloigné de quelques milles feulement de la terre. Quelle difficulté, n'ai-je pas éprouvé, et par quelle foule de conféquences ne m'a t'il pas fallu pasfer, pour franchir les bornes étroites marquées à notre intelligence, et m'élever jusques à la hauteur des fyftêmes folaires! Combien cependant n'en fuis je pas éloigné encore?

J'accorde cependant la prééminence à ces aftronomes privilégiés que vous placez dans ces astres, dont les orbites hyperboliques ou paraboliques les conduifent de foleil en foleil, comme nous allons de ville en ville fur la terre. La durée pasfagère d'un jour répond pour eux à de milliers de nos années: ils font deftinés à obferver en détail le plan général de l'Univers, et à admirer dans la liaifon de l'arrangement de fes différentes parties, la fuite des décrets divins: nos plus énormes mefures ne font pour eux que des infiniment petits, et nos millons feroient à peine leur unité. Par la chaleur et la lumière de chaque foleil dont ils approchent, ils jugent de la nature des habitants de chaque planète de ce fyftême, par la place qu'elle y occupe. (d)

Leur année est mefurée par le temps qu'ils employent pour aller d'un foleil à l'autre, leur hiver répond au moment ou ils fe trouvent au milieu de la route; ils fixent avec grand foin l'époque où leur orbite précédente fe change en une nouvelle; le temps de leur périhélie est leur été;

(d.) *Il nous fera permis de propofer ici une difficulté contre cette belle idée de* M. LAMBERT (dit avec raifon le favant et ingénieux rédacteur de ces lettres). *Si la vie de fes obfervateurs répond à la carrière que leur globe doit parcourir, on conçoit aifément qu'ils doivent jouir d'un fpectacle magnifique, et infiniment varié. Mais comme leur obfervatoire change à chaque inftant de place, et qu'il ne revient pas deux fois à la même, il n'est pas aifé d'imaginer comment ces obfervateurs pourroient prendre des pofitions, déterminer des fituations, ni mefurer des orbites; il ne paroit pas même qu'ils puisfent ni régler leurs pendules, ni s'asfurer des premiers élémens d'un calcul aftronomique. On feroit presque tenté de croire qu'à force de trop voir, nos voyageurs verroient beaucoup moins que nous de la ftructure de l'Univers.* Syftême du Monde (*Bouillon* 1770) pag. 82.

été; leur arrivée dans un nouveau fyftême folaire est pour eux l'annonce du printemps; et le moment ou ils l'abandonnent est celui de leur automne: au furplus, la comète fur laquelle ils voyagent est faite fans doute de manière à foutenir toute l'alternative des faifons, et pour produire alternativement les plantes que les autres corps célestes produifent à telle ou telle diftance du foleil.

Mais enfin il est temps de finir un détail qui pourroit nous arrêter longtemps vous et moi. Peu fatisfait de favoir qu'il exifte des aftronomes qui ont la facilité de parcourir tout l'Univers, je voudrois pouvoir les accompagner, et aller récueillir avec eux la plus abondante moisfon de connoisfances; mais ce defir restera toujours fans doute dans la région des chimères et je dois me contenter, en embrasfant la fuite des conféquences que vous avez établies d'après vos principes fur ces grands corps, de vous fuivre dans les nouvelles routes que vous vous êtes ouvertes dans les cieux: c'est ce que je ferai avec le plus grand empresfement. Adieu.

Je fuis &c.

LETTRE VI.

J'ai reçu, M. avec d'autant plus de plaisir les principes cosmologiques que vous m'avez fournis à l'appui de mon système, que j'avois dans l'idée de le considérer sous ce nouveau point de vue, en portant dans cet examen l'exactitude la plus sevère; je suis seulement faché que vous ayez été aussi court sur cet article. Vous seriez vous assez reposé sur l'uniformité de nos manières de voir, pour croire que les mêmes sujets feroient nécessairement sur nous les mêmes impressions? plus je m'efforce de me rapprocher de cette parfaite concordance, plus j'éprouve que l'examen de chaque nouvel objet produit de nouvelles idées, que je n'avois point prévues. Je pense que nous devons être contents, si d'accord sur les principes, et nous communiquant les conséquences que nous en tirons chacun en particulier, nous nous trouvons uniformes en dernière analyse. Je désire que vous soyez aussi satisfait de mes réponses à vos questions, que je prens plaisir à méditer vos Lettres et à les analyser. Nous ne devons chercher, vous et moi, qu'à nous rapprocher de plus en plus de la vérité, et quoique d'avis différens au commencement, l'examen réfléchi des objets qui nous divisoient n'a servi qu'à nous accorder. Chaque nouvelle découverte a opéré dans nos idées une nouvelle concordance, et je ne vous cacherai pas le plaisir que j'en ressens. Je ne puis attribuer cette identité d'opinions qu'à la conviction que vous avez eu de la solidité du principe sur lequel j'ai appuié mon système. Vous ne faites aucun doute qu'il ne s'étende à tous le corps de l'univers, et vous me donnez par là occasion de voir, en l'approfondisant rigoureusement, à quel point toutes ses parties sont liées, et la route qu'il me faut prendre pour aller plus loin: voici celle que je m'étois proposé de suivre pour remplir cet objet.

Je considérois l'Univers comme régi d'après de vues supérieurieures, et obéissant à une infinité de loix générales et particulières: c'est ce que me paroissoit exiger l'idée de la plus grande perfection dont il fut susceptible. J'envisageois les plus générales de ces loix comme des principes fondamentaux, qui ne comportoient aucune exception, et qui servoient de limite aux loix particulières, que j'écartois de mes recherches et de mon examen, par la raison que je me proposois de ne considérer l'Univers que dans sa plus grande généralité. Je voyois évidemment, que je devois d'autant moins m'occuper de ces loix, qu'elles étoient moins générales: c'étoit là mon plan, et vous jugerez aisément que la première question qui se présentoit à résoudre étoit de sçavoir, comment il falloit s'y prendre, pour trouver et reconnoitre ces loix.

Cette question difficile devoit selon moi se sousdiviser en plusieurs autres, pour la solution desquelles il falloit s'aider de la simple analogie qui régne entre les différens corps qui composent l'Univers; il falloit de plus, en mettant de côté toutes les différences qui les caractérisent, pousser cette analogie jusqu'à ce qu'elle put s'appliquer généralement à tous ces mêmes corps. Je ne pouvois pour cela m'arrêter qu'à des idées abstraites, puisqu'il falloit écarter tout ce qui étoit particulier. Ces idées abstraites devoient être telles, que quoique de nature différente, elles pussent cependant avoir une liaison réciproque.

Ainsi par exemple en considérant le mouvement, j'étendois la loi de la gravité à tous les corps de l'Univers sans exception, puisque vous aviez déjà remarqué, qu'il ne formoit qu'un tout composé de parties dépendantes les unes des autres. Il n'est pas encore prouvé, que l'idée de la pesanteur soit nécessairement lié à celle de corps; nous ne connoissons par assez l'essence de la matière dont l'Univers est composé, pour juger si toute autre loi n'auroit par pu lui convenir. Il suffit de prendre le monde tel qu'il est réellement, et j'en conclus avec vous, qu'il ne seroit qu'un ouvrage imparfait, si aucune loi générale n'avoit lié chaque partie l'une à l'autre. Newton, à qui nous devons la connoissance ce cet ensemble, a cherché si la pesanteur pourroit agir selon d'autres loix, et a démontré leur incohérenrence (*a*), et a fait voir qu'il en résulteroit, que les planètes décriroient des spirales autour de leur soleil, et finiroient enfin par s'y précipiter, ou s'en éloigner à l'infini. Il paroît que l'éternelle sagesse a choisi la loi la plus simple, la plus adaptée à la perpétuite de l'ordre et de l'harmonie, et en vertu de laquelle chaque corps devoit rester invariablement dans le lieu le plus avantageux pour la conservation des êtres qui l'habitent.

Passant ensuite à l'examen de *l'habitabilité* de l'Univers, j'en ai tiré cette conclusion, sans doute hardie, qu'il ne devoit point y avoir dans l'Univers d'espace vuide et inhabité; c'est un trait caractérestique, ou comme vous l'appellez, un effet actif et durable des perfections divines réunies. Aurois je pu négliger de le considérer sous ce point de vue essentiel? Ou le monde pourroit il être un effet de la toute puissance du créateur sans qu'il en résultât par tout de créatures animées et douées de la pensée ou de l'instinct? Seroit il possible de faire consister la perfection dans un défaut d'analogie remarquable dans chaque partie d'un tout qui doit être infiniment parfait? Je ne sçaurois adopter de semblables exceptions, et je n'hésite pas à supposer dans chaque systême solaire autant de corps célestes que peut le permettre l'ordre admirable qui doit régner dans leurs révolutions.

Nous avons observé depuis la découverte des microscopes, que les plus imperceptibles parties de nôtre Globe étoient si peuplées, qu'il n'est plus possible de douter, que la population et l'animation de chaque partie de l'Univers ne soient une des vues du créateur à l'abri de toute exception. l'Inspection seule nous le démontre, et les pas rapides que nous font faire cet instrument perfectionné nous as-

(*a*) V. MACLAURIN *Expos. des découvertes de* NEWTON. Si par exemple on augmentait d'un dix millieme seulement la puissance de la distance à la quelle la pesanteur et réciproquement proportionnelle, il en résulteroit un mouvement annuël de 65 secondes dans l'apogée du soleil, mouvement qui n'est en effet que de 12 secondes environ: Voyez *l'L'exposition du systême du Monde* de M. LA PLACE liv. 4. chap. 1.

asfurent, qu'il s'en faut bien que nous connoisfions encore la majeure partie des êtres qui exiftent fur notre Globe. Quelles bornes pourrions nous mettre aux conféquences de cette analogie, fi nous voulons l'étendre à tous les corps répandus dans l'Univers?

Si après l'examen du mouvement et de *l'habitabilité*, je pasfe à la comparaifon du temps et de l'espace, l'Univers entier m'apprend, que ces deux élémens font parfaitement correspondans; qu'ils croisfent ou décroisfent toujours enfemble dans la même proportion; que la durée des révolutions des corps célestes est toujours relative à leur diftance du centre des forces, et conféquemment à l'espace renfermé dans leur orbite; que fi quelques uns employoient plufieurs fiècles à la terminer, le nombre en feroit énorme pour ceux qui vont d'un foleil à l'autre (*b*); et qu'enfin les caractères de notre fyftême numérique feroient infuffifants pour exprimer la durée de la révolution de la totalité des fyftêmes.

Je ne m'occupois point de la nature des êtres répandus fur chaque corps céleste, parcequ'on pouvoit admetre qu'ils étoient en général tels que pouvoit l'exiger la place qu'ils devoient occuper dans l'Univers. Tout ce que nous obfervons fur la terre de relatif à cet objet fuit exactement cet-

(*b*) Cependant de pareilles émigrations de planètes d'un fyftême à l'autre n'ont probablement ausfi moins lieu que des digresfions de fatellites d'une planète à l'autre. Sans doute chaque corps céleste a une fphère d'activité autour de foi, proportionée à fa masfe, hors de laquelle nul moindre corps ne peut s'écarter. Mais ces fphères d'activité ont nécesfairement pour chaque corps leurs limites, et celle de notre foleil ne s'étend pas peut-être au delà de mille fois la distance d'Uranus: Il n'y aura donc point de planète ni comète au delà de ces limites, mais un abyme immenfe avant d'approcher aux confins de la fphère d'un autre foleil. Ausfi les loix de la pefanteur univerfelle ne fauroient permettre des écarts pareils, car la proportionalité des aires au tems, qui dérive nécesfairement de ces loix, n'auroit pas lieu pour des cometes qui vont de fyftême en fyftême, et nous voions cependant toutes les comètes, ausfi bien que les planètes, obferver réligieufement ces loix.

cette loi: depuis les animaux des terres polaires, des Zones brulantes, des plus hautes montagnes, et jusques à ceux qui font dans les entrailles de la terre; chacun trouve ce qui lui est propre, soit relativement à la chaleur, à la Nourriture, à l'air; leur construction est conforme à leur destination; cette vérité acquiert toujours d'autant plus d'étendue, que l'on pousse plus loin l'examen des quatre élémens (*c*). Qui croiroit à *l'habitabilité* des eaux si nous n'avions pas été acoutumé dès l'enfance à voir des poissons et des animaux aquatiques? C'est d'après le même principe que nous nierions celle du feu; l'embrasement seroit dans ce cas ci l'obstacle parallèle à l'étouffement dans le précédent. Il est vrai que le feu n'occupe pas sur la surface de la terre autant d'espace que l'eau; mais si, ainsi que le pensent beaucoup de Naturalistes, la terre renferme un (*d*) feu central continuellement existant, ce défaut d'analogie disparoit.

Peut

(*c*) Les premiers élémens de la matière aussi bien que ses propriétés intimes nous sont entièrement inconnus. Il est prouvé aujourd'hui en chimie, que ce qu'on appelle vulgairement les 4 élémens ne sont rien moins que celà. l'Air par exemple est un composé de trois parties de ce qu'on appelle *gaz azotique*, et d'une partie de *gaz oxygène*. Pareillement six parties de *gaz oxygène* combinées avec une partie de *gaz hydrogène* produisent l'eau, qui réciproquement peut être ramenée à ces fluides aëriformes. (La décomposition des corps dans les marais et dans les eaux stagnantes développe une grande partie de ce *gaz hydrogène*, qui porté aux extrémités de l'athmosphère, s'enflamme vraisemblablement par l'électricité naturelle, et produit dans les plus hautes régions de l'air ces étoiles tombantes, ces globes de feu, et ces trainées de lumière; et près de la surface de la terre, dans des endroits marécageux, et sur des cimetières, ces feux errans et follets et ces spectres nocturnes qui souvent ont inspiré des terreurs paniques au vulgaire ignorant et crédule.) La Terre n'est pareillement qu'un composé de plusieurs matières, comme de sable, d'argille, de granit et d'autres corps. Enfin, tous ces fluides ou solides pourront sans doute se décomposer encore ultérieurement, et nous serons toujours bien éloignés d'en connoître les vrais élémens.

(*d*) On peut lire avec beaucoup d'intérêt sur le feu central, imaginé par MM. Mairan et de Buffon, les *Lettres* IX et X à M. de Voltaire *sur l'origine des sciences et des peuples de l'Asie* de M. Bailly, qui a traité cette matière avec autant de génie que d'éloquence.

Peut être les habitants du feu sont ils invisibles à nos yeux, et son activité qui dévore toutes les matières connûes s'arrête-telle à l'amiante, ou à des êtres tels quelle ne puisse pas en dissoudre les parties. Quand ils devroient nous être éternellement inconnûes, la possibilité de leur existence n'en seroit pas moins une vérité démontrée. Votre calcul des effets de la comète de 1680. est aussi facile et plus exact que celui que l'on trouve dans la plus part des ouvrages astronomiques, et qui, ce me semble, a été adopté assez légèrement, sans doute d'après l'autorité de NEWTON qui ne l'avoit donné qu'à peu près et en passant, et non comme principe fondamental; à l'égard de la chaleur réelle et absolue de la comète, on n'en peut rien conclure de certain; tout ce qu'on peut faire, c'est de calculer la densité des rayons solaires qui pénètrent son athmosphère. Si notre terre devoit s'approcher du soleil autant que cette Comète, il est évident que la chaleur quelle acquerroit différeroit peu de celle des douze meilleurs miroirs ardents, dont on auroit rassemblé les rayons au même point; mais elle changeroit toutes les mers en vapeurs, qui formeroient une haute et épaisse colonne de nuages, et qui nécessairement affoibliroient l'activité des rayons solaires: mais je n'oserois assurer, que cette enveloppe fut suffisante pour mettre notre Globe à l'abri de la conflagration. Lorsque le soleil est à l'horison, sa lumière s'affoiblit environ 2000 fois en traversant notre athmosphère; celle de la Comète de 1744 avoit 8000. milles de profondeur, elle pouvoit donc affoiblir cette même lumiere mille fois d'avantage.

Il n'est pas aussi aisé de calculer la chaleur d'un fer rouge; (e) quoiquelle ne soit guerre au dessus de 4 fois plus grande que celle de la terre en été, il paroit que NEWTON n'a pas porté assez haut le degré absolu du froid: un corps qui auroit employé 50000 ans à se réfroidir auroit du nécessairement employer le même intervalle à acquérir la

(e) Pour rougir le fer il faut une chaleur au moins de 1000 degrés du Thermométre DE FAHRENHEIT, tandis que la plus grande que nous éprouvons ici en été peut être estimé à 100 degrés.

la chaleur nécessaire (*f*). Enfin chaque corps n'est susceptible que d'un certain degré de chaleur. La Comète de 1680 devoit être donc d'une nature différente de tous les corps terrestres, puisqu'elle étoit en état de soutenir une chaleur 2000 fois plus intense que celle d'un fer rouge, qui lui même ne pourroit en acquérir une plus grande sans se vitrifier, ou se réduire en cendres. Il est très possible que l'athmosphère de la comète l'ait garanti de cet excès de chaleur solaire (*g*), ou que sa structure aye été pro-

(*f*) On peut douter de cette thèse, vu l'ignorance où nous sommes encore sur les lois de l'accroissement et du décroissement de la chaleur dans les corps.

(*g*) Mais on pourroit demander ici: Le soleil est il donc un véritable globe de feu, ou enveloppé dans un fluide igné et ardent? Ceci dumoins ne nous paroit pas démontré avec évidence. La terre n'est peut-être échauffée par les rayons solaires qu'en vertu de leur action sur la matière calorique qui réside dans elle même et dans son athmosphère; tandis que ces rayons eux mêmes pourraient bien ne contenir aucune chaleur. On est porté à penser ainsi en considérant plusieurs faits, qui semblent donner à cette opinion un très haut degré de vraisemblance: Quel froid par exemple n'éprouve-t-on pas sur les cimes des plus hautes montagnes sous l'équateur, exposées sans cesse aux rayons du soleil les plus vifs? Et quelle chalcur dans les gouffres et dans les cavernes souterreins où ces rayons ne pénetrent jamais? Des expériences thermométriques nous ont montré évidemment, que c'est en effet la moindre partie de notre chaleur, que celle que nous recevons du soleil, et qu'au contraire c'est à la terre que la plus considérable partie en est propre, soit qu'elle renferme dans son sein un feu central, soit qu'un fluide calorique pénètre sa matière jusques dans ses moindres parties, ce qui nous parait le plus vraisemblable. Cependant cette chaleur intime de notre globe serait une chaleur morte, ou se changerait en froid absolu, si elle n'étoit *vivifiée* sans cesse par l'action des rayons solaires en vertu d'une affinité chimique qui parait exister entre la matière lumineuse et calorique; or il est clair que cette action doit se régler selon les angles d'incidence de ces mêmes rayons, étant proportionnelle aux sinus de ces angles; voilà donc la cause de la chaleur plus grande en été qu'en hiver; et l'on conçoit aisément, que c'est l'absence de la matière calorique qui produit le froid excessif sur les montagnes. C'est donc de cette manière que la température pourrait être égale, s'il le faut, sur Mercure et sur Uranus; sur la globe du soleil et sur la comète la plus éloig-

proportionée à l'effet quelle devoit éprouver. Je ne fais nul doute que ſes habitants n'ayent pu rester intacts, et peut être ſont ils conſtitués de manière à n'être pas ſenſibles aux alternatives du froid et du chaud. Nous ſommes, ainſi que les habitans des autres planètes, trop délicats pour pouvoir vivre ailleurs que dans un climat tempéré, et nous ne ſerions point du tout propres à ſuivre ni cette comète ni d'autres dans leurs voyages de long cours. Les habitans des planètes ſont à l'égard de ceux des comètes, ce que les plantes qui croiſſent ſous l'équateur ſont vis-à-vis de celles des terres polaires; celles-ci ſe préſentent ſans danger à toutes les vicisſitudes des ſaiſons; celles là au contraire ne pourroient profiter que dans des ſerres chaudes, ſi on les transportoit dans nos climats.

Je ne ſçaurois réſoudre la question que vous me faites ſur la différence des Planètes et des Comètes, avant d'avoir mis ſous vos yeux quelques réflexions qui doivent ſervir de fondement à cette ſolution. Des que j'ai ſuppoſé que les unes et les autres étoient habitées, et quelles ſont maintenant ce qu'elles ont toujours été, il n'exiſte plus de différence à cet égard dans mon ſyſtême. Je n'y admets rien d'incomplet, et encore moins ces magazins de Planètes qui ne ſont pas encore arrivées au point de perfection auquel

---

éloignée de cet astre. Quelque paradoxe que pourrait au premier coup d'œil paroître cette aſſertion, de grands Astronomes et Phyſiciens l'ont ſoutenue. On peut voir relativement à cette matière un mémoire de M. Bode dans le 2 vol. des *occupations de la ſociété de Berlin des ſcrutateurs de la Nature*. *Penſées ſur la nature du ſoleil et de la lumière* de M. de Hahn dans les Ephémérides de Berl. 1795 *Obſervations ſur les taches ſolaires* de M. Schröter en Allemand Erfurt 1789. *Sur la Nature et la Conſtruction du Soleil et des étoiles* de M. Herschel dans les Transact. Philoſoph. de 1795. Et ſur la théorie de la chaleur, *Lettres Phyſiques et Morales ſur l'histoire de la terre et de l'Homme* de M. de Luc Tom. VII. Part. 2. *Mémoire ſur la Chaleur* de M. Lavoisier et Laplace dans les Mem. de l'Acad des ſciences de Paris 1780. p. 355. *Remarques et Additions à la Phyſique d'*Erxleben 6 Edition par M. le Conſeiller de Lichtenberg pag. 433—475.

quel elles peuvent parvenir. Ne vous arrêtez pas à la différence apparente qui femble les caractérifer; elle confifte dans la chevelure ou nébulofité, et la queue qui les accompagne communément, et dont les planètes et leurs fatellites n'offrent aucune trace. Cette apparence croit inverfément à peu près comme la diftance du foleil. Je ne crois pas cependant que fa variation foit un pur effet fans motif de fa chaleur. Leur nébulofité est destinée vraifemblablement à les garantir de l'excès de cette chaleur. Les nuages peuvent rendre les mêmes offices à la terre, quoiqu'ils ne lui foient pas à beaucoup près aussi nécesfaires, fa diftance au foleil étant toujours à peu près la même. Elle paroît dans le cas d'avoir plus befoin d'abri contre la rigueur des hyvers, et c'est à quoi paroît particulièrement destinée la neige, qui la couvre dans cette faifon.

La Destination que j'ai donnée dans ma précédente lettre aux astronomes qui habitent les comètes, de pouvoir obferver l'univerfalité des fyftêmes, feroit gratuite et vaine s'ils restoient toujours enveloppés de la nébulofité qui les entoure pendant leur pasfage au périhélie: ausfi voyons nous que cet obftacle ne dure que quelques mois. Nôtre athmosphère n'a pas à la vérité autant d'étendue que celle des comètes, mais elle ne nous quitte jamais; les nuages nous dérobent le ciel la moitié de nôtre vie; la neige couvre la terre pendant une autre partie: malgré celà il nous reste asfez de temps libre pour obferver l'un et l'autre: les astronomes des Comètes font dans le même cas.

Les Planètes ne paroisfant différer des Comètes que par la nature de leurs orbites, les premières étant presque circulaires, et les autres fort allongées, il en réfulte cette question, de fçavoir s'il n'y a pas pour remplir l'intervalle qui les fépare une infinité d'autres orbites qui les lie par des degrés infenfibles, depuis la plus circulaire jusques à la plus allongée. Il ne paroit pas que l'obfervation puisfe nous être d'aucun fecours ici; nous fommes fi près du foleil, que nous ne pouvons guères connoitre que l'intérieur de nôtre fyftême. On ne connoit aucune Planète au desfus de Saturne (*), et

(*) Ce fait n'est plus admisfible depuis la découverte de la Planète de M. Herschel en 1781.

et s'il y en a quelqu'une, elle doit être invifible pour nous fi elle est notablement plus petite que lui (*h*). A l'égard des comètes nous ne voyons pareillement que celles qui pasfent au desfous de Mars, et dont les plus vifibles, ainfi que je l'ai remarqué dans ma précédente lettre, doivent s'approcher du foleil de moitié plus près que la terre. Il est donc très vraifemblable, que de tous les corps qui compofent nôtre fyftême nous ne voyons que les extrêmes, c'est à dire, ceux dont l'orbite est la plus approchante de la circulaire, et ceux qui parcourent les ellipfes les plus allongées (*i*).

Nous ne voyons descendre dans l'orbe de Mercure aucune comète dont l'orbite ne foit fort allongée, quoique abfolument parlant la chofe ne foit pas impoffible, puisqu'en général les Comètes, employent beaucoup de temps à faire leur révolution (*k*): celle de 1759. qui est de toutes celles que

---

(*h*) Uranus est douze fois plus petit que Saturne (abftraction faite de l'anneau) et deux fois aussi éloigné que cette planète, et parait cependant encore comme une étoile de la fixième à feptième grandeur, à ceux qui ont la vue perçante.

(*i*) M. Kant avoit déjà en 1755 une idée analogue à celle que développe ici Lambert. Il penfoit (*Hist. Naturelle et Théorie générale du ciel* chap. 3. pag. 52) que l'excentricité des planètes va toujours en augmentant avec leurs diftances au Soleil, jusqu'au point où leur genre fe confond avec celui des comètes: l'exception que préfentent ici les orbites de Mercure et de Mars lui paroisfait avoir été occafionnée par la proximité et l'action du Soleil et de Jupiter. Uranus, dont l'orbite est moins excentrique que celle de Saturne, nous montre aujourd'hui un troifième écart de cette loi. — M. de la Place conjecture; que par des caufes femblables à celle qui fit en 1572 briller du plus vif éclat la fameufe étoile dans la conftellation de Casfiopée, l'athmosphère du Soleil s'étant étendue primitivement au delà des orbes de toutes les planètes, a donné ainfi à celles-ci leur origine, et emporté dans fon torrent toutes les comètes qu'elle avoit rencontré dans cette espace, et dans des orbites moins excentriques, pour les réunir au foleil. Alors on voit, que celles des comètes qui fe trouvoient à cette époque au delà de ces limites, et dans des orbites fort allongées, font feules demeurées intactes, et que ce ne font que celles-ci qui peuvent nous devenir vifibles. *Expof. du Syft. du Monde* Liv. 5. chap. 6. pag. 301 et 302.

(*k*) Le retour des Comètes a de tout tems été l'objet de la curio-

que nous connoisſons celle dont le retour eſt le plus prompt, y

---

ſité des humains et des recherches des Philoſophes et des Aſtronomes. Les plus anciens Egyptiens ſavaient, entr' autres choſes réputées communément impoſſibles, auſſi prédire (κομητων ἀςέρων ἐπιτολάς), *les apparitions des comètes* ſelon DIODORE DE SICILE Libr. I. cap. 81. (pag. Ed. Steph. 51). Mais, quoique M. DUTENS *Orig. des Découv. Attribuées aux Modernes II. Part. Chap. XI.* §. 136. ſemble ajouter foi à cette prétention des Egyptiens, il n'en eſt pas moins clair, par la ſimple inſpection de l'endroit de DIODORE, qu'elle n'eſt fondée que ſur des délires aſtrologiques. V. M. BAILLY *Hiſt. de l'Aſtr. Anc. Eclairc. Liv. V.* §. 24. SÉNÈQUE au contraire ſe contente de prédire un tems, où une philoſophie plus éclairée, jointe à des ſciences plus perfectionnées, mettra les hommes en état d'acquérir des connoiſſances plus étendues ſur cette matière (*Quæst. Nat. L.* 7. *cap.* 13—25). Tout ce que nous pouvons ajouter aujourd'hui à cette aſſertion de SÉNÈQUE, c'eſt que, pour ce qui concerne la connoiſſance des retours des comètes en général, ce tems nous parait encore bien éloigné. On connoit aujourd'hui deux méthodes pour fixer ces retours; l'une *géométrique*, et l'autre *empirique*. Par la première on calcule rigoureuſement les obſervations des comètes dans des ellipſes, qui ſont, comme l'on ſait, des courbes rentrantes: mais cette méthode exige non ſeulement une juſteſſe parfaite dans les calculs les plus immenſes, mais encore un degré d'exactitude dans les obſervations, dont celles-ci ne paroiſſent pas ſuſceptibles. Nous avons fait voir à la 4ème Lettre not. (e) un exemple de l'incertitude que ces inconvéniens répandent ſur cette méthode, laquelle d'ailleurs eſt la plus parfaite et la plus excellente quand à la théorie. L'autre conſiſte dans la comparaiſon des élémens de pluſieurs comètes calculées dans des orbites paraboliques, qui ſans contredit eſt la plus ſûre. Car ſi les élémens de pluſieurs comètes, dont les apparitions ſont ſéparées par des intervalles de tems presqu'égaux, ſe trouvent à peu près les mêmes, on en infere avec beaucoup de certitude, qu'ils appartiennent à une ſeule et même comète, dont ces apparitions ne ſont que des retours ſucceſſifs: et c'eſt de cette manière qu'on a conclu l'identité de la comète de 1456, 1531, 1607, 1682 et 1759. On voit aiſément qu'il faudra un nombre incalculable de ſiècles pour connoître par cette méthode les tems périodiques de la plu-part des comètes; mais auſſi eſt-elle la plus certaine. Si l'on nous objecte, que cependant la comète de 1661 n'a pas réparu en 1789, lorsqu'elle auroit dû retourner ſelon cette méthode; nous répondons, qu'en effet les Aſtronomes ont toujours beaucoup douté de ce retour, dont la prédiction n'a été regardée par ſon auteur même que comme une conjecture très hazardée; et que les obſervations de la

y employe 75 ans (*): en prenant la racine cubique du quarré du temps de sa révolution pour avoir sa moyenne distance au soleil, on la trouvera 17 fois et un quart plus grande que celle de la terre au soleil, et en la doublant, on aura le grand axe de l'ellipse 35 fois et demie plus long. Vous voyez qu'il deviendroit plus long, et l'ellipse plus étroite, si le périhélie étoit plus rapproché du soleil que celui de Mercure, et bien d'avantage encore, si sa révolution étoit plus longue. Une Comète dont la période seroit de 75 ans, et le périhélie à la même distance du soleil que la terre, décriroit une orbite, dont le grand axe seroit triple du petit: mais il est en même temps très vraisemblable, qu'une Comète pareille employeroit des siècles à réparoitre.

Ayant donc fondé mes preuves sur les loix de la pesanteur, et les ayant étayées de l'observation, je puis sans difficulté regarder comme très allongées les orbites des Comètes qui sont visibles pour nous, et qui par conséquent diffèrent le plus des circulaires, d'où enfin j'ai pu établir avec fondement, que nous ne voyons que les deux extrêmes de notre systême. A mesure que nous éloignerons d'avantage le périhélie des Comètes du soleil, les axes des orbites se rapprocheront du rapport d'égalité jusques à devenir enfin des diamètres de cercle.

l'Espace circonscrit autour du soleil par les dernières limites de son activité forme celles des comètes qui appartiennent à son systême. Il n'est pas possible d'en supposer aucune passant au delà de manière à s'approcher des limites d'un autre systême, parceque sa tendance vers nôtre soleil seroit toujours assez forte pour anéantir l'attraction des fixes les plus voisines. Je ne veux pas porter la distance de

---

la comète de 1582, sur les quelles est uniquement fondée cette prétendue identité, sont des plus imparfaites: à quoi nous ajouterons encore en général, que deux apparitions d'une comète ne sont guère suffisantes pour en fixer avec certitude la révolution, et qu'il en faut au moins trois.

(*) Suivant les calculs de M. Lexell, la période de la Comète de 1770, n'est que de cinq ans et demi.

de ces comètes à notre soleil au dessous de la centième ou de la millième partie de leur distance à ces étoiles; celles-ci doivent être environ 500000 fois plus éloignées du soleil que la terre. Supposant maintenant que les Comètes les plus extérieures n'en soient distantes que de la millième partie, il restera toujours, qu'elles seront cinq cent fois plus éloignées du soleil que la terre. Si elles font leur révolution dans un cercle, cette distance sera la moitié du grand axe, et le temps de leur révolution sera de 11180 années. Cet intervalle ne seroit diminué au plus que de deux tiers quand bien même on supposeroit que la comète passeroit dans l'intérieur de l'orbe de Mercure.

On conclura de ces principes, qu'il peut y avoir au dessus de Saturne quelque orbite peu différente du cercle (*l*); mais d'après mon systême, où je maintiens le nombre des Comètes bien plus grand que celui des planètes, il doit y avoir fort peu de ces orbites circulaires. Voilà la seule solution que je puisse vous donner pour la question que vous m'avez faite relativement à cet objet; voyez si elle peut vous satisfaire; je l'ai déduite des deux principes fondamentaux que vous m'avez accordé. Le premi... regarde le nombre des corps célestes qui font leur révolution autour du soleil, et que j'établis devoir être aussi considérable qu'il est possible; le second établit la facilité de l'exécuter sans se porter réciproquement aucun obstacle: vous sçaves, M. que je considère cette dernière loi comme nécessairement lié au rapport du nombre des comètes et des planètes. Vous avez remarqué vous même, que d'après ce principe ce nombre doit augmenter non pas comme le cube, mais comme le quarré des distances périhélies, je vais maintenant vous faire voir, pourquoi les orbites circulaires sont les moins propres à remplir ces différens objets.

Il suit de la loi de la Gravité, que si les Planètes et les comètes décrivent des orbites circulaires autour du soleil, ce-

(*l*) l'Orbite d'Uranus s'approche en effet encore un peu plus du cercle que celle de Jupiter, son excentricité n'étant pas encore 0,047 parties de sa dist. moyenne au Soleil, et celle de Jupiter au moins 0,048.

celui ci doit en occuper le centre, et qu'elles doivent être toutes concentriques; mais il faut de plus que ces différens astres puisſent éviter de ſe rencontrer: rappellez vous que vous ne conſidérez pas ces orbites comme la limite exacte et géométrique de leur plan, mais comme celle de la partie la plus active de leur ſphère d'attraction (*m*): vous changez donc les rayons divergens que vous aviez ſuppoſé pour donner une idée de votre ſyſtême en cercles d'une dimenſion, telle qu'ils puiſſent, en paſſant les uns dans les autres, rester toujours concentriques; alors ce ſyſtême aura à peu près la forme d'une ſphère armillaire, avec cette différence, que vous ne pourriez pas y placer autant de ces cercles égaux; mais puisque vous les ſuppoſez tels (*n*), il s'en ſuit, que leur nombre croitra ſimplement comme la diſtance au centre, ſoit que vous les ſuppoſiez dans un même plan, ou ſe coupant ſous différens angles d'inclinaiſon. Parcequ'ils doivent rester concentriques, il est inévitable, que les plus voiſins ſe toucheront toujours en deux points, et qu'en outre il restera des eſpaces vuides entre eux complétement inutiles; or l'une et l'autre de ces conſéquences ſont manifestement contraires aux deux principes que vous m'avez accordé, et que j'ai rappellé ci deſſus; ſuppoſez de rechef ſeulement 6 comètes paſſant dans l'intérieur de l'orbe de Mercure, la proportion des diſtances ne vous en donnera que 150 jusques a Saturne: or j'en ai conclu 3600 par mes principes, ainſi la différence est bien conſidérable.

Le principal inconvénient vient ici de la concentricité des cercles; il diſparoit d'autant plus aiſément qu'on employe des ellipſes plus allongées dont le ſoleil occupe un des

---

(*m*) l'Original dit : *rappelez vous que vous ne conſidérez pas ces orbites comme des lignes purement géométriques, mais que vous les environnez chaqu'une de toute part d'un espace convenable à la ſphère d'activité des corps qui y ſont mûs.*

(*n*) *Puisque vous appliquez à chaqu'un de ces cercles celui qui le ſuit immédiatement en grandeur.* C'est ainſi que porte la lettre de l'original.

des foyers, parce qu'à peine les Comètes ont elles pasfé le périhélie qu'elles s'éloignent très promptement de cet astre, et font place à de nouvelles. La fuppofition de vos rayons divergens préfente une idée fort analogue à celle des ellipfes fort allongées, et en changeant ces rayons en ellipfes, elles pourroient fe mêler et fe croifer de toutes les manières posfibles (*o*) comme vous imaginez de le faire avec vos cercles concentriques.

Voyez vous, M. comment mon fyftême fe rapproche de la nature? j'avois déjà prouvé que les orbites des Comètes qui pasfent entre Mercure et le foleil devoient être des ellipfes fort allongées, et vous venez de voir par les réflexions précédentes, que c'est une caufe finale dont l'effet est de remplir fans inconvénient, autant qu'il est posfible, le fyftême folaire de corps céleftes. Nous voyons ausfi par là, pourquoi il y a fi peu de planètes, et tant de Comètes: d'où nous devons nécesfairement conclure, que ces deux corps appartiennent à la même clasfe, et que fi les derniers ne forment pas la partie la plus importante de notre fyftême, ils en forment au moins la plus nombreufe et la plus remarquable. Peut être même n'y a-t-il quelques planètes autour du foleil que pour remplir l'espace que les orbites des Comètes y laisfent de libre, et parceque le Créateur les a destinées à l'habitation des êtres qui avoient befoin de jouir d'une température à peu près toujours égale. Vu nôtre conftitution actuelle nous devons nous féliciter que l'orbite de nôtre terre foit presque circulaire; fi les orbites des planètes font toutes à peu près dans le même plan, c'est fans doute à fin que les Comètes puisfent pasfer librement au desfus et au desfous de ces orbites; en un mot, la nécesfité de cette liberté de révolution et d'interfection réciproque des orbites explique la grande distance des planètes entre elles, fur tout relativement à Mars, Jupiter, et Saturne. S'il en exifte quelqu'autre au delà, fa diftance à cette dernière planète croitroit felon les apparences dans une bien plus gran-

(o) l'Allemand dit: *Infiniment mieux qu'en fuppofant des cercles concentriques.*

grande proportion (*), puisque dans cette région les interſections y ſont plus nombreuſes.

Voilà Monſieur les réflexions qui me ſont venues relativement à ſa ſolution de vos questions: je déſire quelles puiſſent vous ſatisfaire.

Je ſuis &c.

(*) La Planète de HERSCHEL est 2 fois plus éloignée de nous que Saturne.

LETTRE VII.

Je ne doute nullement, M. que votre fyftême de l'Univers ne foit confirmé dans tous fes points par les obfervations dont s'enrichira la postérité, dès que vous avez rasfemblé avec le plus grand foin tous les principes nécesfaires à fa conftruction et à fon appui. l'Univers étant felon vous l'ouvrage de la très haute fagesfe de l'Être fuprême, et ne pouvant conféquemment être réglé que d'après les loix abfolument générales de la perfection, vous en examinez les caractères et les fignes pour les rechercher et les retrouver dans le monde actuel. Vous adaptez les moyens aux motifs, et vous leur accordez pour chaque cas particulier toutes les variétés dont ils peuvent être fusceptibles. Par tout, jusques dans les plus petits objets, vous retrouvez l'empreinte de la puisfance, de l'ordre, de l'activité, de la bonté, de la fagesfe du créateur. l'Univers n'est felon vous qu'un effet actuel et continu de la réunion de fes perfections. Il faut convenir que cette manière de l'envifager accorde et complète ce qu'on n'avoit vérifié jusques à préfent qu'en tâtonnant et par parties, et remplit les lacunes qu'avoient laisfées les faits ifolés qu'on avoit rasfemblé. Voilà je penfe le tableau de l'édifice que vous avez élevé. Pourroit on appeler hardiesfe et témérité le louable projet de généralifer tout ce qui devoit l'être nécesfairement?

Il est vrai que les conféquences de vos principes femblent renverfer tout le fyftême folaire; mais ce bouleverfement n'est qu'apparent; Copernic fit bien plus autre fois; vous ne faites qu'accomplir ce qu'il avoit commencé, ou du moins vous avez frayé la route à ceux que de nouvelles découvertes pourroient mettre à portée d'aller plus loin. Vous avez anticipé fur les derniers temps, et prophétifé pour ainfi dire ce qu'elles dévoileront, et ce qui femble dépendre prin-

ci-

cipalement de la détermination de l'orbite de chaque comète. Le petit nombre de nos obſervations ne ſont que des répaires et des pierres d'attente placées pour lier la totalité de l'édifice, et en tirer des conſéquences générales. Quelle est celle de vos conſéquences que je pourrois nier ?

Le ſoleil dites vous doit répandre ſa lumière et ſa chaleur ſur le plus grand nombre de Globes céleſtes poſſible; ils doivent en outre faire leurs révolutions ſans ſe rencontrer, donc, concluez vous, il doit y avoir infiniment plus de Comètes que de Planètes; il ne paroit guère poſſible de ſe réfuſer à cette conſéquence. Ou votre majeure est évidente, ou il faudroit ſuppoſer que le ſoleil répand inutilement à certains égards ſa lumière et ſa chaleur, et dès lors moyen ſans motif. Il me ſuffit dans ce cas de ſuppoſer, que cette lumière est asſez étendue, pour que les habitants des autres ſyſtêmes ſolaires puiſsent être avertis de l'exiſtence du notre. Le ſpectacle de *Sirius*, par exemple, est trop agréable pour moi, pour ne pas déſirer ardemment que les habitants de ſon ſyſtême ſoient dans le même cas relativement au notre pendant leurs nuits. La vue ſeule du firmament me force de vous accorder l'exiſtence d'autant de Corps céleſtes qu'il vous plaira autour de notre ſoleil, et je le conçois aiſément parcourant l'Univers escorté de pluſieurs millions de Globes, comme la Reine d'un esſaim d'abeilles environnée de ſes ſujets. Au ſurplus, je trouve la terre en petit ſi peuplée d'êtres différens, que je n'ai aucune peine à imaginer qu'il exiſte des espaces bien plus vastes autre part, et tout ausſi habités.

J'ai examiné d'autant plus ſcrupuleuſement vos asſertions, qu'elles devoient ſervir de ſolution à la question que je vous avois faite dans ma dernière Lettre, et que je conſidérois comme la plus difficile à réſoudre; pour cela j'ai repris ma ſuppoſition des lignes droites, ou rayons divergens que j'ai diſpoſés circulairement, mais j'ai bientôt reconnu les inconvéniens de la concentricité, de l'égalité des orbites, et de l'interſection réciproque, qui en réſultoient; je les ai ſuppoſées alors diſpoſées en ellipſes, dont les foyers étoient raſſemblés dans un centre commun. Les unes ſe dirigeoient en haut, les autres en bas; quelques autres les croiſoient, foient, et chacun fe dirigeoit en divergent vers des points différens: au moyen de cette pofition ils laisfoient entre eux des espaces libres pour y placer à volonté d'autres ellipfes, qui pouvoient s'entrecroifer fans embarras; cela ne m'empechoit pas d'y trouver de la place pour quelques orbites circulaires: je n'ai pas pousfé ces recherches plus loin, parceque je voyois bien que ma fuppofition des Ellipfes croifées ne pouvoient pas s'éloigner infiniment du tableau original de l'Univers.

J'ai de la peine à croire que ce foit uniquement par tolérance ou complaifance que vous laisfez quelque place dans l'Univers aux Planètes. Vous devriez au moins, par égard pour notre terre, lui facrifier quelques unes des cinquante millions de comètes dont vous fuppofez l'exiftence; le facrifice feroit leger. Mais vous n'avez fans doute fi fort rabaisfé les Planètes, et ne les avez faites déchoir de leur antique prééminence fur les Comètes, qu'à fin qu'on fut autorifé à confidérer celles ci fous un point de vue plus important et plus élevé, et non pas comme des planètes ou naisfantes, ou vieillies et ruinées. C'est une fuite de votre fyftême, où vous établisfez quelles contribuent à *l'habitabilité* et à la population de l'univers d'une manière plus particulière et plus efficace que les planètes.

J'ai dû inférer de la fin de votre Lettre, que vous pouviez encore tirer une foule d'autres conféquences du nombre et de la comparaifon des Planètes et des Comètes dont vous vous êtes contenté de donner un apperçu. Si vous aviez fongé un moment à ma petite et raccourcie provifion de connoisfances, en un mot, au *fapienti pauca*, vous auriez infifté un peu plus fur cet objet, et je vous avoue que je l'aurois bien défiré. Avez vous voulu renvoyer ces éclaircisfemens à un autre temps? ou avez vous trop préfumé de mes progrès en astronomie? vous allez juger de leur étendue.

Vous concluez par exemple de vos fuppofitions, que les orbites des Planètes font toutes à peu près dans le même plan: car il est évident, que les petites anomalies quelles éprouvent doivent empêcher que cette coincidence ne foit parfaitement exacte. Vous n'adoptez fans doute cette pofition

tion presque identique (*a*) que pour pouvoir augmenter avec plus de facilité le nombre des Comètes dont vous voulez remplir autant qu'il est possible le systême solaire. J'avois d'abord supposé le contraire: en donnant une inclinaison différente à l'orbite de chaque planète telle, que la terre par exemple restant dans le plan de l'Ecliptique, l'intersection de celles de Vénus et Mercure se fit à angle droit dans ses pôles, les autres le coupans sous différens angles. J'examinois alors, comment les Ellipses décrites par les Comètes pouvoient passer entre les orbites à peu près circulaires des Planètes, pour lesquelles j'avois ainsi six plans différens, dans auqu'un desquels je ne pouvois placer de comète qui s'approchât plus près du soleil que la planète auquel il appartenoit. A l'égard de Saturne et du Jupiter, leur position me génoit d'autant plus qu'il n'étoit pas possible de placer plusieurs ellipses dans un même plan, de la même manière que les Planètes sont maintenues et rassemblées dans celui du Zodiaque, en les inclinant un peu les uns aux autres. Je vis bientot, qu'en rapprochant les planètes de l'ecliptique à fin que les plans de leur six orbites ne m'embarrassent plus, je trouvois, que même les plans que vous aviez crû ne pouvoir être occupez par des Comètes es-

(*a*) M. du Séjour à calculé, (*Traité analytique sur les mouvem. des corps célestes Tom.* II. *pag.* 345.) qu'il y a 35^{16} à parier contre, qu'un tel fait n'est point l'effet du hazard. *La probabilité*, dit M. de la Place (*Espos. du Syst. du Monde, Tom.* II. *Liv.* 5. *Chap.* 5.) *que l'une* des mouvemens Planétaires soit de révolution soit de rotation *est surpassé au moins* 45°, *serait* $\frac{51687091 1}{586870912}$, probabilité qui eut été réduite à $\frac{67108863}{67108864}$ si M. de la Place avait écarté de ce calcul les plans du mouvement des 2 sat. d'Uranus et de la rotation de Vénus, sur la quelle il y a encore quelqu'incertitude: mais, comme le remarque à propos ce grand géomètre, la probabilité que la direction des mouvemens planétaires n'est point l'effet du hazard devient bien plus grande encore, si l'on considère, que l'inclinaison du plus grand nombre de ces mouvemens est fort au dessous de 45°. La cause physique de ce phénomène s'explique aussi très bien par la conjecture de M. de la Place que nous avons rapporté dans la note (*l*) sur la lettre précédente. Voyez aussi *l'Hist. Natur. et Théorie générale du ciel de* M. Kant, II. *Part. chap.* 1. *pag.* 33.

offroient maintenant la plus grande facilité pour y en placer de nouvelles. De ces ellipses que je plaçois dans le même plan les intérieures étoient peu allongées, pour pouvoir être renfermées et environnées par d'autres, le soleil étant toujours supposé placé à leur foyer commun. Les environnantes s'élargissoient peu à peu pour laisser de l'espace à l'intersection réciproque de celles qui étoient dans d'autres plans.

En considérant les deux points où les ellipses parcourues par les comètes devoient couper le plan de l'Ecliptique, j'avois bien vu qu'il y auroit de l'avantage à les placer à des distances fort inégales du soleil; car en supposant le contraire et tous les deux également et fort rapprochés du soleil, l'espace s'y trouvoit trop resserré pour y multiplier le nombre des points d'intersection des différentes orbites; au lieu que dans le premier cas chacun d'eux indiquant une nouvelle orbite, leur nombre étoit tout d'un coup doublé, et le systême enrichi d'autant. A l'égard des points d'intersection, éloignés et portés bien au delà des planètes supérieures, l'espace qui pouvoit s'étendre jusqu'aux étoiles fixes ne me manquoit pas pour y supposer de nouvelles orbites.

Je n'ai point porté mes regards sur les intersections réciproques des orbites des Comètes, parceque s'élargissant nécessairement depuis le périhélie jusques à leur petit axe, qui selon les apparences est situé au delà de Saturne, j'ai dû en conclure, que rien n'empêchoit que ces astres ne pussent suivre aisément leur cours sans se rencontrer, d'autant plus que je considérois les deux moitiés de chaque orbite comme s'étendant suffisamment de part et d'autre du soleil.

Vous voyez, M. par ce que je viens de dire, combien j'étois loin de pouvoir vous suivre; mais je conçois maintenant parfaitement, comment dans votre systême les intersections de ces ellipses doivent être, (ainsi que nous l'apprenent nos observations incomplètes) si dispersées dans le plan de l'écliptique; pourquoi celles dont le périhélie se rapproche du soleil doivent être fort allongées; la cause du petit nombre des planètes; la raison du peu d'inclinaison de leurs plans respectifs; et enfin, pourquoi les planètes su-

pe-

périeures font les plus éloignées entre elles (*b*). Toutes ces vérités découlent de ce premier principe, que le fyſtême folaire doit être rempli du plus grand nombre poſſible de corps céleſtes.

Pourquoi n'y revenez vous pas maintenant? les conféquences fondées fur une ſi ſingulière conformité avec l'obſervation ne vous paroitroient elles pas ſuffiſantes pour devoir établir ſolidement les principes? je conçois à préſent votre manière de prouver; vous déduiſez le principe du motif, et vous ſuppléez par l'obſervation à ce qui pourroit rester de douteux, relativement à ſon univerſalité. Il est conſtant, que les preuves ſeules déduites de l'obſervation feroient ſuffiſantes, ſi nous avions un catalogue de toutes les cometes (*), mais à peine en avons nous une ébauche: nous ſommes donc forcés de recourir à la *Téléologie* (*c*) pour compléter ce qui nous manque, de percer dans l'avenir, et de prédire, pour ainſi dire, ce que les obſervations apprendront dans les ſuites: elles feront voir, que les moyens de repondre aux motifs trouvés par les principes *téléologiques* exiſtent réellement dans l'univers: en déterminant les uns par les autres, et en les rapprochant, il vous est aiſé de juger de leur univerſalité, et de donner à vos preuves toute la ſolidité et l'étendue quelles peuvent comporter.

Je ſuis bien aiſe que mes calculs ſur la chaleur de la comète de 1680, ait été pour vous une occaſion de penſer et

---

(*b*) Voyez ſur la loi des éloignemens ſuccesſifs des planètes notre remarque (*a*) ſur la première de ces lettres.

(*) Nous ne l'avons pas même des Planètes, puisque M. HERSCHEL en a decouvert une 7ème en 1781.

(*c*) On appelle *Téléologie* la ſcience qui traite des cauſes finales, et dont on peut regarder cet ouvrage comme un eſſai. Pluſieurs ſavans de nos jours regardent cette ſcience comme presque auſſi arbitraire et auſſi chimérique que l'Astrologie: cependant il y en a parmi les plus illustres philoſophes de notre ſiècle qui en penſent tout autrement; voyez, outre la préface de l'auteur, un mémoire de M. KANT, *ſur l'Uſage des principes téléologiques dans la Philoſophie* inſéré dans le *Mercure Germanique* de Janv. et Fevr. 1788; le VIème *Discours* préliminaire aux *Lettres Phyſiques et Morales ſur l'Hiſtoire de la Terre et de l'Homme* de M. DE LUC, et d'autres.

et de réfléchir d'une manière plus particulière à son *habitabilité*. Vous n'ignorez pas toutes les difficultés qu'on a élevées sur cette matière, et qui n'avoient vraisemblablement leur source que dans l'analogie entre la terre et les autres corps célestes, qu'on avoit poussée trop loin. Ainsi par exemple lorsque CHRISTOPHE COLOMBE découvrit l'Amérique, et qu'il anonça qu'elle étoit habitée, pouvoit il y avoir lieu à lui demander si c'étoit par des hommes, dès quelle faisoit partie de notre terre?

Si un astronome découvrit des montagnes, des mers, une athmosphère dans la lune (*d*), Vénus, ou dans les autres planètes, et qu'il en inférât quelles sont habitées, la conséquence seroit très légitime; mais il iroit trop loin s'il ajoutoit qu'elles le sont par des hommes: il seroit tout aussi fondé à dire, qu'il y en a dans le sein des mers. Nous sommes en général trop accoutumés à tout particulariser; et l'idée que nous avons des habitans de l'univers est généralement beaucoup trop limitée, puisque nous ne connoissons d'autre variété dans les espèces que celle que nous offre la terre. Quoiquelle soit véritablement infinie, nous n'avons pas plus de rai-

---

(*d*) Il y a eu longtems des doutes parmi les Astronomes sur l'existence d'une Athmosphère lunaire; MAYER surtout la nioit absolument, quoique d'autres, et particulièrement le grand EULER, la soupçonnoient. Mais aujourd'hui il est prouvé par des observations très délicates de M. SCHRÖTER, qu'effectivement la lune possède une Athmosphère, quoique très rare, et ne pouvant être apperçue que par les plus forts et les plus excellens télescopes. Voyez les *Fragmens Sélénotopographiques* de cet illustre Observateur § 525—531. et plusieurs observations du même auteur relativement à cette matière dans les derniers volumes des Ephémérides de Berlin. Cette athmosphère est aussi la cause du phénomène connû sous le nom *d'Inflexion*, qui est pour la lune la *réfraction horizontale*. Mais ce qui est certain c'est que dans la Lune ils n'existent pas de ces grandes masses fluides, dont la surface de la terre est, en grande partie, couverte; voyez l'ouvrage cité de M. SCHRÖTER, § 500 et 501. Le même auteur a prouvé par ses observations, que la planète de Vénus est enveloppée dans une athmophère à peu près de même densité que celle de la terre, dans son bel ouvrage intitulé: *Fragmens Aphroditographiques*. Helmst. 1796. 4°. comme aussi dans plusieurs des derniers Volumes des Ephémérides de Berlin.

raiſon de penſer qu'elle ait épuiſé les tréſors de la toute puiſſance divine, que nous ne l'aurions d'imaginer que la création du globe terrestre eut épuiſé la faculté de créer les autres corps répandus dans l'Univers. Qu'elle difficulté n'éprouvons nous pas à nous repréſenter un Etre raiſonnable, penſant, et intelligent, ſans lui ſuppoſer de ſuite deux mains, deux pieds, une tête, en un mot, toutes les autres parties qui appartiennent au corps humain. Nous irions jusques à lui attribuer des ailes et des nageoires ſi la faculté de voler et de nager faiſoit partie de notre esſence.

Je trouve, à vous parler vrai, la lumière trop généralement répandue dans l'univers pour penſer qu'elle ſoit destinée et limitée uniquement aux ſeuls beſoins des habitans de la terre. Je ne ſoutiendrai pas que les habitants des autres mondes ayent des yeux pareils aux nôtres, parcequ'il peut y avoir une infinité d'autres moyens de transmettre à l'ame l'image des objets viſibles. Nous regardons comme trop esſentielle à l'opération de la viſion la réunion des rayons ſur la rétine. La nature de la lumière, ſes effets, l'union de l'ame et du corps, ne nous ſont point du tout, ou du moins très peu connus; nous ne ſentons que l'impresſion que la lumière fait ſur nous: on ſupplée au reste par des conſéquences qui n'ont d'autre principe que les notions que nous procure le ſens de la vue lui même: il est cependant très posſible que les habitans des autres globes ayent des yeux ausſi analogues aux notres que peut le permettre la nature de leur corps (*e*).

Un autre effet qui paroit lié avec la lumière de notre ſoleil, conſéquement avec celle des autres, c'est la chaleur, et ſes différens degrés. Je ſçais bien que l'on regarde comme non réſolues, peut-être même comme inſolubles, la plus part des questions qui tiennent à cette matière; celle par exemple de ſçavoir ſi la lumière et la chaleur exiſtent néces-ſai-

(*e*) Ceux qui ſe plaiſent à des des conjectures ſur la conſtitution des habitans ſuppoſés des globes célestes peuvent lire, entr'autres, l'ingénieux discours du célèbre HUIGENS, intitulé *Cosmotheoros*, c'est à dire, *Contemplateur de l'univers*. et la *Pluralité des Mondes* de FONTENELLE, edit. de M. BODE.

fairement enfemble, ou fi celle ci ne doit fon activité qu'au mouvement de celle la: fi la terre a un principe de chaleur qui lui foit esfentiellement inhérant, et que celle du foleil ne ferve qu'à réparer les pertes qu'elle fait par une évaporation conftante, ou à produire fes variations annuelles (*f*).

Les Comètes, qui s'approchent et s'éloignent alternativement du foleil, doivent elles dans ce cas avoir un degré pareil de chaleur, dont cet astre fasfe varier proportionellement l'intenfité à chaque révolution? l'augmentation de volume de l'athmosphère de ces astres, peut être même fon exiftence, ne paroit être qu'un effet dont la caufe est dans la proximité du foleil. Je crois très probable que cette athmosphère n'est qu'un abri pour eux, étant presqu'aussi vifible pour nous que le corps de l'astre lui même: on doit en conclure, qu'elle retient dans fon étendue une grande quantité de lumière. Les Comètes n'ont point de phafes comme Vénus et Mercure (*g*); l'hémisphère oppofé au foleil est à peu près aussi brillant que celui fur lequel fa lumière tom-

(*f*) Voyez notre remarque (*g*) fur la VIème lettre.

(*g*) On prétend cependant que de tems à autres on a vu de pareilles phafes à certaines comètes; comme à celle dont PLINE fait mention *Hift. Nat.* II, 25. et qui parut l'an 479 ou 480 avant notre Ere, lors de la descente de XERXÈS en Grèce, et de la battaille de Salamine. HÉVÉLIUS donne même une figure d'une telle comète (*Cometograph. lib.* 8. *pag.* 444,) mais il lui paroît que cette comète mentionnée par Pline pourroit bien avoir eu feulement la queue un peu courbée et pointue. En 1521 il parut une comète en forme de demie-lune felon nos Cométographes. Enfin dans nôtre fiècle on cite comme telle la grande et fameufe comète de 1744, (*Aftronomie de* M. DE LA LANDE *art.* 3080) mais obfervons que M. CHESEAUX, qui a compofé tout un Volume fur cette comète, et qui a très foigneufement obfervé les apparences de fa tête et de fa queue, dont l'extrémité lui paroisfoit feulement un peu plus obfcure près de la tête, ne parle point de phafes: il attribuoit au contraire cette obfcurité, que M. CALANDRINI avoit pris pour l'ombre de la comète, à l'épaisfeur des vapeurs qu'exhaloit alors cet astre. Aussi dans la belle comète de 1769 M. DUNN vouloit avoir remarqué quelque apparence de phafe, quoique M. MESSIER n'y avoit rien vu de pareil. Ce fait n'est donc pas encore autant conftaté qu'il mériteroit bien l'être; et de pareilles apparences pourroient bien être occafionnées par quelque illufion optique, ou par des circonftances locales.

tombe directement : les habitans de celui-ci ont un jour réel, tandis que ceux de l'autre jouissent d'un crepuscule qui leur en tient lieu. C'est ainsi que nous jouissons à peu près d'une égale quantité de lumière lorsque le soleil est d'un demi degré au dessus ou au dessous de l'horizon. Celle dont jouissent les habitans de ces astres est bien plus considérable lorsqu'ils sont près du soleil. Nous pouvons en juger par la Comète de 1744, dont le diamètre de l'athmosphère étoit à peu près décuple de celui de son noyau. Il est vrai qu'elle pouvoit beaucoup affoiblir la lumière du soleil, en la dispersant sur sa surface : elle auroit pu être quatre fois moins active par cette seule cause, quand même on supposeroit qu'elle seroit parvenue en entier sur la surface de la comète, ce qui est bien loin d'être vrai. Cette même lumière répandue dans l'athmosphère pouvoit tout au plus l'échauffer et augmenter son volume; mais la chaleur s'évaporant et s'élevant dans les parties supérieures, en entraine une partie, qui en s'éloignant de la comète et du soleil, forme ce torrent de lumière qui compose sa queue. Il paroit par les changements prompts, qu'éprouve sa longueur, que la rapidité de ce torrent est incroyable. Ces astres au surplus perdent à chacun de leurs retours vers le soleil une petite partie de leur athmosphère.

Quoique je n'imagine pas que cette perte puisse les appauvrir d'une manière sensible, je serois cependant bien aise de trouver le moyen de la remplacer. Je ne présume pas que l'athmosphère solaire soit dûe aux queues que les Comètes peuvent y déposer. La matière dont elles sont formées peut, sans quitter le systême solaire, se répandre dans les régions supérieures de l'air, s'arrêter où elle trouvera à se mettre en équilibre, et y rester pour ainsi dire en dépôt jusqu'à ce que la Comète, pendant sa révolution, particulièrement en se refroidissant, aille y faire sa nouvelle provision d'athmosphère. Nous voyons un exemple de cela dans ce qui se passe sur notre planète relativement aux changements de l'athmosphère, qui sont toujours plus relatifs aux variations de la chaleur et du froid qu'à leur degré absolu.

Les queues ou les chevelures des Comètes sont d'autant plus longues qu'elles arrivent plus directement vers le soleil.

Lorsqu'elles pasfent au périhélie, leur distance au foleil variant moins fenfiblement, leur queue fe raccourcit et fe divife en lumière diffufe qui les environne, effet qui dureroit conftamment fi la comète, en s'éloignant de nouveau du foleil, ne perdoit peu à peu fa chaleur. C'est en continuant fa courfe quelle s'approprie les différentes matières dont elle à befoin pour reparer fes pertes, et qui vraifemblablement font communes à touts les Globes de notre fyftême.

Je ne pousferai pas plus loin l'examen de ces corps, vu la difficulté de fixer quelque chofe de certain à cet égard; je les crois en général très variés; leur volume (*h*) doit être proportioné à l'étendue de leur orbite, et je-ne penfe pas qu'il foit posfible de démêler leurs caractères de resfemblance (*); tout ce que nous connoisfons de commun entre eux, c'est d'être mûs par les mêmes loix, et de recevoir du foleil la lumière et la chaleur. Cela ne fuffit pas fans doute pour parvenir à la connoisfance de la nature des êtres qui les habitent; il faut qu'ils foient d'un tempérament bien robuste pour fupporter fans inconvénient les alternatives de froid et de chaud ausfi marqués (**), et comme vous dites très bien, nous fommes trop délicats pour avoir pu nous accommoder d'un tel féjour. Adieu &c.

L E T-

(*h*) Cependant l'opinion la plus générale aujourd'hui est que les comètes ont très peu de masfe. En effet on en a vu approcher d'asfez près la terre et d'autres planètes fans produire aucune altération fenfible dans leur mouvement, tandis qu'au contraire celles-ci ont occafionné quelques fois de confidérables dérangemens dans le mouvement des comètes, comme dans celles de 1759 et, comme l'on croit, dans celle de 1770. Il y a même des obfervations qui pourroient porter à croire que quelques comètes n'ont aucun corps folide, puisque l'on prétend avoir vu quelques-fois des petites étoiles au travers du noyau même de quelques comètes. Mais le volume de la pluspart des comètes, furtout lorsqu'on y comprend leurs queues et athmosphères, doit être très confidérable.

(*) Peut être les nouveaux Télescopes de M. Herschel pouront ils nous procurer quelques lumières fur cet objet.

(**) Voyez l'ouvrage de M. Olivier de Philadelphie fur les comètes.

LETTRE VIII.

Ne ferois-je pas, Monfieur, bien autorifé maintenant à vous demander, fi je n'avois pas eu raifon de ne pas foupçonner votre, ainfi que vous l'appellez, *fapentia pauca?* vos preuves du contraire font faites, et je n'ai aucun regret à mon obfcure briéveté fur le détail des conféquences que préfente mon fyftême. Je dois feulement m'attacher à faire voir qu'elles font conformes aux obfervations; vous verrez qu'il y en a quelques unes que j'aurois pu approfondir d'avantage, et dont vos éclaircisfements ont enrichi et complette les preuves.

Je fuis forcé de convenir, que fi l'on exige des preuves rigoureufement géométriques des motifs que j'emprunte de la création, on fera dans le cas de douter de leur généralité; mais on m'accordera du moins leur posfibilité, et en outre, que les conféquences de mon fyftême ne font pas contredites par l'obfervation; car jusques à préfent le principe fondé fur ces motifs n'a fouffert aucune exception. mais fi je veux l'étendre au delà de ce que nous ont appris réellement les obfervations, ne pourra-t-on pas m'objećter, que c'est précifement à ce point quelles commenceront à s'en écarter? que puis-je à cela? ceux qui veulent voir avant de croire perfifteront dans leur opinion, et il s'écoulera bien de fiécles avant que les obfervations, aux quelles j'en apelle, foient complètes. Je pourrois, il est vrai, fi je voulois, m'en tenir fimplement à annoncer quelles confirmeront un jour mes principes.

Tout dépend ici de la diverfe façon de voir et de penfer. Celui par exemple qui ne veut pas convenir qu'il y a des habitants dans les planètes, conviendra encore moins qu'il y en ait dans les Comètes, avant d'en être convaincu par fes yeux; mais nos télescopes ne font pas encore, il s'en faut bien, asfez parfaits pour cela. Vous favez déjà, M. que je n'ai pas befoin de m'arrêter à refuter des objećtions de cette espèce, et parmi les gens raifonnables il y en a beaucoup qui conviendront de *l'habitabilité* des corps céleslestes; et en accordant ce principe, ils me regarderont tout au plus comme trop hardi de multiplier les Corps célestes au point d'en ſuppoſer le ſyſtême ſolaire auſſi rempli qu'il ſoit poſſible. De ceci dépend entièrement la principale question, de ſçavoir, ſi ceux même qui conviennent de ce principe relativement aux planètes, l'étendent aſſez loin pour en conclure, qu'à peine nous connoiſſons la plus petite partie des corps qui compoſent notre ſyſtême ſolaire. Il n'est pas poſſible de répondre à cette question par une ſeule et ſimple preuve, mais ſeulement par parties, parce-qu'il restera toujours à voir, jusques à quel point la ſolution peut être complétée. J'en ai déjà, dans une précédente Lettre, donné quelques unes, (*a*) et je puis encore ici les récapituler en faveur de ceux qui voudront les raſſembler.

Parmi celles là il y en a véritablement des rigoureuſes. On ne peut pas nier par exemple qu'il n'y ait en effet dans le ciel bien plus de comètes que de Planètes. Le Catalogue de HALLEY en renferme vingt une indépendamment de celles de 1742 et 1744, dont les orbites ont été calculées, et qui n'y ſont pas compriſes(*): il faut y ajouter celle de 1759 (*b*), dont la période est la plus courte, puisque ſa révolution n'est que de 75 ans (*). Toutes celles qu'on a ap-

---

(*a*) *Et je puis, &c.* L'original porte : *Et je puis encore y compter toutes celles que vous vous êtes donné la peine d'y ajouter.*

(*) à l'Époque où l'on traduit ces Lettres le nombre des comètes dont on à calculé l'orbite est d'environ 80.

(*b*) *Il faut y ajouter &c.* Il y a dons l'original : *Et ſi l'on ſuppoſe la révolution de celle de 1759 la plus courte, elle ſera toujours de 75 ans.* Quand à la comète de 1770, on n'en a pas encore vu des retours depuis cette époque. M. LEXELL avoit été obligé d'adopter une ellipſe de 5 ans et demi pour cette comète, dont les phénomènes ſe refuſoient abſolument au calcul parabolique, et c'est envain que M. DUSÉJOUR à tâché l'y aſſujétir depuis, (*Traité Analytique, Tom. II. à la fin.*) Cette comète n'a donc probablement pas décrite une courbe continue, et doit avoir, par quelque cauſe phyſique, changé entièrement les dimenſions et la figure de ſon orbite.

(*) M. LEXELL, célèbre Astronome géomètre de l'Académie de Petersbourg, a trouvé par ſes calculs que la période de la Comète de 1770 n'étoit que de 5 ans et demi.

apperçues depuis 1682. font différentes les unes des autres, puisqu'aucune d'elles n'a été apperçue deux fois. La plus part des Comètes employant plusieurs siècles à faire leur révolution, il faudra rabattre fort peu du nombre de celles qui ont été apperçues depuis le renouvellement des sciences, à raison de leur double et encore beaucoup moins de leur plus fréquente apparition. Si en outre on pense à tous les obstacles qui peuvent nous dérober la vue de ces astres, dûs au peu de temps de leur séjour dans la sphère de leur visibilité, au ciel couvert, à leur position trop méridionale, à leur passage pendant le jour, en un mot, à une infinité d'autres circonstances; ou verra, qu'il doit nous en échapper beaucoup qui doivent s'approcher assez près du soleil. Je ne vois pas d'un autre côté quelle seroit la probabilité qu'il n'existât aucune Comète à une plus grande distance périhélie (*c*), par exemple, que celle de Mars au soleil, sur tout cette distance pouvant être réputée pour nulle vis à vis le rayon de la sphère d'attraction du soleil.

On conviendra de même, que plus on supposera allongées les Ellipses que les Comètes décrivent, plus on aura de commodité pour en augmenter le nombre; d'ou résultera nécessairement de variété dans la quantité et dans la révolution des Corps célestes de notre systême solaire; on verra encore, que conformement aux loix de la gravité, les plus allongées étant plus appropriées à ces effets, elles doivent être en bien plus grand nombre. Un principe très probable c'est que l'effet de la pesanteur, *l'habitabilité* du systême solaire, la multiplicité et la variété des révolutions périodiques des globes qui y sont répandus, doivent, prises ensemble, former un *maximum* (*d*).

Quoiqu'on ne puisse pas encore faire voir pourquoi la loi de

(c) On en connoit en effet déjà 5 qui surpassent cette distance, voyez notre remarque (*b*) sur la troisième Lettre.

(*d*) C'est à dire: Que le systême solaire doit être autant rempli de globes célestes, et ceux-ci autant pourvus d'habitans, et variés quant à leurs mouvemens et aux figures de leurs orbites, que les circonstances peuvent le comporter.

de l'attraction NEWTONIENNE (e) est peut être mieux adaptée à l'univers telle qu'elle est que toute autre loi, cependant son auteur a porté ses recherches sur les effets de quelques autres, et en a montré les inconvéniens. Si on pouvoit traiter cet objet rigoureusement, je suis fort porté à croire, qu'on trouveroit que *l'habitabilité* des systêmes solaires et la variété dans les révolutions tiennent au même principe.

En comparant les spirales aux ellipses, j'ai vu qu'un corps qui se mouvroit dans une de ces dernières laisseroit encore autour de lui des espaces libres pour une infinité d'autres ellipses, soit dans le même, soit dans différens plans; au lieu que chaque spirale exigeroit un plan particulier, et si ses contours multipliés s'approcheroient beaucoup les uns des autres, comme ce seroit nécessairement le cas dans la proximité du soleil, il n'y resteroit pas même d'espace pour les intersections d'autres nouvelles spirales. De

(e) Cette loi porte: *Que l'attraction, ou la pesanteur, agit sur les corps en raison directe de leurs masses, et en raison inverse du quaré de leur distance:* c'est à dire, qu'un corps est attiré par un autre corps avec d'autant plus de force que ces corps sont plus lourds, et que le quaré de leur distance est plus petit: cette distance étant donc portée à sa moitié, ou à son double, les corps s'attireront quatre fois plus ou moins. En vertu de cette loi un corps projetté par une force et dans une direction quelconque, parvenu dans la sphère d'attraction d'un plus grand corps, doit nécessairement décrire autour de celui ci une de ces courbes célèbres que les géomètres appellent *sections coniques*, et qui sont: le cercle, l'ellipse, la parabole, et l'hyperbole. On peut aisément se représenter ces 4 espèces de courbes en coupant un cône droit parallèlement à sa base, obliquement à sa base de manière cependant que la section passe par les deux côtés, parallèlement à l'une de ses côtés, et perpendiculairement à sa base sans toucher le sommet. Les courbes qui termineront les plans de ces sections à la surface du cône seront les 4 courbes mentionnées. — Au reste la véritable cause physique pourquoi *l'attraction, la gravité,* ou *la pesanteur* suit la raison inverse du *quaré*, et non pas de toute autre puissance de la distance, n'est autre, sans doute, si non qu'elle est une vertu qui, partant d'un centre, se répand par un espace sphérique, et dont parconséquent l'intensité, semblable à celle de la lumiere, doit diminuer dans la même raison que les surfaces des sphères, qu'elle pénètre, augmentent, c'est à dire dans celle des *quarés* de leurs rayons, ou distances au centre, comme cela est évident par les principes de la géométrie élémentaire.

De plus chaque corps devroit être disposé relativement à sa distance au soleil, qui varieroit cependant très promptement.

Combien au contraire la Loi de NEWTON n'est elle pas plus propre à favoriser *l'habitabilité* et la variété des corps dans chaque systême! quelle harmonie et quelle analogie dans le retour de l'ordre à chaque révolution périodique des astres qui accompagnent le soleil! Ce sont toujours des ellipses, des périodes réglées, des retours de saisons d'une telle durée que chaque corps céleste est incessamment disposé au changement d'effet qu'il doit en éprouver.

La mesure de la distance d'un soleil à l'autre, la connoissance du plan de l'Univers, et de l'ordre qui y regne, celle du systême général des fixes; voilà des objets bien plus importants, et des notions bien plus sublimes, que nous devons à ces mêmes loix NEWTONIENNES de l'attraction, en même temps qu'elles nous indiquent la voye la plus courte pour y arriver. Changez seulement une orbite elliptique en hyperbolique, et des lors le corps, qui la décrira, en continuant de s'y mouvoir, ne séjournera plus pour toujours dans un seul systême solaire, la courbure de son orbite diminuant sans cesse, et se rapprochant de son asymptote, il entrera presque en ligne droite dans de nouveaux systêmes, d'où sa vitesse, qui s'augmentera, le portera de nouveau dans d'autres. Pouvoit on, pour produire touts ces effets, imaginer rien de plus commode que l'hyperbole, et à tout égard rien de plus approprié qu'une loi de pesanteur qui n'exige que l'emploi des sections coniques, les plus simples de toutes les courbes, dont une moitié ramène régulièrement les périodes des révolutions, et l'autre sert à toutes les variétés et les écarts possibles?

Je crois après ces considérations être fondé à pouvoir conclure de la simple possibilité de cette diversité des révolutions la réalité de leur existence dans l'Univers. La variété et la multiplicité jouent un trop grand rôle dans la théorie de la perfection pour les exclure de l'univers: c'est cependant ce qui arriveroit si on limitoit le nombre des Comètes à quelques centaines, lorsqu'on peut le porter à plusieurs millions sans inconvénient. Rien n'empêche que les Comètes, dont les pé-

périhélies font à même distance du foleil, n'ayent des révolutions périodiques différentes, parceque la valeur du grand axe ne dépend point de la distance focale. Tout de même différentes Comètes peuvent avoir une même période, et cependant s'écarter l'une de l'autre très diverfement dans leur trajet, et fans avoir des foyers différens (*f*), parceque la longueur du grand axe feule détermine la durée de la révolution.

Quelle prodigieufe variété, qu'elle multiplicité ne peut il pas y avoir dans la combinaifon de leurs élémens! pourquoi en bannirois-je la plus grande partie? il n'y a aucune raifon qui puisfe m'y obliger. La confidération au contraire de la plus grande perfection posfible dans l'ouvrage du créateur exige que je n'en omette aucune; tout ce qui peut y être, doit y être. Comment pouvons nous déterminer la distance qu'il y a du réel au posfible? et fi on ne veut s'en rapporter qu'aux obfervations, que manque-t-il à mon fyftême pour être démontré, qu'un Catalogue complet de toutes les comètes? Il faut convenir que nous avons toutes les raifons du monde d'être très refervés et très circonfpects dans nos asfertions en phyfique, où les preuves tirées de l'expérience font particulièrement indispenfables. On est accoutumé depuis longtemps à n'admettre que comme probables les conféquences qui ne font pas abfolument fondées fur l'expérience, et dont la plus grande partie ne font déduites que de confidérations générales. C'est ainfi que chez les anciens l'opinion fur la figure de la terre, enfuite celle de fon mouvement, et enfin celle qui fuppofe des habitans dans les planètes n'ont été regardées que comme probables; encore relativement aux dernières aurions nous befoin de *l'autopfie* (*) pour convaincre ceux que les preuves générales ne touchent pas, et qui ne veulent s'en rapporter qu'au témoignage de leurs fens.

Je

(*f*) On en a un exemple dans la comète de 1759, laquelle avec un tems périodique égal à peu près à celui de la planète Uranus s'éloigne cependant du foleil jusqu'à la double diftance de cette planète, et s'en approche en d'autres tems jusq'à la moitié de celle de la terre au foleil.

(*) Ce mot Grec fignifie *voir par fes propres yeux.*

Je me borne à présenter mon fyftême feulement comme probable, mais il a ce précieux avantage, que par le foin que l'on prend à chercher et obferver maintenant les Comètes, il recevra touts les jours de nouvelles confirmations; mes conféquences feront peu à peu légitimées par ce Catalogue, et chaque nouvelle Comète ajoutera quelque chofe à fa confiftance.

Malgré les travaux redoublés des Astronomes ce Catalogue restera toujours incomplet fous deux regards. D'abord toutes les Comètes qui ne s'approchent pas asfez de nous pour être apperçues n'en feront point partie, et d'après mon opinion elle en font le plus grand nombre, parceque je n'entrevois aucune raifon qui puisfe m'autorifer à penfer qu'il n'exifte aucune Comète dont le périhélie tombe au de là de notre fphère de vifibilité. Celles qu'on ne fait qu'entrevoir à l'aide des télescopes appartiennent en partie à cette clasfe. À l'égard de celles que j'ai fuppofé faire leur révolution dans des hyperboles, j'ai déjà établi qu'on ne peut les voir qu'une fois. Il est vrai que par des obfervations bien faites, et des calculs exacts, on peut parvenir à déterminer ces orbites, à distinguer leur différence avec celles qui parcourent des ellipfes fi elles ont en effet un caractère distinctif: je conjecture cependant que de telles comètes ne s'approchent pas fi près de notre foleil, ou que du moins cela arrive rarement. Les Ellipfes ne s'étendent pas asfez loin pour atteindre le voifinage de la fphère d'activité d'un autre foleil, et il paroît que l'espace, qui les fépare, fert principalement à loger les orbites hyperboliques. Je ne fixe rien de certain fur cette dernière conjecture, mais rien ne détruit la posfibilité de la première. Si les orbites hyperboliques pasfoient près de notre foleil, ce ne feroit fans doute qu'une fuite de l'ordre qui régne dans l'univers, et cela arriveroit vraifemblablent à des époques tellement difpofées, que les corps, qui y font leur révolution, pourroient y pasfer et continuer leur roûte fans obftacles. Je laisfe aux métaphyficiens Cosmologues l'examen du point de vue fous lequel il faut confiderer leurs habitants; je n'attribue rien au pur hazard; tout est dans mon fyftême une fuite de l'ordre et de l'arrangement le plus fage et le plus fublime; je n'admets

mets point dans l'univers de corps inhabité, vieilli, ruiné, détruit; point de nouvelle création. Je ne ſçaurois croire, que ſi la terre feroit changée en Comète, elle eut déjà en ce moment caché dans ſon ſein, pour ſe développer de ſuite, les germes de nouveaux êtres, qui lui feroient analogues, pour la peupler; au contraire ce que j'ai établi dans mes précédentes lettres ſur l'arrangement des Planètes et des ſatellites devient une preuve indubitable de cette permanence du même état. Leur courſe ſe fait du couchant au levant; leurs orbites ſont presque circulaires, et elles ſont, autant que peuvent le leur permettre leurs petits déplacements, à peu près dans un plan tel qu'il le falloit pour laisſer les places libres pour le plus grand nombre de Comètes posſible. C'est là ce que j'appelle un arrangement prévû et motivé, et non un hazard aveugle, où les moyens ne ſont fondés ſur aucun motif. J'étends ſans héſiter cette diſpoſition aux globes céleſtes que j'ai ſuppoſé décrire des orbites hyperboliques. Elle pourroit paroître gratuitement ſuppoſée ſi l'on pouvoit douter un inſtant de la ſagesſe infinie du créateur, et ſi elle ne nous donnoit pas perpétuellement occaſion d'être ſaiſis d'une admiration reſpećtueuſe à la vue de ſes ouvrages. De quel nombre infini de manières n'éprouvons nous pas ſur la terre les effets de ſa bonté paternelle. Eh quoi, ſa ſollicitude feroit infinie pour nous ſur un grain de pousſière, où nous ne pouvons en profiter que quelques inſtants, et elle feroit nulle pour le reste de l'Univers, qui a un beſoin perpétuel de ſa main ſécourable? Mais revenons aux asſertions que je voulois prouver ſéparément.

J'obſerve d'abord, que je regarde comme accordé que le ſyſtême ſolaire est infiniment rempli de globes céleſtes; enſuite, que le nombre des planètes est fort petit; enfin, que les orbites de ce petit nombre ſont ſituées à peu près dans le même plan. Vous avez porté la preuve de ces propoſitions à un tel degré d'évidence, que je le crois inutile d'y revenir et je pasſe à la ſuivante.

Vous ſavez que le ſoleil tourne ſur ſon axe de manière que le plan de ſon équateur est incliné de 7°. ½ ſur l'écliptique; et comme les orbites de toutes les planètes ſont, ainſi que

que je l'ai établi, presque dans le même plan, il fuit évidemment, que l'inclinaifon de l'équateur folaire fur ces orbites est fort petite. On peut phyfiquement parlant asfurer, que cet équateur et ces orbites font dans le même plan (*g*); car les petits écarts qui en font la différence ne fauroient être asfujétis à aucune détermination exacte: le hazard feul auroit il produit cette coïncidence? ou bien feroit-ce un privilège des Planètes dont feroient privées les comètes? mais le hazard ne jouant aucun rôle dans mon fyftême, et les planètes devant s'y trouver dans le même plan, j'y aurois précifément destiné l'équateur folaire fi j'avois eu le choix. J'avoue que je n'entrevois pas encore d'autre principe à cette coïncidence que la fuite d'un commencement d'harmonie dans le fyftême; je ne doute cependant pas qu'il n'y ait d'autres motifs fupérieurs dans cette difpofition. Il s'en est bien préfenté quelques autres à mon esprit dont je ne fais pas mention parceque je n'en faurois prouver l'importance. Par exemple je pourrois fuppofer que quelques portions de la furface du foleil éprouvent des variations dans la quantité et l'intenfité de la lumière qu'elles répandent, qui en produiroient une proportionelle dans la chaleur qu'elle communique aux Planètes (*h*); mais par fa révolution autour de fon axe les nouvel-

---

(*g*) l'Identité fi approchée des plans des orbites planétaires et de l'équateur folaire est une preuve presque évidente qu'elles tirent toutes leur origine commune du foleil; et la caufe phyfique de ce phénomène qu'a imaginé M. DE LA PLACE (voyez not. (*l*) fur la fixieme lettre) nous paroît ausfi fimple que vraifemblable.

(*h*) Cette idée de LAMBERT pourroit bien donner lieu à plufieurs questions fur divers points de la météorologie. Car fi le Soleil a pour le moins autant d'influence fur les modifications de notre athmosphère et fur les variations de la température de l'air, qui en réfultent, que la lune; et fi le tems de la rotation de cet astre par rapport à la terre est à peu près le même que celui de la révolution périodique de la lune: ne fe pourroit il pas que plufieurs de ces variations, que l'on attribue ordinairement à l'action de la lune dans les différens points de fon orbite, feroient un effet de la différente conftitution des parties de la furface du Soleil, que cet astre préfente fucceslivement à la terre?

velles portions de sa surface ayant le même aspect avec les planètes, tout se rétabliroit successivement, ce qui n'arriveroit pas si les orbites des Planètes étoient fort inclinées à l'équateur solaire, et sur tout si elles lui étoient perpendiculaires. À l'égard des comètes, l'inconvénient seroit léger, parcequ'elles sont plus accoutumées aux variations de la chaleur et aux vicissitudes des saisons. Si celle du soleil, en tant qu'elle diffère de la lumière, s'étendoit autant que son athmosphère dans le plan de son équateur, ou que cette athmosphère elle même servit à cette communication, il en résulteroit entièrement le même avantage pour les planètes que si le plan de leurs orbites étoient considérablement inclinées sur l'équateur solaire.

À l'égard des différens êtres qui habitent les différens globes célestes, je ne m'étois pas fort occupé d'eux, parceque je sentois bien que nos idées n'étoient ni assez étendues, ni assez fécondes, pour peindre à nôtre imagination leur manière d'être relative aux circonstances et à la nature de leur habitation, et à cet égard j'ai adopté avec grand plaisir vos réflexions.

Je pense avec vous que l'effet de la lumière est très général, et que chaque être répandu dans l'Univers en a la perception, sans décider si c'est par le moyen des yeux, comme nous l'éprouvons, que l'impression en est portée jusques à leur ame: de ce que nous ne pouvons pas nous faire l'idée d'un autre moyen, il ne s'ensuit pas qu'il ne puisse en exister d'autre.

Il est possible qu'indépendamment de la matière qui forme la lumière il y en ait encore d'une autre espèce commune à touts les corps, ou qui n'en diffère que par sa modification. Nous ignorons parfaitement les changements qu'elle peut éprouver lorsqu'elle se mêle avec quelqu'autres matières; mais on peut en général regarder comme universelle celle qui est répandue dans le systême solaire et dans le reste de l'Univers. D'ailleurs il est vraisemblable que les athmosphères de toutes les Comètes sont composées d'une matière à peu près pareille, sur tout après leur passage au périhélie. La quantité de matière restant selon vous et selon moi la même, et ne variant que par ses modifica-

ti-

tions, il s'enſuit que l'eau ſe change en vapeurs, celles ci en air, qui enfin peut être ſéparé et ſe ſubtiliſer encore d'avantage; l'inverſe peut avoir lieu ſur les Comètes comme ſur la terre, où le plus pur réſultat d'air peut de nouveau ſe convertir en eau (*l*). Pour conſerver et maintenir à cette matière ſur ces astres une fluidité pareille à celle de la notre, il ſuffit de leur ſuppoſer un principe de chaleur conſidérable, et ſa réſolution en vapeurs ſera un abri pour elles contre la chaleur du ſoleil. (*) Malgré tout ce que je viens de dire, il est impoſſible de former des conjectures raiſonnables ſur la nature de ces Corps. L'athmosphère des Comètes est toujours diaphane, puisque nous pouvons distinguer ſon noyau à travers, quoiqu'à une distance de huit mille lieues: elle doit donc être encore plus éclairée et plus échauffée lorsquelle est près du ſoleil; je conjecture cependant que cette plus grande chaleur s'évapore et ſe diſperſe comme la lumière dans toute l'étendue de ſon athmosphère.

Vous voyez, Monſieur, par tout ce que j'ai dit jusques à préſent, combien dans mon ſyſtême je ſuis modéré dans les aſſertions particulières. Je n'ai cherché qu'à donner un esquiſſe d'un plan du monde auſſi probable qu'il étoit poſſible. Il n'est pas permis de douter que la diverſité des Globes céleſtes ne ſoit très grande dans l'Univers, puisque le créateur y ayant prodigué de la manière la plus digne de lui les tréſors de ſa ſageſſe et de ſa bonté, il a dû néceſſairement les diſpoſer chacun de la manière la plus convenable et la mieux adaptée à la place qu'ils devoient occuper pour pouvoir parcourir leurs orbites commodement et ſans obſtacle, et c'est ce dont nous voyons plus d'un exemple ſur la terre.

Adieu &c.

(*l*) Voyez ce que nous avons déjà remarqué ſur la compoſition et ſur la décompoſition de l'eau à la ſixième lettre not. (*c*).

(*) Les lumières de la nouvelle chimie peuvent éclaircir tout cela.

LETTRE IX

Vous êtes donc infatigable, M. lors qu'il s'agit d'approfondir votre système de l'Univers; et pour n'y rien négliger, vous avez examiné dans votre dernière Lettre jusques à quel degré de probabilité les motifs généraux déduits de la création, et comparés aux observations, pouvoient porter les preuves que vous donnez de vos asfertions. Vous avez de plus recherché les divers points de vue sous les quels on pouvoit considérer la disposition et *l'habitabilité* de l'univers; et à cet égard il me semble, que vous ne laissez rien à désirer. Je conviens avec vous, que ceux qui doutent encore qu'il y ait des habitants dans les planètes, ou qui en nient formellement l'existence, sont bien arrierés sur les connoissances, et ont une imagination bien rétrecie puisque les preuves générales, et la certitude morale, qui en résulte, ne peuvent rien sur eux qu'entant qu'elles sont appuiées du témoignage de leurs yeux, et qu'ils ne connoissent que ce seul moyen de s'assurer des faits. Après tout, il est dans l'ordre des choses, que touts les esprits n'ayent pas la même étendue, et il doit y avoir en petit sur la terre la même différence qui régne vraisemblablement en grand entre les habitants des divers corps célestes.

Ceux qui sont destinés à parcourir des orbites hyperboliques, et à se transporter d'un soleil à l'autre, sont à même d'embrasser par leurs observations l'ensemble de l'Univers, tandis-que nous sommes bornés à ce qui se passe tout au plus à portée de notre terre; encore quelle infinité de nuances n'y a-t-il pas ici bas dans la différence des connoissances des divers individus? les uns connoissent à peine leur village, le lieu de naissance; d'autres ignorent ce qui passe les limites de leur province; quelques uns ont essayé de porter leurs regards dans les régions supérieures de l'atmosphère; d'autres plus hardis, mais en fort petit nombre

ont

ont tenté de pénétrer dans la profondeur des cieux; pour vous M. qui y marchez d'un pas asfuré, vous confacrez vos efforts à répandre la lumière et à faciliter l'intelligence de vos découvertes à ceux dont la vue trop bornée ne leur permettoit pas d'atteindre à la hauteur de vos fublimes méditations.

Pour ce qui me concerne, Monfieur, foyez, asfuré que le défir de vous fuivre ne me manquera pas fallut il parcourir l'Univers depuis l'étoile la plus voifine et la plus vifible jusques à cette lumière fingulière (*), que DERHAM et d'autres ont obfervé dans Orion (a). Ma première lettre a dû vous

---

(*) La Nébuleufe d'Orion.

(a) La nébuleufe d'Orion fut découverte par HUYGENS en 1656 lorsque par hazard il dirigea fon télescope fur l'étoile moyenne du glaive d'Orion. Dans fon *Syftema Saturnium*, où ce grand homme fait part de cette découverte, il avertit, que cette nébuleufe n'étoit vifible que par de très fortes lunettes: de là M. DE MAIRAN a conclu, qu'elle devoit avoir augmentée de lumière et de denfité (*Traité de l'Aurore boréale*), puisque de fon tems on la voioit déjà avec des inftrumens très médiocres. La comparaifon de la figure que HUYGENS en avoit donné avec la fienne fit encore foupçonner à MAIRAN, que depuis les tems D'HUYGENS elle devoit avoir éprouvé quelques altérations dans fa forme. Ces conjectures de MAIRAN font pleinement confirmées par les découvertes que nos obfervateurs modernes y ont faites. On la distingue aujourd'hui même avec une lunette de poche. En la regardant par un bon télescope, elle paraît avoir la figure d'une tête de cheval: on y distingue alors plufieurs petites étoiles, dont 4 forment un très petit trapèze, et trois autres une ligne droite. M. MESSIER en a donné une figure très exacte dans les *Mémoires de l'Académie de Paris pour* 1771 telle qu'on la voit par une excellente lunette Achromatique: depuis M. BODE a repetisfé cette figure dans fon petit Atlas céleste; et le P. LEFEVRE de l'Oratoire à Lyons en a fait graver une autre dans le *Journal Phyfique de Rozier* en 1781. Mais la plus exacte de toutes les figures que nous posfédons aujourd'hui de cette nébuleufe, est celle qu'a donné M. SCHRÖTER à la fin de fes *Fragmens Aphroditographiques* publiés en 1796. Cette figure la repréfente comme on la voit par des télescopes de 13 et de 27 pieds. Tout près à l'occident de la nébuleufe le fond du ciel paraît plus noir qu'ailleurs, phénomène, qu'on a attribué jusqu'ici à une illufion optique, caufée par le contraste que fait la clarté de cette nébuleufe avec l'obfcurité

du

vous prouver, que je m'étois déjà occupé à trouver un moyen propre à évaluer ces distances, à m'élever, et prendre mon esfor vers chaque point lumineux de l'univers. J'ai entrevu avec plaisir, que vous vous proposez de ne faire qu'un ensemble lié de la totalité des Systêmes. Ce n'est pas asfez pour vous, que les loix de l'attraction régisfent tout; vous voulez encore, que dans chaque systême solaire il y ait un tel ordre, qu'aucun des globes qu'il renferme ne puisse s'en écarter. Mais ce n'est encore ici tout au plus qu'une partie, et même la plus petite, des corps dont vous limitez la position; vous reservez l'autre pour une plus sublime destination, celle de voyager d'un soleil à l'autre.

Combien l'Univers n'est il pas plus habité qu'on ne l'avoit imaginé même depuis asfez peu de temps? chaque grain de sable, chaque goutte d'eau, nous présentent des mondes différens, et en nombre infini. Il n'est pas douteux, que celui qui est convaincu que les Planètes sont habitées n'à qu'un pas de plus à faire pour vous accorder, qu'il existe dans l'univers autant de Globes célestes, qu'il vous plaira d'en supposer, et par une suite nécesfaire, que l'Univers étant fait pour être peuplé, doit contenir plus de ma-

---

du ciel qui l'environne: mais M. SCHRÖTER s'est convaincu par des observations, faites dans le crépuscule et au clair de Lune, qu'une pareille illusion n'a point lieu ici; et M. le Maréchal DE HAHN à Remplin à même vu *très distinctement* le *trait* qui sépare cette plus grande obscurité de la couleur ordinaire du ciel, au moyen de son grand Télescope de Herschel de 20 pieds (*Ephem. de Berlin pour* 1799 *pag.* 236). M. SCHRÖTER, en comparant sa figure à celle de M. MESSIER, à cru encore découvrir des changemens tres remarquables dans la forme de cette nébuleuse, ce dont il s'est asfuré depuis par ses propres observations (*Ephemer. de Berlin pour* 1801 *pag.* 128) Il est, comme M. DE HAHN, persuadé, qu'elle n'est point du tout un *amas d'étoiles*, ou une *voie lactée fort éloignée.* Mais M. HERSCHEL persiste toujours encore de la regarder comme telle (*ibid. pag.* 130) quoique son plus grand télescope de 40 pieds ne puisse la résoudre en étoiles, et que lui même soit d'ailleurs bien éloigné de prendre *toutes* les nébuleuses pour des voies lactées. — Nous avons cru devoir entrer dans quelque détail historique sur cette nébuleuse à cause du rapport direct où sont quelques unes des conjectures suivantes de notre auteur avec nos connoisfances actuelles sur cet objet.

matière active que d'inerte. Le Créateur, qui est la source de toute vie, est trop éminemment actif pour n'avoir pas imprimé à chaque atome la vie, la force, et l'activité. Comment pourroit on taxer de trop de hardiesse votre prétention à cet égard, puisque vous ne faites que nous montrer, qu'une des fins de l'Être suprême est *l'habitabilité* générale de l'Univers, sa faculté de pouvoir être observé dans toute son étendue, et d'avoir établi et posé les fondemens d'après les quels ou peut s'en former une idée exacte? Si quelque chose pouvoit faire douter de l'universalité de cette fin, ce seroit la crainte qu'il n'y eut quelque motif plus relevé et inconnu, qui s'opposât à la liberté des révolutions des Globes célestes autour de chacun de leurs soleils. Ceux dont cette crainte suspendra le jugement attendront sans doute que nous ayons un Catalogue complet de toutes les Comètes; on s'en occupe depuis plusieurs siècles, et malgré cela à peine l'a-t-on ébauché.

J'ai fait en gros le calcul suivant pour former ce Catalogue. On a vu ou observé au moins 40 Comètes depuis 1500 jusques à 1600, et selon les apparences dans l'espace de ces 100 années aucune de celles là n'a réparu deux fois, puisque je persiste à regarder celle de 1759 comme ayant la révolution la plus prompte, et celle des autres comme étant de plus d'un siècle. Suivant ce calcul il doit paroître dans 400 ans quatre fois quarante ou 160 Comètes; je suppose que dans ce nombre il y en ait 60 qui ayent réparu deux fois, ou même plus souvent, il en restera donc 100 réellement différentes; mais à cause de la multiplicité des obstacles qui s'opposent à la visibilité des Comètes, on peut bien supposer sans crainte d'erreur, que si on a observé 100 Comètes, il faut qu'il en ait paru environ 300, puisque c'est beaucoup si nous voyons réellement la troisième partie des Comètes qui passent dans notre sphère de visibilité que vous avez remarqué dans votre seconde lettre être 40 fois plus petite que la sphère de Saturne; d'où il suit, que l'on peut supposer le nombre des Comètes qui passant dans l'intérieur de sa sphère 40 fois plus grand, c'est à dire le porter à 12000.

Quoique ce nombre soit bien éloigné de celui de cinq

millions que vous avez adopté dans la même lettre, il est encore bien immense vis à vis de celui des Planètes. J'ai cependant de la peine à croire, que le nombre des Comètes, que nous avons la faculté d'appercevoir, ne soit que de 300: je pense au contraire qu'on pourroit le porter à quelques milliers de plus. Le Catalogue de HALLEY nous fait voir une telle irrégularité dans la position des orbites des Comètes qu'il renferme, que les lacunes, et les vuides, qui en résultent, sautent aux yeux. Si par exemple nous comparons à cet égard les Comètes de 1672 et 1698, nous trouverons que leurs périhélies étoient à égale distance du soleil, mais que dans touts les autres points ces distances différoient beaucoup entre elles; on peut faire la même remarque sur celles qui ont paru en 1532 et 1596. Si on compare ainsi deux à deux toutes les Comètes comprises dans le Catalogue de HALLEY, on sera encore plus convaincu qu'il y a beaucoup de lacunes à remplir.

Les 12000 Comètes dont il vient d'être question s'approchant plus près du soleil que Saturne, rien n'empêche qu'on ne puisse en supposer qui en passent dix foix plus loin; et comme d'après le principe de *l'habitabilité* des systêmes solaires elles doivent y être dans la même proportion qu'au dessous, on pourra de cette manière porter le nombre de 12000 à 1200000 en le multipliant par le quarré de 10, quoique le nombre de celles que nous pouvons voir ne passe pas celui de 300.

Les Comètes qui ne s'approchent pas du soleil laissent tant d'espace libre au delà de Saturne, que je ne fais aucune difficulté de placer et de reléguer dans ces régions supérieures les plus grosses Comètes, entrainant même des Satellites avec elles, et n'arrivant jamais à portée de notre vue. Des Comètes pareilles doivent avoir leur sphère d'activité fort étendue; mais comme il faut cependant quelles laissent de l'espace libre pour d'autres, elles ne pourroient être dans le cas d'avoir des Satellites qu'autant quelles passeront très loin du soleil. Je suis d'accord avec vous, que dans chaque systême solaire l'ordre, la variété, la multiplicité, *l'habitabilité*, que toutes ces qualités soumises aux loix de la gravité, ne forment qu'un tout, dont les parties dépenpendent intimement les unes des autres: c'est sans doute la vraie raison qui vous a engagé à ne vous occuper que des caractères généraux, laissant à l'expérience et aux observations le soin de nous éclairer sur les particuliers.

Je vous avoue cependant, que dans ce qui nous est connu de notre Système solaire je trouve des choses bien étonnantes, car c'est ainsi que je caractérise ce dont je ne vois pas évidemment le principe: par exemple, les Planètes ont des caractères qui me paroissent leur appartenir exclusivement. Leurs orbites sont toutes à peu près dans le même plan, qui se confond, ou du moins se rapproche beaucoup de l'Equateur solaire, ainsi que vous l'avez remarqué dans votre dernière Lettre: elles se meuvent avec leurs Satellites d'occident en orient; et les ellipses qu'elles décrivent diffèrent très peu du cercle. Les Comètes au contraire se croisent réciproquement dans toutes les directions possibles; cette différence a certainement sa cause particulière, puisqu'il est évident, que la quadruple conformité qui régne entre les caractères des Planètes exclut toute idée de hazard. Jamais je n'ai plus complètement approfondi, que les Comètes ne sont rien moins que des Planètes naissantes et non encore développées, et que jamais déplacement, ou quelque obstacle, en changeant leur révolution, ne les a changées et réduites à l'état où elles sont maintenant.

Il y auroit à parier 65536 contre un, que parmi 16 Comètes qui seroient changées en Planètes et en Satellites il y en auroit au moins une, qui feroit sa révolution de l'orient à l'occident: la probabilité augmenteroit même considérablement, si on vouloit avoir égard à l'invraisemblance qu'il y auroit, que toutes ces 16 Comètes auroient souffert un déplacement si proportionel, qu'il en eut résulté une révolution dans des orbites situées dans le même plan à peu près, et précisement dans le plan de l'Equateur solaire: toute idée, tout supçon de hazard disparoît ici, et nous sommes forcés de considérer l'ordre et l'arrangement des Planètes comme la suite d'une loi, dont le principe et la fin nous sont encore inconnus. Si l'on suppose que la multiplicité des habitants des Planètes du système solaire exige qu'ils puissent jouir d'une chaleur et d'une lumière à peu près toujours égale, on en déduira de suite la nécessité du peu d'ellipticité de leurs orbites. Vous avez déjà fait voir, que la coïncidence de leurs plans facilite l'augmentation du nombre des Globes célestes dans le système. A l'égard de la cause de leur mouvement commun d'occident en orient il est d'autant moins aisé d'en deviner la cause finale que la Gravité paroît ici insuffisante, et qu'il y a beaucoup de comètes, notamment celle de 1759, dont le mouvement se fait absolument dans un sens contraire: aussi en a-t-on tiré un argument pour renverser le système des tourbillons de DESCARTES.

La position des orbites dans la plan de l'Equateur solaire seroit elle liée au mouvement commun des planètes? Ou bien y auroit il ici par hazard quelque loi émanée d'un principe inconnû, qui exige que le mouvement de translation des planètes dans leur orbite se fit dans le même sens que celui de leur révolution autour de leur axe, et exactement conforme à celui de la rotation du soleil (*b*)?

Une identité aussi remarquable doit dépendre de quelque principe général qui n'intéresse que les planètes et auquel les comètes échappent, puisque celles-ci ne vont pas toutes du même sens de l'occident à l'orient. Je ne pense pas que la nécessité seule de prévenir le choc réciproque des corps célestes ait donné lieu à l'uniformité du mouvement de révolution des planètes. Je ne crois pas non plus, que si maintenant quelque comète se meut d'orient en occident, elle doive cette direction à l'effet de l'attraction de Jupiter, ou de quelqu'autre comète beaucoup plus grosse qu'elle, qui l'aura forcée de changer de route, et de revenir sur ses pas; cela ne seroit cependant pas impos-

(*b*) Des hypothèses là dessus se trouvent chez DESCARTES, *Princip. Philos. Part. III.* JEAN BERNOUILLI, *Nouvelle Physique Céleste Oper. Tom.* III *pag.* 263—364. BOUGUER, *Entretiens sur la cause de l'Inclinaison des Orbites des Planètes.* BUFFON, *Preuves de la Théorie de la terre* §. 1. KANT, *Allgem. Naturgesch. u. Theorie d. Himmels*, *Chap.* 1. LAPLACE, *Exposition du système du Monde*, *Liv.* V. *Chap.* 6.

possible, et n'entraineroit pas de grands inconvéniens; les habitants des comètes devant être naturellement asfez insensibles aux variations du froid et du chaud, et un plus long ou plus court hyver ne devant pas être d'une aussi grande importance pour eux que pour nous. Au surplus ce ne feroit que des exceptions limitées dans des bornes fort étroites. Je laisserai donc cet article de côté jusques à ce que nous ayons un Catalogue de Comètes plus complet, dans lequel nous puissions vérifier, si en effet il n'y a que quelques comètes qui se meuvent d'orient en occident, ou s'il y en a à peu près un égal nombre qui aillent vers l'occident et vers l'orient (c)?

Quoique j'ai dit que les déplacements et rétrogradations des comètes ne fussent pas impossibles, j'ai bien de la peine à me persuader qu'il en ait existé de semblables. Je craindrois trop d'après cette opinion un sort pareil pour laterre, et le bouleversement qui en résulteroit. Je m'en tiens donc irrévocablement aux principes que vous avez éta-

---

(c) Il continue en effet de se montrer la plus parfaite égalité entre le nombre des Comètes directes et celui des rétrogrades, comme nous aurons occasion de le remarquer dans la suite. Cette indifférence qu'affectent les comètes dans leurs cours a été un objet de scandale pour bien des auteurs qui se sont occupé de Physique céleste et de systêmes de cosmogonie. C'est ainsi que M. KANT soupçonna déjà en 1755, que la rétrogradation de plusieurs comètes pourroit bien n'être que l'effet de quelque illusion optique analogue à celle que l'on observe dans les mouvemens géocentriques des planètes, *Alg. Nat. u. Theor. d. H. pag. 58 de l'ed. orig.* En effet, on peut dire que la rétrogradation des comètes n'est, à proprement parler, qu'apparente, et que toute la différence entre les comètes directes et rétrogrades ne consiste que dans celle de leurs inclinaisons relatives à l'écliptique. *Si l'on conçoit le plan d'un mouvement quelconque direct,* (dit M. LAPLACE, Exp. du Syst. d. M. Tom. II. p. 296) *couché dabord sur celui de l'écliptique, s'inclinant ensuite à ce dernier plan, et parcourant tous les degrés d'inclinaison depuis zéro jusqu'à la demi-circonférence; il est clair que le mouvement sera direct dans toutes les inclinaisons inférieures à 90°, et qu'il sera rétrograde dans les inclinaisons au-dessus; ensorte que par le changement seul d'inclinaison on peut représenter les mouvemens directs, et rétrogrades.*

établis dans votre dernière lettre, en demeurant convaincu, que la terre, ainsi que les autres planètes, n'ont jamais été des comètes, et que cette transformation est d'autant moins à redouter, que n'étant fondée sur aucun motif, elle ne meneroit à rien du tout.

D'après vos réflections la préférence dûe à l'attraction Newtonienne pour lier tout dans l'Univers aux fins de la création n'est pas douteuse, et par l'application que vous en faites, vous allez jusques à annoncer le résultat des observations de la postérité. C'est en même temps la loi la plus simple, et celle qui offre le plus de facilité pour déterminer l'orbite de chaque corps céleste; elle se prête également d'une manière merveilleuse à l'arrangement, à l'ordonnance du système solaire, et à la multiplicité des révolutions différentes qu'on remarque dans l'Univers; elle nous annonce le meilleur choix entre tout ce qui étoit possible. Sans elle la vue du système solaire, des planètes et des comètes qu'il renferme, ne nous offriroit qu'un cahôs, un amas de Globes amoncelés, dispersés çà et là sans ordre. La disproportion de leurs distances relatives nous paroîtroit n'entrainer que des inconvéniens: de quelque manière que montasse mon imagination pour considérer la position de tous les Globes célestes, comètes &c. dans leur orbite, je n'y verrois, comme je l'ai dit, que désordre et confusion; tout d'un côté, et presque rien de l'autre.

Mais si je lie ensemble la loi Newtonienne et l'ordre qui en doit résulter dans la révolution des astres autour du soleil, tout ce désordre disparoît: d'où je conclus, que ce n'est pas le corps céleste en lui même seul et isolé qui doit être l'objet de mes recherches, mais que je dois faire marcher de front avec lui la nature de son orbite et la loi de son mouvement. C'est alors que je retrouve dans la totalité du système cette harmonie admirable que vous m'aviez annoncée, et d'après laquelle on peut établir cette proposition fondamentale, que le désordre dans l'univers n'est qu'apparent; que là où il paroît le plus contrarier l'harmonie, c'est précisement là ou celle ci est la mieux conservée, mais en même temps la plus enveloppée de ténèbres et la plus difficile à démêler. On se tromperoit gros-

grossièrement, si on imaginoit, que pour trouver dans le ciel des Globes appartenants au systême solaire, il suffiroit de faire seulement attention aux lieux qu'on leur supposeroit, comme on le fait pour retrouver des livres du même genre dans une bibliothèque bien ordonnée. Il faut de plus dans le premier cas *lier l'Espace avec le temps* (*d*); et on doit soupçonner une harmonie d'autant plus complète dans leur révolution qu'on n'y verroit que du désorde, en ne tenant compte que d'une de ces deux circonstances.

Croyez vous, Monsieur, qu'il soit possible d'étendre jusques aux fixes les considérations précédentes? J'examinois hier au soir le firmament, dans lequel je n'avois jamais pu reconnoître aucune symmétrie relativement à la position des étoiles: je me livrais de nouveau inutilement à la même recherche. Je trouvais celles de la première 2de 3eme 4e grandeur &c. si irrégulièrement distribuées dans les différentes régions du ciel, qu'en quelques endroits je vois les plus grosses entassées avec profusion, et en quelques autres je ne vois que des déserts, où à peine dinstinguoit-on un petit nombre d'étoiles de la 6e grandeur. C'est ainsi me disois-je, que le systême solaire se présenteroit vraisemblablement à mes yeux si je pouvois voir à la fois toutes les planètes et les comètes qu'il renferme (*d*)*; d'où je conclus de rechef, qu'en effet nous ne voyons que le plus discordant cahôs là où régne l'ordre le plus admirable, que l'Être suprême régit du haut de son trône à travers la profondeur du firmament, qui n'est que le magnifique vestibule de sa demeure céleste. Dois-je ici lier encore *l'espace et le temps*, et considérer les fixes non pas simplement comme des étoiles, mais comme des soleils qui, faisant leur révolution dans d'immenses orbites, ont à peine parcouru un degré depuis le commencement du monde (*e*)?

Quel-

(*d*) C'est à dire : *considérer le mouvement* des corps célestes, qui n'est qu'une *liaison*, ou *comparaison* de l'espace avec le tems.

(*d*)* M. KANT, avoit eu la même idée: voyez son *Allgem. Naturgesch. u. Theor. des Himmels*, pag. 7. de l'ed. orig.

(*e*) Semblable à ce roi de Castille, qui, avant la découverte du

vrai

Quelquefois je m'amuse à considérer la voye lactée, cet anneau radieux qu. environne l'Univers (*f*); sa vue m'é-

---

vrai système du monde, souhaitoit avoir été appelé au conseil de Dieu afin de lui avoir pu tracer un meilleur plan pour la structure de l'Univers, l'Auteur du *Système de la Nature* demande, si *au lieu de répandre* sans ordre *les étoiles et les constellations qui remplissent l'espace, il n'eût pas été plus conforme aux vues d'un Dieu...... d'écrire d'une façon non sujette à dispute, son nom, ses attributs, ses volontés permanentes en caractères ineffaçables et lisibles également pour tous les habitans de la terre?* (II. Part. Chap. 10. pag. 235. ed. de 1781.) Mais un ordre aussi sublime et aussi admirable que celui que fait entrevoir ici LAMBERT dans l'Univers, et qu'il va développer encore mieux dans la suite, ne prouveroit il pas bien plus incontestablement pour tout vrai Philosophe, une sagesse et une puissance suprême, que ne feroit une écriture insipide et humaine à la voûte étoilée, la quelle décéleroit plutôt une suprême folie? Mais encore pour cet auteur et pour ses disciples qu'est ce qu'une pareille écriture prouveroit d'avantage? rien de plus, (comme le remarque fort bien M. HOLLAND, l'ami et le correspondant de LAMBERT) *si non que dans la nature ils existent des particules de lumière propres à s'unir, s'arranger, se coordonner de manière à représenter dans la voûte des cieux une certaine suite de caractères..... Ou bien voudroit-il se laisser convaincre par un argument dont il s'est toujours efforcé d'énerver la force? Voudroit il réconnoitre l'ouvrier par son ouvrage....?* (*Reflexions Philos. sur le Syst. de la Nat. II. Part. pag* 236. *ed. de* 1773.)

(*f*) Déjà les anciens avoient soupçonné, que la blancheur de la voie lactée n'étoit produite que par la lueur d'innombrables étoiles que leur petitesse empêchoit de distinguer séparément, V. PLUTARQUE *de placit. Philos. l.* 3. c. 1. Mais lorsqu'après l'invention des télescopes on dirigea ces instrumens vers ces parties du ciel, on découvrit, à la vérité, qu'elles fourmilloient d'innombrables petites étoiles, et que cette blancheur du fond du ciel disparoissoit dans les lunettes; mais en général on n'y trouva pas ces petites étoiles en plus grand nombre, ni plus fournies, que partout ailleurs avec ces mêmes lunettes, ainsi que l'on commençoit à douter de l'explication qu'avoient donné les anciens de la blancheur de la voie lactée, et à chercher d'autres causes de ce phénomène, lorsqu'enfin les télescopes énormes de M. HERSCHEL sont venu lever entièrement ces doutes, et confirmer pleinement les conjectures des anciens sur cette matière. Ce grand observateur voit, de même que M. SCHRÖ-

m'étonne et m'enthoufiasme. Tel que l'image du foleil est mille fois répétée dans l'arc en ciel par la réfraction et la réflexion des rayons lumineux dans chaque goutte d'eau (*g*), de même, et bien plus magnifiquement, je vois l'image du créateur empreinte dans chaque point de cette refplendisfante ceinture. Quelle différence étonnante de l'éclat de cet efpace aux parties du firmament qui n'y font pas comprifes! me tromperois-je ici, et devrois-je vous avouer, qu'en examinant cette différence, j'ai recommencé à former des foupçons fur l'univerfalité de votre principe de *l'habitabilité* de l'Univers? comment fe pourroit il qùe les foleils qui parroisfent être fi prodigieufement accumulés dans un efpace ausfi étroit, fusfent en fi petit nombre dans tout le reste du ciel? je crains qu'il ne m'arrive exactement ce que j'ai tant reproché aux philofophes dans mes premières Lettres, c'est à dire de marcher fur leurs traces, et d'entasfer pêle et mêle les questions et les doutes. J'efpère cependant que les miens ne feront pas fi difficiles à réfoudre; et pourvu que je fois rasfuré contre l'irruption des Comètes, et à moins d'une guerre dans les cieux, de la posfibilité de la quelle, je ne conviendrai jamais, je ne crains point la vifite des fixes.

Que penfez vous de tout cela Monfieur? comment efpérez vous de justifier vôtre principe de *l'habitabilité* de l'Univers, et de montrer qu'il n'est pas en contradiction avec les loix de l'attraction, l'ordre, et l'arrangement du monde? comment l'étendrez vous à la voye lactée? croyez vous que les étoiles y foient rasfemblées et ferrées les unes contre les autres? ou penfez vous qu'elles foient fituées comme dans de fort longues fuites les unes derrière les autres, et dans la même direction? c'est certainement l'un ou l'autre; et dans les deux cas il y a toujours lieu à ma ques-

---

Schröter, toute la voie lactée fe réfoudre en étoiles dans leurs inftrumens immenfes; et l'on peut dire aujourd'hui, que c'est ou à l'aide de tels inftrumens, ou la vue fimple, que le contraste de la voie lactée au reste du ciel peut feulement devenir fenfible.

(*g*) Une explication fort claire et nette des apparences de l'arc en ciel fe trouve dans l'Astronomie de M. Bode, § 333—338.

question précédente, de savoir, pourquoi celà ne feroit il que dans cette seule trainée lumineuse? quelque infinité d'étoiles qu'on appercoive dans le reste du firmament, il sera toujours vrai de dire, qu'elles sont relativement à celles de la voye lactée comme une goutte d'eau vis a vis de la masse que renferme l'ocean. Nous ne pouvons distinguer avec nos meilleurs télescopes que les plus grosses étoiles qu'elle renferme. Sa figure est très irréguliere, et sa largeur est en quelques endroits de trois degrés tandis qu'elle en a 25 à 30 dans d'autres. Elle paroit composée de plusieurs pieces qui s'éloignent ou se rapprochent comme si elle étoit crévassée ou déchirée.

Pourriez vous reconnoître l'ordre et l'harmonie dans ces irrégularités, et comment vous y prendriez vous pour combiner ici l'espace et le temps, de manière à ramener le tout à une loi générale? rien ne m'apprend dans ce cas ci qu'une telle loi et un tel ordre existe; et il m'est impossible d'imaginer que chaque partie devant y être assujétie, elle ne doive pas se retrouver dans l'ensemble.

C'est avec la plus grande instance que je vous prie de me faire part de vos idées sur cet objet comme vous l'avez fait sur tout que pouvoit présenter nôtre systême solaire, et à cet égard il n'est pas impossible que nous ne soyons témoins de l'accomplissement de vos prédictions; mais quelle sera l'époque où les fixes auront parcouru un espace assez perceptible pour pouvoir en conclurre la loi de leur mouvement? vous pourriez me dire ce que vous en pensez avec d'autant plus d'assurance, que je ne me mets point en peine du jugement qu'une postérité aussi éloignée en portera; ce seroit beaucoup dans une matière aussi importante que d'atteindre à la plus grande vraisemblance possible.

Je suis &c.

LET-

LETTRE X.

Vous mavez fourni, M. par votre dernière Lettre, une occasion d'autant plus précieuse et plus favorable de donner un libre essor à mon imagination, que les observations qu'on pourroit opposer à mes idées sur le système de l'Univers sont encore loin d'être constatées. Mais vous savez combien je tiens à des probabilités que les plus profondes recherches mêmes ne détruisent pas encore, et j'aime mieux d'abandonner aux poëtes le loisir de s'emparer de mes considérations sur l'Univers pour y batir un roman astronomique que l'on puisse adopter faute de mieux. Je ne m'occuperai qu'à examiner jusques à quel point les conséquences qu'on en peut tirer peuvent s'étendre, et j'abandonnerai le reste aux conjectures, d'autant mieux que la solution complette de la plus part de vos questions ne paroît reservée qu'à la postérité la plus réculée.

Je suis très aise de voir, que vous commenciez à ne plus mettre de bornes à votre curiosité; qu'embrassant la totalité de l'Univers, vous cherchiez à retrouver l'ordre et l'empreinte de la sagesse du créateur là où on ne voit que l'apparence du désordre et de la confusion. Ne vous lassez pas, je vous prie, de me faire de questions qui puissent m'engager à approfondir toujours d'avantage les objets de vos recherches, et sur tout ne me refusez pas le secours de vos lumières pour y parvenir.

Je commence dabord par troubler le repos des étoiles fixes, en les faisant circuler dans des orbites particulières à peu près comme les planètes et les comètes (*a*). Vous m'avez déjà fourni vous même dans une de vos précédentes

(*a*) Il faut comparer avec ceci l'ouvrage allégué ci-dessus de M. Kant, pag. 9. Les étoiles, que de tout tems on a regardé comme

tes Lettres un principe de ce mouvement, en assujétissant tout l'Univers aux loix de la pesanteur, et en prouvant, que toutes ses parties dépendentes les unes des autres ne formoient qu'un tout soumis à son action; mais il n'en pourroit résulter alors qu'une force *centripète*, qui en agissant seule, précipiteroit tous les Corps les uns vers les autres pour n'en former qu'une masse commune: la terre iroit se perdre dans l'espace de 64, jours dans le soleil. I' faut donc nécessairement qu'il existe une autre force, qui balançant celle là, perpétue l'état actuel des choses, et cette force c'est la *centrifuge*, qui produite par le mouvement, forme avec la première un équilibre réciproque, qui maintient tout dans l'ordre. Les étoiles doivent graviter soit les unes vers les autres seulement, soit vers un centre commun; d'où il suit, quelles ne peuvent pas être en repos, mais qu'en vertu des deux forces ci dessus mentionnées elles *doivent* se mouvoir *dans des orbites rentrantes.* (*a*)*

C'est encore de vous que je tiens un second principe que j'employe, puisque vous m'avez marqué dans votre dernière Lettre, que n'ayant trouvé aucune symmétrie dans la position des fixes relativement au lieu qu'elles occupent et aux espaces qui les séparent, vous en avez conclu, que tout étant lié dans l'Univers, il falloit nécessairement *combiner l'espace avec le temps* pour retrouver cette symmétrie que l'ordre et l'arrangement supposent, conclusion que vous avez fortifiée par la considération de notre systême solaire, où nous n'appercevrions que trouble et confusion si nos yeux

me fixées à la voûte céleste, et qui ont même obtenu par cette raison le nom de *fixes*, sont aujourd'hui généralement reconnûes comme rien moins que telles. L'observation et la théorie y font entrevoir au moins 6 à 7 espèces de mouvemens différens, dont cependant cinq ne sont qu'apparens; ce sont: 1), *la précession* générale en longitude causée par la *régression des Equinoxes*; 2), le *mouvement en latitude* produit par la *diminution de l'obliquité de l'Ecliptique*; 3), *l'Aberration*; 4), *la Nutation*; 5), *la Parallaxe annuelle*; et 6), le mouvement *réel* et *propre* des étoiles, aux quels on pourroit encore ajouter 7), leur mouvement de *rotation*: V. *l'Astronomie* de M. DE LA LANDE, Liv. XVI.

(*a*)* C'est seulement *dans des sections coniques* qu'elles *doivent* se mouvoir, dont une moitié est, comme l'on sait, *non rentrante.*

yeux pouvoient en découvrir toutes les parties à la fois. Mais comment voudriez vous *combiner l'espace et le temps* sans supposer un mouvement dirigé par quelque loi générale? concluons donc, que les étoiles sont mal à propos qualifiées de fixes; qu'elles ne sont pas immobiles comme on l'avoit crû, mais que ce sont de vrais soleils qui font leur révolution dans des orbites régulières.

Il faut nécessairement qu'à la longue ce mouvement de translation des fixes produise quelque changement dans leur distance respective apparente. Je ne puis pas vous assurer que depuis HIPPARQUE, qui le premier a conçû le projet hardi d'en faire le Catalogue, on ait remarqué quelque changement à cet égard (*b*), mais ce qu'il y a de certain, c'est que les observations anciennes ne s'accordent pas avec les modernes, et qu'on a rejetté ces différences sur la moindre perfection des instruments, ainsi que sur les ef-

---

(*b*) HALLEY est, que je sache, le premier qui ait remarqué un pareil changeent. Il trouva qu' *Aldébaran* et *Arcture* avoient, depuis les tems de PTOLOMÉE, changé de latitude en sens contraire à celui que ces étoiles auroient dû suivre en vertu de la diminution d'obliquité de l'écliptique. Pareillement LA HIRE vouloit avoir remarqué déjà en 1693 des changemens considérables dans les étoiles des Pleiades. Depuis ces tems CASSINI, LE MONNIER, BRADLEY, et MAYER (V. ci-après la 15ième Lettre) ont fait des recherches sur ces mouvemens propres et particuliers à quelques étoiles, et s'accordent à trouver celui d'*Arcture* le plus considérable: et déjà MM. MASKELYNE, TRIESNECKER, DE LAMBRE, et LA LANDE ont déterminé les quantités et les directions de ces mouvemens propres pour un très grand nombre d'étoiles. Malheureusement ce mouvement se trouve trop lent pour la plus part de ces étoiles pour que l'on puisse encore prononcer avec quelque certitude sur ces quantités et directions, et doit par conséquent altérer à la longue l'exactitude de nos Catalogues actuelles d'étoiles: et ce n'est que pour *Sirius*, *Procyon*, et *Arcture* qu'il est assez sensible pour être déterminé avec quelque certitude. On peut consulter sur le mouvement propre des étoiles *l'Astronomie de* M. DE LA LANDE, Liv. XVI. §. 2771—2783. TOB. MAYER, *Opera inedita*, *Vol.* I. *p.* 80. *Ephém. de Vienne pour* 1792, *pag.* 371. *Connoiss. des Tems pour* 1798, *pag.* 203 *& suiv.*, et ce que nous avons observé sur cette matière dans les *Ephém. de Berlin pour* 1801, *pag.* 221.

effets de la réfraction, de l'aberration, et de la nutation, qui étoient inconnûs aux anciens. Il feroit posfible aujourd'hui de corriger leurs obfervations et de les dépouiller de l'effet de ces trois caufes, pour voir s'il en réfulteroient des différences remarquables. Il est évident qu'il faudroit commencer ces recherches principalement par les plus grosfes étoiles parce'quil est très vraifemblable, que ce font celles qui font les plus voifines de notre fyftême. Je n'ai pas le loifir de me livrer à ce travail (*c*); je m'en tiens aux deux principes généraux que j'ai pofés; ils me paroisfent bien fuffifants pour prouver, que la diftance apparente relative des fixes doit varier, et des recherches ultérieures fur cet objet ne nous conduiront guère plus loin. Je m'arrête donc là comme je l'ai fait relativement aux Comètes.

On peut confidérer fous deux faces ce mouvement des fixes; car obéisfant à l'action de la pefanteur elles doivent faire leur révolution autour de leur centre commun de gravité, comme cela a lieu dans notre fyftême folaire: d'où nait la question de fçavoir, fi ce centre est vuide, ou s'il est occupé par quelque grand corps, qui foit à ceux qui tournent autour de lui, ce que notre foleil est à peu près à ceux qui compofent fon fyftême: fi ce centre étoit vuide, il n'en réfulteroit qu'une révolution des fixes très lente, puisqu'elles ne feroient animées d'aucune autre force centripète que celle que naîtroit de leur attraction réciproque. Celle ci étant inverfément comme le quarré des diftances, feroit fort petite pour les astres très éloignés du centre, conféquement leur force centrifuge, et par voye de fuite, leur vitesfe, ne fauroit être grande: c'est ainfi que les Planètes et les Comètes de notre fyftême folaire fe mouvroient autour de leur centre commun de gravité fi le foleil n'y étoit pas.

Je

(*c*) Ce travail avoit déjà été entrepris par d'autres avant M. LAMBERT, comme on peut le voir dans notre remarque précédente: mais fi l'on confidère que LAMBERT écrivit ces lettres étant en voyage, et hors d'état de confulter fa bibliothéque, une pareille ignorance lui est fort pardonnable; v. entr' autres fa *préface*, *p.* 42.

Je ſuppoſe donc dans le centre commun des révolutions des fixes un Corps d'une prodigieuſe grandeur, et d'une maſſe telle, que les plus éloignées puiſſent éprouver encore ſon action, qui doit être toujours proportionelle à ſa maſſe (*d*). Si je voulois faire un roman, je dirois que ce corps est abſolument privé de lumière (*e*), ou du moins qu'il est très foiblement lumineux: j'ajouterois que l'Univers est tellement diſpoſé, que les petits corps, par exemple les Planètes et les Comètes, tournent autour des ſoleils, ſeuls doués de la qualité lumineuſe, tandis que ceux-ci ne tourneroient qu'autour des corps obſcurs; car les ſoleils n'ont aucun beſoin d'emprunter la lumière de quelqu'autre corps, puisqu'ils ſont eux mêmes eſſentiellement lumineux, au lieu que les corps obſcurs autour desquels ils tournent en ſeroient aſſez voiſins pour participer à leur clarté. Mais je ne pourrois fonder un tel arrangement que ſur de ſimples poſſibilités; or vous ſavez, que les poëtes ſeuls, et non les phyſiciens, ſont autoriſés à les admettre. Je laiſſe donc indéciſe la question de ſavoir, ſi les ſyſtêmes des fixes ſont leur révolution ſimplement autour de leur centre commun, ou ſi en effet il y a dans ce centre quelque corps d'une immenſe dimenſion vers lequel elles gravitent?

Ils ſe préſente une autre conſidération relativement au mouvement des fixes qui donne lieu à cette autre question. Le mouvement de rotation des corps céleſtes autour de leur axe est-il tellement lié à celui de translation que le mécanisme de l'univers dépende uniquement de leur combinaiſon? on n'a pu encore parvenir à déduire d'aucun principe général le rapport et la liaiſon qui régne entre ces deux mouvements, mais cela n'auroit plus aucune difficulté ſi on pouvoit légitimement tirer cette concluſion; *le ſoleil tourne autour de ſon axe, donc il a un mouvement de translation dans une orbite.* (*f*).

Il

(*d*) Voyez l'Ouvrage de M. Kant, Cap. VII. pag. 102.

(*e*) M. Kant, au contraire deduit de ſa théorie que ce corps doit être lumineux, pag. 131 et 132.

(*f*) C'est à M. de la Lande, qu'il étoit réſervé de démontrer

Ils est aussi décidé qu'il peut l'être, que notre soleil se meut avec ses Planètes, les Satellites, et les Comètes, autour d'un centre commun de gravité. Cela suit nécessairement de ce que touts ces corps gravitent réciproquement les uns

---

trer le premier cette vérité (*Mémoires de l'Acad. de Paris pour* 1776.) Toute *rotation* d'un corps sur un axe est le résultat d'une impulsion, ou d'une force quelconque dont la direction ne passe pas par le centre de gravité du corps (car dans ce cas il n'obtiendroit qu'un simple mouvement de *translation.*) Or une pareille impulsion ne peut manquer d'imprimer en même tems à ce corps un *mouvement progressif*, ou *de translation par l'espace*, à moins qu'une force, dirigée en sens contraire, n'ait, contre toute vraisemblance, anéanti ce mouvement. (*v. l'Expos. du syst. du Monde de* M. LA PLACE, *Liv. III. Chap.* 5. *et l'Astronomie Physique de* M. SCHUBERT, *Sect. IV. Chap.* 1. §. 80 *et* 81.) Mais on auroit tort de conclure de là que le mouvement de translation du soleil devroit suivre la direction et le plan de son mouvement de rotation : car les plans de ces deux mouvemens peuvent avoir entr'eux une inclinaison quelconque, comme cela à lieu pour la terre et les autres planètes, tandis que ces mouvemens eux mêmes peuvent fort bien n'être que l'effet d'une seule et même impulsion ; car si, lors de l'impulsion primitive qui doit lui imprimer son mouvement, la distance du corps à son centre de révolution, ou son rayon vecteur, est incliné au plan qui passe par la direction de l'impulsion et le centre du corps (supposé homogène et sphérique), cette inclinaison sera celle du plan de la révolution de ce globe à celui de sa rotation; c'est ainsi que la terre au commencement de son mouvement a dû se trouver dans l'un des solstices. (SCHUBERT, *Astr. Phys. Sect. IV. Chap.* 3. §. 95—97.) Par une raison semblable le mouvement propre du soleil ne se fait pas dans le plan de sa rotation, mais, selon les recherches de M. HERSCHEL et PREVÔT, il paroit se porter presqu'en ligne droite vers l'étoile λ dans la constellation d'Hercule (*Philos. Transact. Vol.* 73. *Part.* 1. *n.* 17. *Ephém. de Berl. pour* 1787, *pag*, 224. *et pour* 1786, *pag.* 259.) Cette direction se détermine par le mouvement propre de plusieurs étoiles, que l'on regarde comme parallactique. M. KLUGEL, (*Ephém. de Berl. pour* 1789. *pag.* 214.) et M. SCHUBERT, (*Astronomie Théorique Sect. II. Chap.* 3. §. 49.) ont donné des formules pour cette détermination. Cependant les données de ces formules sont en partie arbitraires, en partie de nature à ne pouvoir être déduites des observations avec une précision suffisante, comme l'a fait voir M. WURM, (*Ephém. de Berl. pour* 1795, *pag.* 175.)

uns vers les autres. Mais le cercle que le foleil décrit par cette caufe est nécesfairement fort petit, et on ne fauroit en déduire que le centre ait peu à peu été déplacé. Au furplus, fi ce déplacement avoit lieu, ce ne pourroit toujours être que par un mouvement lent; ainfi je déduis plus volontiers le mouvement des fixes des deux premiers principes, parceque leur effet est plus nécesfaire et plus remarquable.

Ce que vous mavez écrit au fujet de la voye lactée a toujours fait le fujet de mon étonnement. Il paroît vifiblement que cette trainée lumineufe est placée bien au delà des autres fixes qui ne font pas fituées dans fes limites, et que celles qui y font comprifes font encore incomparablement plus près de nous qu'elle, puisque ceux qui l'ont foigneufement examinée n'ont pu parvenir à les découvrir clairement qu'au moyen des Télescopes. Elles font conféquemment fi prodigieufement éloignées de nous, qu'il paroît qu'elles ne doivent pas le céder en grandeur et en éclat à notre foleil, et qu'il faut nécesfairement quelles foient féparées les unes des autres par des diftances confidérables.

Votre marche auroit été infiniment plus abrégée dans votre voyage au travers du fyftême des fixes, et vous feriez arrivé bien plus promptement à fes confins, fi au lieu d'aller graduellement de notre foleil aux étoiles de la première grandeur, de celles ci à celles de la feconde, et ainfi confécutivement jusqu'aux plus éloignées, vous aviez prife votre route au déhors, plustôt qu'au dédans de la voye lactée. Les plus voifines de celles qui font renfermées dans cette bande font encore beaucoup plus éloig-

175.) On ne fauroit donc encore regarder la direction mentionnée comme parfaitement bien établie : mais en la fuppofant même exactement connue, elle ne détermineroit que la tangente d'un feul point de la trajectoire du foleil par l'efpace, dont par conféquent elle laisferoit le plan entièrement indéterminé ; et nous fommes probablement encore bien loin de parvenir à des connoisfances même approchées fur ces matières.

éloignées de nous que les plus diftantes de celles qui font répandues dans le reste du ciel; mais comme j'ai prouvé qu'elles doivent être féparées les unes des autres par des efpaces confidérables, il s'enfuit nécesfairement, quelles font placées les unes derrière les autres, en lignes inconcevablement prolongées; et enfin par une dernière conféquence, que l'entier fyftême des fixes vifibles pour nous n'est pas fphérique, mais plat, cylindrique, et annulaire, dont le diamètre est infiniment plus long que fon épaisfeur, qui cependant a une dimenfion confidérable: c'est dans cette epaisfeur qu'est placée la voye lactée et toutes les fixes vifibles: elle est comme une forte de Zodiaque dans le quel elles font leur révolution (*g*).

Mais ce n'est pas tout encore. La voye lactée diffère évidemment du reste du ciel: on peut former un enfemble bien féparé de toutes les fixes qui lui font extérieures: cette bande peut elle même être divifée en un nombre prodigieux de petites parties qui paroisfent distinctement fé-

---

(*g*) M. KANT s'étonne avec raifon que les apparences de la voie lactée n'ont pas depuis longtems attiré l'attention des aftronomes (pag. 3.). Il attribue à M. WRIGHT DE DURHAM, Anglois, l'honneur d'avoir fait le premier pas dans cette théorie. Cependant M. SCHUBERT obferve, que déjà KEPLER avoit eu fur la voie lactée des idées pareilles à celles de LAMBERT, (*Aftron Théorique Sect. II. Chap.* 3. §. 55.). M. HERSCHEL est le premier, et en même tems le feul, qui, par une méthode à lui propre, et à l'aide de fes énormes télescopes, a ofé entreprendre le travail immenfe de *fonder* partout la *profondeur* de la voie lactée, *profondeur* qu'il estime par le nombre des étoiles qu'il y apperçoit en même tems dans le champ de fon télescope. Ce procédé est appelé par cet illuftre obfervateur *Gaging the Heavens*, ou *Jeaugage du ciel*, puisqu'en effet il confifte à déterminer le contenu en étoiles du ciel, ou du fyftême de fixes où fe trouve le foleil. Il regarde ainfi ce fyftême comme un folide dont il détermine enfuite les dimenfions. Dans les *Transactions Philosophiques pour* 1785 M. HERSCHEL à même donné la figure d'une fection de ce folide. Nous ne pouvons dire ici d'avantage fur les travaux de ce grand obfervateur, finon que par un premier esfai il a trouvé que la longueur de ce folide, ou le diamètre de la voie lactée, qu'il estime à 800 fois la diftance d'*Arcture*, ne contient tout au plus que cinq fois fa profondeur, ou la longueur de fon axe.

féparées, et qui étant fituées les unes derrière les autres, fe cachent mutuellement: et enfin je fuis fondé à les regarder toutes comme formant chacune un fyftême particulier (*k*). Nous apartenons fans doute à un de ceux là, ainfi que les étoiles qui font hors de cette partie lumineufe, et qui couvrent la voute célefte; les autres fyftêmes font répandus autour de nous, faifant chacun avec leurs fixes ou leurs foleils leur révolution autour d'un centre, et je fuis fort porté à croire, que la totalité et la réunion de cet enfemble fe meut lui même autour d'un centre commun.

Vous voyez, Monfieur, que je fuis fidelle à l'analogie. Selon ma marche les Satellites obéiffent à l'action des Planétes principales; celles-ci à leur foleil; celui ci à fon fyftême; et enfin les fyftêmes à celui de toutes les voyes lactées raffemblées (*l*). Je ne porte pas mes regards plus loin, et je ne décide pas s'il n'y a pas encore une infinité d'autres fyftêmes de voyes lactées qui fe rapportentent à un plus ultérieur, qui aboutit enfin à compléter le fyftême total. Peut être que la lumière de ces parties fi énormément éloignées nous arrive fi foible, qu'elle ne fçauroit faire une impreffion fenfible fur notre rétine. Si nous avons la faculté de diftinguer la nuit les objets, fur tout par un temps ferein, nous la devons à la lumière, quoique foible, que répandent les fixes les plus proches dans notre athmosphère, et il est à préfumer que nous ne dinftinguons la voye lactée que parcequ'elle renferme une immenfe quantité de foleils.

Nous perdons à la vue fimple les étoiles de la feptième gran-

---

(*k*) Ici notre auteur diffère de M. Kant en regardant la voie lactée comme un fyftême d'un ordre plus élevé que ne le fuppofe cet illuftre philofophe, ou comme un fyftême de fyftêmes: toutefois fi la voie lactée fe trouve entièrement réfolue en étoiles dans les télescopes de M. Herschel, il paraitrait plus fimple, que ces étoiles appartiennent toutes à un feul et unique fyftême, d'autant plus, fi les dimenfions que M. Herschel a hazardé d'en donner (voyez la note précédente) méritent quelque confiance.

(*l*) Comparez l'Ouvrage de M. Kant, pag. 16.

grandeur et fuivantes; et fi on dinftingue leur exiftence dans les ciel, c'est lors qu'il y en a plufieurs de rasfemblées, ce qui augmente l'intenfité de leur clarté: c'est ce que nous montrent les étoiles apellées *nébuleufes*, où les Télescopes ne nous font découvrir que des amas d'étoiles que leur diftance fait paroître trop petites (*) pour être discernées à la vue fimple, mais dont la lumière réunie a asfez de force pour devenir fenfible; c'est là la vraie caufe de la vifibilité de la voye lactée (*k*).

Telle est l'idée que je me fais de ce qui fe pasfe au firmament. Je dois cependant avouer avec franchife que je n'ai pas encore fuffifamment développé le principe de cet arrangement. J'ai befoin de votre fecours; pour celà jefpère que vous ne m'objecterez pas le peu de proportion qu'il y a entre le nombre des étoiles répandues dans le reste de la voûte céleste et celui que je fuppofe dans

---

(*) Cette asfertion de M. LAMBERT est contredite par les obfervations: il y a de nébuleufes où avec les plus forts télescopes on ne découvre aucune étoile.

(*k*) Les *nébuleufes* qui à l'aide des télescopes font réfolues en amas d'étoiles appartiennent fans doute à la voie lactée, ou à notre fyftême de fixes, et y forment, peut-être, de plus petits fyftêmes particuliers, analogues à ceux de Jupiter et de Saturne dans le fyftême folaire: tels font les Pleiades, la crêche, &c. Mais il faut bien distinguer de celles-ci ces fortes de nébuleufes, où même les télescopes les plus puisfans de M. HERSCHEL ne font diftinguer aucune étoile, comme, par exemple, celle d'Orion, d'Andromède, et d'autres. Ces dernières ne font probablement, du moins en partie, que des *voies lactées*, ou des *fyftêmes d'étoiles fixes* pareils à celui auquel notre foleil appartient, et que leur immenfe diftance nous fait à peine appercevoir fous un angle fi petit. C'est encore à M. KANT qu'appartient l'honneur d'avoir envifagé le premier les nébuleufes d'un point de vue fi fublime (pag. 13 et fuiv.) M. HERSCHEL distingue huit efpèces différentes de nébuleufes; entre les quelles la plus remarquable est celle des planétaires, qui font des nébuleufes parfaitement rondes, et fi bien terminées, que M. HERSCHEL est dans l'incertitude, s'il doit les prendre pour des fimples corps, qui nous transmettent peu de lumière, ou pour des amas ou fyftêmes d'étoiles tellement amoncelées, qu'elles paroisfent prêtes à s'écrouler et à fe réunir les unes aux autres.

dans la voye lactée. Nous sommes déjà convenus, que pour laisser de l'espace libre aux orbites des Comètes dans notre systême solaire, il falloit en faire croître le nombre, non pas comme le cube, mais comme le quarré des distances périhélies: nous pouvons donc dire, en partant de ce principe, que puisque le reste du ciel nous paroît presque vuide et libre par comparaison à la ceinture lumineuse qui l'environne, cet espace est reservé pour le mouvement des fixes, et de tous leurs systêmes, et par une ultérieure conséquence, qu'il existe des orbites qui leur sont particulièrement destinées. Je n'ai jamais dans toutes mes Lettres supposé plus de corps que d'orbites, ainsi lorsque je trouve de l'espace, je suis en droit d'y placer un corps, l'univers devant être aussi plein qu'il est possible; le mouvement essentiel à l'Univers est la source des variétés et des changemens relatifs qu'on y remarque: es loix sons générales et simples, on leur doit cette harmonie, cet accord qui constitue la perfection, et c'est sous ce point de vue que la cosmologie justifie et confirme mon systême sur le mouvement des fixes.

Nous avons déjà de concert étendu à tout l'Univers, et conséquemment, à chaque systême de fixes, les loix de l'attraction Newtonienne; ainsi la vitesse d'une étoile dans son orbite sera d'autant plus grande, et sa révolution d'autant plus prompte, qu'elle sera placée à une moindre distance du centre de son mouvement. J'ai dit aussi, que je rassemblois dans un seul systême toutes les fixes qui n'étoient pas comprises dans la voye lactée quelque grand qu'en fut le nombre; l'analogie nous indique évidemment, que le nombre, l'espace, et le temps sont des Élemens, qui croissent dans le même rapport relativement aux différents systêmes; ainsi la terre n'ayant qu'un Satellite, Jupiter 4, Saturne 5 (*l*), le soleil doit en avoir un million, vu sa masse et l'étendue de sa sphère d'activité, de sa lumière, et de sa chaleur. Mais si je ne fais qu'un systême, comme je l'ai dit, de touts les soleils, de combien de millions ne

(*l*) On connoît aujourd'hui 7 Satellites de Saturne.

ne faudra-t-il pas augmenter le nombre des corps célestes qui feront leurs révolution autour d'eux, furtout s'il faut le faire dans la proportion qu'il doit y avoir des Satellites de Saturne à ceux de notre foleil, qu'on a vu par mes précédentes Lettres devoir être immenfe.

Ils n'est pas poffible de déterminer fi notre foleil est fitué près ou loin du centre du fyftême auquel il appartient; tout ce qu'on peut inférer du plan général que nous en avons tracé, c'est qu'il n'est ni à l'extrémité, ni dans le centre; car dans le premier cas, vû l'efpace confidérable que nous avons établi devoir féparer ce fyftême de ceux qui font fitués dans la voye lactée, nous ne verrions des étoiles que dans une moitié du ciel; mais cette conféquence n'étant pas conforme à l'obfervation, il s'enfuit, qu'il est plus près du centre que de l'extrémité.

D'un autre côté il paroît, que le fyftême lui même n'est pas placé dans le plan de la bande lumineufe, puis qu'alors elle devroit nous paroître comme un grand cercle également éloigné des poles de l'équateur et de l'écliptique, partageant ces cercles en deux portions égales, ce qui est contraire aux faits. Cependant comme fon apparence ne s'éloigne pas beaucoup d'un grand cercle, on peut en conclurre, que notre fyftême n'est pas fort éloigné de ce plan; qu'il ne l'est même qu'à peu près comme ces petites parties qui en paroissent détachées. S'il en étoit autrement, la bande que nous ne voyons dans sa moyenne largeur que fous un angle d'environ 10 degrés devroit nous paroître en avoir d'avantage.

Il ne m'a pas encore été poffible de pénétrer plus avant dans ces recherches, de les detailler d'avantage, et de les préfenter peut-être dans l'ordre le plus convenable. Vous fçavez combien il est difficile d'en mettre dans un enfemble dont la plus grande partie des matériaux nous manque: vous m'obligeriez beaucoup de me faire part de vos réflexions fur cet objet.

Je fuis &c.

LETTRE XI.

Je vois maintenant, Monsieur, pourquoi vous m'assuriez que nous n'avions pas encore adopté d'une manière assez étendue les principes de COPERNIC. Non content d'avoir avec ce grand homme enlevé à la terre son état de repos, vous en avez agi de même généralement pour touts les corps qui existent dans le firmament. Il est tout simple que notre soleil occupe le centre d'un systême particulier, et que les planètes comètes &c., qui en dépendent, fassent leurs révolutions; autour de lui; mais tout nous dit qu'il n'occupe pas celui de l'Univers; et si par la combinaison du mouvement de touts les différents systêmes il y arrivoit, il s'en éloigneroit bien-tôt par une suite de ce même mouvement, que l'on peut considérer comme l'état permanent de l'Univers que la loi générale de la pesanteur suffit pour maintenir, et pour prouver que tout y est en activité: toute masse morte et inerte en est bannie, et seroit un effet sans cause; enfin sans ce principe le monde ne seroit qu'une machine qui n'auroit pas duré une heure.

Je conviens volontiers avec vous de la solidité de ces prémices; mais comment parvenir à déterminer exactement ce mouvement? voilà la question difficile à résoudre; vous y avez déjà pourvu relativement à notre systême solaire, et par un simple exposé de sa disposition générale, vous avez, pour ainsi dire, annoncé ce que les observations confirmeront sans doute tôt ou tard. Mais quant au mouvement central des fixes, qui, comme j'en ai convenu, est une suite des loix de la pesanteur, il en est tout autrement: elles sont si prodigieusement éloignées, qu'il seroit possible qu'elles eussent parcouru un grand espace avant qu'on se fut apperçu d'un déplacement sensible: pour l'estimer, il faudroit comparer les observations anciciennes et les modernes; mais les premières sont affectées de tant de causes d'erreur, peut-être même les dernières, qu'on ne sauroit espérer de leur comparaison aucun résultat assez exact, pour pouvoir en tirer quelque lumière; cependant malgré cela elles valent la peine d'être examinées (*a*).

Ce que vous regardez encore comme de pure supposition concerne la division du système des fixes en systêmes particuliers. Pour m'en faire une idée distincte, j'ai eu recours à l'analogie, qu'il est permis de pousser très loin en physique, puisque tout doit être disposé dans la nature d'après une loi générale. Vous faites de tout l'Univers un seul systême particulier de fixes, d'où vous arrivez à notre systême solaire, et de celui-ci à ceux des planètes qui ont des Satellites, et que vous regardez comme les plus simples; vous rétrogradez dans le même ordre (*b*). Il semble que dans toute cette marche, et d'après le monde visible, on ne puisse pas adopter d'autre opinion que la votre. Mais ne pourroit on pas soupçonner, que vos enjambées pour aller du principe à la dernière conséquence sont trop fortes? ne seroit il pas plus naturel de classer les différentes étoiles, de les rassembler ensuite en de systêmes plus généraux? n'y auroit il que trois divisions? le systême de chaque planète, celui de chaque soleil, et celui de tous les soleils rassemblés? comment, si ces trois degrés ne suffisoient pas? si entre le nombre des Planètes et Comètes qui appartiennent à chaque soleil et celui de tous les soleils il n'y avoit aucune proportion, ne seroit il pas incontestable qu'il faudroit augmenter le nombre des termes de cette suite? une chaine de trois chainons me paroit trop courte, et la nature ne va pas par sauts.

Vos recherches sur cela vous ont conduit dabord à par-

(*a*) Cet examen a été entrepris par différens astronomes, voyez nos remarques (*b*) et (*c*) sur la précédente Lettre.

(*b*) M. KANT avoit déjà suivi le même procédé d'après M. WRIGHT DE DURHAM: v. la I. Partie de son *Allgem. Naturg. und Theorie des Himmels*.

partager la voye lactée en un nombre infini de parties, de chacune des quelles vous avez fait un fystême particulier de fixes ou de foleils, que vous avez fuppofé fitués dans un même plan, traverfant cette bande lumineufe; vous concluez de même de fon apparente pofition dans le ciel, que notre foleil appartient à un pareil fyftême dont vous faites dépendre toutes les fixes qui ne font pas proprement fituées dans cette voye, ou dans les fyftêmes qui en dépendent, et d'après fa différence remarquable avec le reste de la voûte céleste, vous féparez ces différens fyftêmes par des efpaces immenfes. Il est fingulier, que quoique ce foit un tableau apparent du ciel, vous prétendiez que la plus-part de ces fuppofitions foient gratuites. Le défir de me faire une réelle et vive image de cet enfemble, et de pouvoir vous fuivre dans vos conféquences ultérieures, m'a engagé de prendre la peine de les aprofondir; vous jugerez à quel point j'y ai réusfi, et fi vous pouvez en prendre occafion de pousfer vos recherches plus loin.

La principale question qui fe préfente à réfondre, c'est de favoir fi les étoiles télescopiques de la voye lactée font ausfi diftantes les unes des autres, que les plus voifines le font de notre foleil. Si celà étoit, il feroit démontré de fuite, qu'elles ne forment qu'une fuite infiniment prolongée les unes derrière les autres. Je fuppofe par exemple deux étoiles femblables, dont la diftance apparente ne foit que d'une feconde, et également éloignées de nous; jaurai un triangle ifofcèle, dont les deux côtés comprendront un angle d'une feconde: la trigonométrie nous apprend que chacun de ces côtés fera 206265 fois plus grand que la bafe, mais celle-ci est au moins 500000 plus grande que la diftance de la terre au foleil, donc ces étoiles feront 200000 fois 500000, ou 100000000000, c'est à dire, cent mille millions de fois plus éloignées de nous que le foleil. Mais comme je ne faurois imaginer que nous pusfions les appercevoir à cette diftance, j'en conclurrai volontiers, ou que les étoiles de la voye lactée font plus rapprochées les unes des autres, ou qu'elles font fituées en ligne droite les unes derrière les autres: de ces deux alternatives je m'en tiendrai plus volontiers à la dernière.

En-

Encore un coup: je ne vois aucune raiſon de ſuppoſer que les étoiles contenues dans cette ceinture lumineuſe ſoient à une égale diſtance de nous; car alors il s'enſuivroit qu'elles ſeroient fort petites, et, ſelon les apparences, inviſibles pour nous, à raiſon de leur immenſe éloignement. Je regarde au contraire chaque fixe comme devant éclairer et échauffer par ſa lumière et ſa chaleur des millions de corps non lumineux. Il est vrai que pour faciliter le mouvement des Comètes, des Planètes &c., qui ſont leur révolution autour d'elles, il faut leur ſuppoſer une ſphère d'activité très étendue, et qu'elles doivent en conſéquence être immenſement diſtantes les unes des autres. Vous voyez, M., comment je fais uſage de votre principe fondamental de *l'habitabilité* de l'Univers pour déterminer la diſtance qui ſépare les étoiles: il ne m'est pas poſſible d'en ſuppoſer d'inutiles; elles doivent ſervir toutes à éclairer et échauffer tous les corps céleſtes répandus dans l'étendue de leur domaine. Les moyens ſans motifs ſont chimériques; ils n'exiſtent pas dans l'univers; chaque fixe a la même destination que notre ſoleil bienfaiſant; ſa puiſſance est relative à ſa majeſté; elles ſont dans le même cas, par conſéquent auſſi réciproquement éloignées entre elles que *Sirius* l'est de notre ſoleil; et par une dernière conſéquence, on ne peut les ſuppoſer qu'à la ſuite les unes des autres dans une ligne infiniment prolongée dans l'eſpace.

Je crois M. jusques là vous avoir ſuivi; j'ai ſeulement arrangé les choſes ſelon ma manière de les concevoir. Mais comme vous avez été beaucoup plus loin, j'avoue franchement, que je n'ai pas trouvé la même facilité à faire quelques pas de plus, par la difficulté d'imaginer, que les parties du firmament extérieures à la voye lactée que nous voyons presque vuides, ne ſoient destinées qu'à contenir des corps obſcurs, ou vos orbites hyperboliques. Si je ſuppoſe en conſéquence qu'au déhors de la voye lactée la ſuite des étoiles forme une ligne beaucoup plus raccourcie qu'au dedans, il s'enſuivra, que le ſyſtême raſſemblé des étoiles n'est pas ſphérique, mais cylindrique, et que la voye lactée en est comme le zodiaque: mais

en

en ne ſuppoſant qu'une rangée d'une centaine dans ſa largeur, je ſerai forcé d'en admettre des millions dans ſa longueur, pour qu'il en réſulte cet amoncellement lumineux qui frappe nos regards. (*c*).

Je ne me ſuis pas arrêté longtemps ſur cette difficulté; mais je ne vois pas également bien pourquoi vous laisſez un intervalle entre notre ſyſtême de fixes, et la voye lactée: vous n'en apportez d'autre raiſon que la différence marquée de l'un à l'autre qui ſaute aux yeux: vous auriez dû vous étendre un peu plus ſur cet objet. Les prémices me paroisſent ici un peu trop éloignés des conſéquences, et j'avoue que je n'en ſais pas asſez pour diviner leurs liaiſons; je vais cependant faire en ſorte de vous prouver que j'ai fait mon posſible pour ne pas rester en arrière dans cette occaſion.

J'ai commencé dabord par ſuppoſer accumulées dans la partie du ciel, que vous regardiez comme vuide, autant de fixes que dans le reste du firmament, et pour ne pas trop fatiguer et forcer mon imagination, j'ai fait en petit le modèle ſuivant de cet arrangement.

Dans un eſpace pris ſur le terrein j'ai rangé circulairement une centaine de lumières, que j'ai augmenté par de nouvelles, concentriquement et extérieurement placées à une même diſtance, de manière qu'elles formoient des rayons lumineux que j'ai prolongé autant que j'ai pu; au desſus de cette couche lumineuſe j'en ai placé une centaine d'autres ſemblables, ce qui m'a donné un cylindre creux magnifiquement illuminé: je me plaçais au milieu de l'axe de ce cylindre illuminé, c'est à dire, à égale diſtance de la baſe inférieure et ſupérieure. En les fixant alternati-

(c) Les obſervations de M. HERSCHEL ne donnent pas une ſi grande disproportion entre le longueur et la largeur de la voie lactée, du moins ſi ſes télescopes la réſolvent entièrement en étoiles; v. notre remarque (*g*) ſur la lettre précédente: mais on pourroit peut-être concilier les opinions de LAMBERT avec les obſervations de M. HERSCHEL, en ſuppoſant que les dimenſions, qu'a donné ce dernier, appartiennent, non pas à la voie lactée toute entière, mais à l'un des ſyſtêmes de fixes qui la compoſent, et où ſe trouve notre ſoleil.

tivement, je ne voyois que cinquante de ces lumières au desſus et au desſous, ne pouvant embrasſer à la fois qu'une des moitiés circulaires: mais à proportion que je rapprochois haut et bas mes regards de la couche dont le plan formoit mon horizon, je voyois plus de points lumineux dans un même rayon; le nombre en croisſoit dabord asſez lentement, mais enſuite d'une manière plus rapide, à peu près comme les ſécantes des angles formés par l'axe et mon rayon viſuel; mais dans cette apparence je ne remarquais aucun contraste ſi marqué, comme nous en obſervons dans la voye lactée comparée au reste du ciel. En ſuivant toujours vos idées, laisſant en place les lumières les plus voiſines de moi, et les plus eloignées, j'enlevai de place quelques unes des cercles concentriques intermédiaires, et dès lors je vis, que les premières conſervant leur force et leur clarté, les plus éloignées devenoient plus ternes, moins diſtinctes, plus rasſemblées, et le contraste cauſé par l'enlevement des cercles fut très marqué.

C'est ainſi que je me ſuis fait un tableau ſenſible de votre ſyſtême, mais infiniment éloigné, ſans doute, du ſpectacle réel du firmament. Il n'est pas douteux que l'apparence lumineuſe de la voye lactée n'auroit pu être tranché ausſi nettement, mais ſe feroit affoiblie peu à peu, s'il n'y avoit pas eu un intervalle conſidérable entre elle, et notre ſyſtême de fixes.

Je conclus de tout ce qui précède, que de toutes les explications qu'on avoit donné de la voye lactée la votre est la plus vraiſemblable. Les anciens avoient, il est vrai, conjecturé que cette bande lumineuſe n'étoit que l'effet de la lumière rasſemblée d'une infinité de petites étoiles (d) il ſembloit que les télescopes avoient mis cette opinion hors de doute: mais malgré cela il reſtoit toujours à ſavoir, pourquoi, ainſi que je vous l'avois demandé dans ma dernière lettre, cela n'avoit lieu que dans cette partie du ciel? ſi on ſuppoſoit que les étoiles y étoient plus amoncelées, ou que leur lumière y étoit plus vive qu'ailleurs,

(d) Voyez notre remarque (f) ſur la neuvième Lettre.

leurs; que de plus celle de la pluspart des étoiles qui n'y étoient pas comprifes étant plus foible, ou leur nombre étant moindre, elles ne pouvoient pas être vifibles, ausfi facilement; on étoit toujours dans les cas de demander, pourquoi cela n'avoit lieu que dans la voye lactée: différentes explications qu'on en donnoit étant arbitraires, et n'étant fondées fur aucun principe, tout ce qu'on pouvoit dire, c'est que cela étoit parceque cela étoit, c'est à dire, qu'on en ignoroit la raifon complétement.

En convenant que votre explication est très vraifemblable, je ne renonce pas à en obtenir de vous des preuves encore plus fortes, et je ne vous cacherai pas combien je ferois flatté que vous puisfiez les déduire de mes réflexions précédentes. Je défirerois en particulier, que vous examinasfiez à quel degré d'évidence il feroit posfible de porter celles fur les quelles vous avez fondé votre fyftême. Dès qu'il fera fuffifamment prouvé que les étoiles de la voye lactée font fituées en ligne prolongée les unes derrière les autres, et qu'elles font ausfi réciproquement éloignées entre elles que la plus voifine l'est de nous, je ne douterai plus que le fyftême de l'Univers ne foit plan.

J'ai examiné, fi la lumière des fixes étoit d'une utilité pareille à celle de notre foleil. Celui-ci éclaire non feulement la terre et touts les Globes célestes de notre fyftême, mais encore les corps qui font leur révolution autour de *Sirius*, d'*Arcturus*, et des autres fixes qui font dans le même cas, fur lesquels il répand fa lumière d'une façon pareille à celle que nous recevous d'elles pendant la nuit. Si l'on fuppofe donc autour de chaque fixe un fyftême de corps qui participent à la chaleur et à la lumière quelles répandent, on doit en conclure de force, quelles font 1) confidérablement éloignées les unes des autres, 2) que cette diftance augmente comme leur masfe, à la quelle leur fphère d'activité est relative. C'est d'après cela que vous avez asfuré, que puisque les étoiles de la voye lactée étoient encore perceptibles malgré leur énorme diftance, elles ne devroient le céder ni en masfe ni en lumière à notre foleil. Je défirerois des preuves encore plus rigoureufes de cette asfertion.

Vos

Vos recherches et vos réflexions fur une matière aussi étendue, et encore si inextricable, m'ont fourni une ouverture à la folution d'une des principales questions que je vous avois déjà faite, et qui est liée très intimement à beaucoup d'autres. Je vois évidemment, qu'il doit y avoir dans les cieux des efpaces vuides pour la facilité de l'exécution du mouvement des corps célestes, puisque le mouvement est lié essentiellement à l'existence de l'Univers: vous prouvez cela par l'exemple de notre fyftême folaire, où il n'exifte pas plufieurs corps pour la même orbite: il en réfulte une harmonie plus complète, et je n'aurai pas à me récrier fur le défaut de fymmétrie que je trouvois dans la pofition apparente des fixes, puisque j'obferverois la même chofe dans notre fyftême folaire, fi touts les corps, qui la compofent, étoient vifibles à la foix. L'analogie, qui ne fe dément jamais dans la nature, est le fil qui conduit dans la gradation fuccesfive des différents fyftêmes jusques au général, relativement à leur grandeur combinée avec le temps et l'efpace. Je divife comme vous, Monfieur, la voye lactée en une infinité de petits fyftêmes particuliers, dont quelques uns, qui en font féparés, fe laisfent évidemment diftinguer.

Comme tous ces fyftêmes fe meuvent dans des orbites déterminées, je ne fuis plus, comme je l'ai déjà dit, arrêté par l'irrégularité de la figure de cette bande. L'ordre qui conftitue l'esfence de l'Univers confifte dans l'arrangement de ces orbites: il n'en est pas moins réel, quoiqu'il doive vraifemblablement nous être encore longtemps inconnû; les élémens nécesfaires à la détermination des temps et des efpaces ausfi énormes nous manquent abfolument.

Quoique je ne fasfe aucune difficulté d'admettre, que touts ces fyftêmes font à peu près dans un même plan, et que ce plan a une épaisfeur confidérable, il me reste cependant un doute à éclaircir, car il me femble que la pofition de ces fyftêmes devroit être différente de celle des Planètes de notre fyftême folaire. Rappellez vous, que vous avez établi d'après de raifons très plaufibles, qu'il pourroit y avoir beaucoup plus de corps célestes dans ce fyſyſtème, ſi leurs orbites n'étoient pas dans le même plan, mais qu'elles ſe croiſasſent au contraire ſous toutes les inclinaiſons poſſibles: je pourrois presque en conclure, que les ſyſtêmes qui compoſent la voye lactée ne ſont ni les plus nombreux, ni les plus étendus poſſibles. Je ſais bien que cette conſéquence n'est pas rigoureuſement nécesſaire, parceque nous ignorons à quel point de leur orbite leur révolution a dû les porter depuis le temps de leur exiſtence; mais ce qui peut en particulier paroître fort extraordinaire et incompréhensible, c'est que nous vivrions précisément à l'époque où ils ſe ſont trouvés rasſemblés à peu près dans le même plan. En ſeroit il ſelon vous du ſyſtême total relativement à tout les ſyſtêmes qui le compoſent, comme de celui de Jupiter ou de Saturne, dont les Satellites ſont tous à très peu près dans le même plan?

Vous faites mention encore de quelques autres voyes lactées éparſes dans le ciel, qui rasſemblées devroient compoſer un ſyſtême encore plus conſidérable: j'imagine que vous rangez dans cette clasſe cette lumière pâle que l'on remarque dans l'épée, d'Orion. Je vois très peu d'apparence, que l'on puisſe déterminer quelque choſe de précis ſur cet objet, et s'élever au desſus des premiers pas indiqués par les premières vues générales: j'en trouve la preuve dans ce que vous avez dit relativement à la poſition de notre ſyſtême: quand bien même vous ne preſenteriez vos idées ſur cette matière que comme une pure hypothèſe, elle vaudroit la peine d'être étendue à toutes les conſéquences qui pourroient en découler.

Une hypothèſe approche d'autant plus de la réalité, que tous les phénomènes obſervés en découlent plus naturellement, que toutes les conſéquences en ſont plus cohérentes, enfin, que les lacunes des obſervations peuvent être plus aiſément ſuppléées Vous ſçavez, M. que c'est là le caractère diſtinctif du ſyſtême de Copernic, de la vérité duquel aucun astronome ne doute plus aujourd'hui: vous ne pouvez manquer de l'étendre à toutes les parties de l'Univers dès que vous partez des mêmes principes.

Je ſuis &c.

LETTRE XII.

Je vous avoue franchement, M. que les idées que j'avois accumulées dans ma précédente Lettre fur la pofition des fixes étoient plu-tôt la fuite d'une forte d'infpiration aftronomique, que d'un examen réfléchi. Je vous dois beaucoup de les avoir mifes en ordre, d'en avoir recherché le fort et le foible, et de m'avoir indiqué, pour ainfi dire, jusques où elles peuvent aller, et le point où je dois m'arrêter: peut-être ferez vous bien aife d'apprendre comment j'ai été entrainé dans cette matière? Le voici.

Étant à ma fenêtre par une belle foirée, et refervant pour le jour l'examen des beautés de la Campagne, j'élevais mes regards vers les cieux, comme vers le fpectacle le plus digne d'être contemplé. Vous favez combien de momens j'ai paffé dans ma jeuneffe à cette occupation: ce goût n'a pu s'affoiblir en moi malgré mes travaux journaliers et le peu d'occafions que j'ai eu d'y facrifier mes momens. Soit que l'aftronomie offre toujours de nouvelles beautés, que leur variété inépuifable, que l'éclatante lumière des étoiles ait quelque chofe de raviffant pour les yeux, ou qu'enfin ceux d'un aftronome ne puiffent pas rester oififs, ne trouvant jamais où s'arrêter; je trouve toujours dans cette contemplation un nouveau plaifir, que la tranquilité de la nuit augmente et rend plus vif. Tous ces motifs fe réuniffent en moi quand je confidére ces brillants flambeaux, qui annoncent la demeure du très haut. Je me fens alors transporté dans les régions céleftes; je n'y pénètre jamais affez avant à mon gré, et le défir de m'y enfoncer d'avantage augmente fans ceffe, et c'eft dans un de ces momens d'extafe que la voye lactée, s'eft offerte à moi. J'avois été étonné plus d'une fois de voir la foule des petites étoiles fi nombreufe dans cette bande, et auffi médiocre au déhors. Il n'eft pas poffible, me difois-je, qu'elqu'elles foient ausfi voifines les unes des autres qu'il le paroît, car elles paroisfent fe toucher; il faut donc qu'elles foient en ligne beaucoup plus prolongée que celle des extérieures: fi elles étoient également partagées, le reste du firmament feroit ausfi brillant que la voye lactée; on n'y voit cependant que des espaces presque vuides: il s'enfuit donc que le fyftême des fixes est plan, et non fphérique. Je m'arrêtais le premier foir à cette dernière conclufion.

Peu de temps après, occupé du même objet, et m'appercevant que la voye lactée étoit très diftinctement féparée du reste du firmament, je ne fis aucune difficulté de la fuppofer beaucoup plus réculée, et d'admettre les vuides que vous rendez fi fenfibles par votre tableau. Rasfemblant en un feul fyftême toutes les étoiles, je ne fongeai point à divifer la voye lactée en différentes parties; mais dans les fuites je fus furpris de n'avoir pas fongé à une divifion qui fautoit fi évidemment aux yeux. Mais outre que ce n'est pas toujours ce qu'il y a de plus vifible qui nous frappe, je pouvois attribuer cette distraction à une autre caufe: dans le temps où je m'occupois de la voye lactée, la partie qui est partagée n'étoit pas à portée de la fenêtre d'où je l'obfervois: ce ne fut que le défir de connoître fa pofition exacte, et fur tout fa figure, qui me fit fonger à la divifer en parties féparées, et qui me fuggéra l'idée de leur resfemblance avec le fyftême dans le quel nous fommes placés: c'est ainfi que mon fyftême des fixes s'est infenfiblement accrû.

Il est probable que ne l'ayant pas encore abandonné, il s'étendra peu à peu. Mais comme on ne commande pas à l'imagination, ce ne fera peut être pas vraifemblablement fi tôt; elle ne fe reveille communément que lorsqu'on lui en fournit l'occafion. Je dois compter au nombre de celles là la question que vous m'avez propofée dans votre dernière Lettre, dans la quelle vous avez mis en ordre, éclairci, et concilié les différentes idées que j'avois préfenté fort confufement. Je me rends avec plaifir à votre invitation; je vais tâcher de faire mes efforts pour ajouter à mes preuves ce qui leur manque pour être admisfibles,

L 2 et

et de rechercher jusques à quel point leurs lacunes peuvent être remplies par des probabilités.

Il est d'abord incontestable, que la vérite ou la fausseté de mon hypothèse feroit démontrée, s'il existoit un moyen de mesurer exactement notre distance à chaque fixe, puisqu'on en concluroit certainement le lieu qu'elle occupe, que j'ai tâché de déterminer d'après d'autres considérations. La parallaxe annuelle de l'orbe de la terre est trop insensible pour être de quelque usage pour cet objet (a), et les secours de la Géometrie, si utiles dans d'autres circonstan-

---

(a) Depuis la découverte du vrai système du Monde la parallaxe annuelle des étoiles a toujours été l'objet des recherches des Astronomes. Déjà TYCHO, et depuis ses sectateurs, empruntoient de la nullité supposée de cette parallaxe leurs principaux armes contre le système de l'immortel COPERNIC, qui s'étoit contenté, comme il avoit bien raison, de la supposer insensible, et par conséquent d'éloigner les etoiles à des distances immenses. Envain HORREBOW a cru devoir le venger, et trouver dans son traité intitulé *Copernicus Triumphans* de quoi établir une parallaxe annuelle très sensible de plusieurs étoiles; envain PICARD, FLAMSTEED, LA CAILLE, et même BRADLEY ont cherché la déterminer au moyen des plus excellens instrumens; elle a toujours échappé à leurs scrupuleuses recherches, et ils ne l'ont pas même trouvé d'une seule seconde. Nous sommes donc encore de nos jours dans l'incertitude sur ce point important de l'Astronomie; mais il nous reste quelque espoir encore que bientôt nous ne le serons plus. L'idée renouvelée par M. HERSCHEL, de se servir pour cette détermination délicate des étoiles doubles, que ce grand observateur a si ingénieusement développé dans son Mémoire *On the Parralax of the Fixed Stars* dans les *Transact. Philos.* pour 1782, ne sauroit plus longtems demeurer stérile: quoiqu'on ne puisse se dissimuler, que même cette méthode laisse subsister de grandes difficultés, dont la principale est tirée du mouvement propre des étoiles, qui peut affecter, aussi bien que la parallaxe annuelle, la variation de la distance apparente des étoiles doubles, si l'on parvint à y découvrir une pareille variation. Il ne faudroit donc pas s'étonner, si les voeux des cultivateurs de l'Astronomie ne seroient pas encore si tôt remplis sur cet objet. M. SCHUBERT de Petersbourg a discuté d'une maniere très savante la méthode de déterminer la parallaxe annuelle des fixes par les étoiles doubles dans les *Ephem. de Berlin* pour 1796 pag. 113—131.

ſtances, ſont abſolument en défaut dans ce cas ci. Les loix de la gravitation et le mouvement des fixes fourniſſent un autre moyen; mais ce mouvement est ſi lent, et ſa quantité ſi inconnue, qu'il y en a vraiſemblablement pour bien de ſiècles avant de pouvoir en tirer quelque parti: nous ne pouvons encore y employer que celui des corps célestes de notre ſyſtème ſolaire. Mais il nous reste une reſſource dans l'éclat et la grandeur des étoiles; ces deux élémens bien obſervés pourroient fournir la meſure de leur distance que nous cherchons.

Une étoile nous paroît plus groſſe qu'une autre, non ſeulement parcequ'elle est plus grande ou plus voiſine en effet, mais principalement parcequ'elle est plus brillante: nous en voyons l'exemple la nuit dans les lumières, dont la grandeur apparente croit avec la distance, et qui pareillement paroiſſent plus groſſes, ſi elles ſont plus brillantes. Cet effet dépend de l'ouverture de la prunelle, de la confuſion de l'image ſur la rétine, et de l'éparpillement de la lumière ſur cette membrane. Les étoiles vues avec nos meilleurs Télescopes ne paroiſſent que comme des points lumineux (*b*), parcequ'ils en interceptent la fauſſe lu-

---

(*b*) Il est évident par le calcul, que ſi l'on ſuppoſoit la parallaxe annuelle d'une ſeconde à une étoile groſſe comme notre ſoleil, le diamètre d'une telle étoile nous paroîtroit à peine d'une $\frac{1}{100}$ de ſeconde. Cependant M. HERSCHEL, en faiſant groſſir jusques à mille fois, et d'avantage, ſes énormes télescopes, voit les étoiles de la première grandeur en forme de très petits disques: c'est ainſi qu'il a trouvé par exemple le diamètre apparent de la brillante dans la Lyre (*Wéga*) de 0″,355, ou un peu plus d'un tiers de ſeconde; celui d'*Aldébaran* de $1\frac{1}{3}''$, et celui de *Capella* de $2\frac{1}{3}''$: voyez ſon *Catalogue d'étoiles doubles &c.* dans les *Transact. Philos* pour 1782. Peut-être même qu'il faudra diminuer encore ces nombres, du moins pour *Aldébaran* et *Capella*; car l'occultation de la première par la lune ne ſeroit point inſtantanée; et la ſeconde ſurpaſſeroit le ſoleil en groſſeur environ 20 millions de fois, en ſuppoſant ſa parallaxe annuelle d'une ſeconde; et ſelon les calculs de M. LAPLACE une maſſe auſſi énorme ne laiſſerait, en vertu de ſon attraction, parvenir aucun de ſes rayons jusqu'à nous. *Expoſ. du ſyſt. du Monde.* Liv. V. Chap. 6. et *Ephem. Géogr.* de M. DE ZACH. Tom. IV. pag. 1.

lumière: c'est par là même qu'une étoile y paroît plus brillante qu'une autre quand elle l'est en effet. Il est en outre incontestable, que leur lumière s'affoiblit un peu avant d'arriver jusques à nous, et qu'elle souffre une diminution en traverſant notre athmosphère: le ſoleil nous en fournit un exemple; non ſeulement ſa lumière s'affoiblit en la traverſant, mais, ſelon les apparences, ſa propre athmosphère en intercepte une partie. Or il est très posſible, que les étoiles en ayent encore une plus conſidérable; ainſi d'après ce principe une étoile doit paroître d'autant plus terne, qu'elle est à une plus grande diſtance; mais ſi toutes étoient également éloignées, cette conſéquence ſeroit fauſſe, parceque leur lumière devroit décroitre dans la même proportion. Si conſidérées en elles mêmes elles étoient également grandes et brillantes, il s'en ſuivroit que les plus petites devroient être les plus éloignées, mais en les ſuppoſant à la même diſtance, la lumière des petites devroit être plus foible et moins intenſe.

Le nombre des étoiles de la 1.ere 2.de 3.e grandeur &c. augmente à peu près comme le quarré de leurs dimenſions (c). On en compte 18. de la 1.ere 68. de la ſeconde 209. de la 3.eme 453. de la 4.eme &c. Vous voyez déjà, Monſieur, que cette progresſion est très favorable à l'opinion des distances inégales; remarquez, je vous prie, cependant, que je ne ſuppoſe point qu'elles ſoient dans le fait également grosſes et brillantes, car alors il ne devroit s'en avoir que 12 de la 1.ere grandeur; 48 de la ſeconde, 108 de la troiſième &c: il ſe pourroit que quelques unes des plus pro-

(c) Obſervons cependant, que déjà les Catalogues d'étoiles les plus anciens et les plus incomplets, tels que celui D'HÉVÉLIUS, dont l'auteur donne ici le dénombrement, mettent cette loi beaucoup en défaut pour les étoiles pasſées la ſeconde grandeur. Mais cet écart est bien plus conſidérable encore aujourd'hui, où le zèle infatigable de M. DE LA LANDE, a déterminé déjà près de 50000 étoiles jusqu'à la dixième grandeur incluſivement, en ſe bornant au tropique du Capricorne: LACAILLE en avoit obſervé 10000 au delà, ce qui fait un total de 60000 étoiles, tandis que cette loi n'en donneroit que 6930 jusqu'à cette grandeur; elle ne ſauroit donc plus être admiſe.

proches ſeroient plus petites ou plus ternes, et *vicé verſa*; en général une telle variété ſeroit plus conforme à mon hypothêſe. Comme je les ſuppoſe en mouvement, leur ſituation et leur distance doivent varier peu à peu.

Je ne vois pas ce qu'on pourroit objećter contre le mouvement aćtuel de toutes les parties de l'Univers. La perfećtion, la dépendance mutuelle du temps et de l'espace, la loi générale de la gravitation qui l'embraſſe en entier; tout annonce ſa réalité, et me force d'en conclure, que les étoiles doivent être inégalement éloignées. Si le cas contraire avoit lieu, il en réſulteroit une uniformité à la quelle les forces centrales s'oppoſeroient. Situées à la ſurface d'une même ſphère, leur révolution autour d'un centre commun les meneroit dans le cas de s'entrechoquer par les ſećtions réciproques de leurs orbites; la durée des différens ſyſtêmes en ſeroit bien-tôt altérée, et il ne ſeroit pas poſſible de ſuppoſer autour de chacune d'elles un espace relatif à leur ſphère d'aćtivité. La géométrie nous apprend, qu'autour de celle de notre ſoleil on ne pourroit en placer que douze autres de même dimenſion (*d*); douze étoiles rempliroient donc

(*d*) C'est à dire, également diſtantes du ſoleil et entr'elles. On ne peut, à proprement parler, distribuer dans un eſpace ſphérique des points, qui ſoient tous à égale diſtance du centre et entr'eux, parceque cela reviendroit à partager la ſurface entière d'une ſphere en un certain nombre de triangles équilatéraux, dont tous les côtés ſeraient de 60°, ce qui est impoſſible. Mais ſi l'on imagine un globe percé par un prisme triangulaire équilatéral, ayant les côtés de ſa baſe égaux chaqu'un au rayon du globe par le centre duquel doit paſſer l'axe du priſme; ſi enſuite on mène autour du globe un grand cercle dont le plan ſoit perpendiculaire à ce même axe, et le quel on concoit diviſé en ſix parties égales; alors les ſix points, où [illegible] du prisme percent la ſurface ſphérique, étant joints par des arcs aux ſix points de diviſion du grand cercle, toute la ſurface du globe ſe trouvera partagée par là en 8 triangles équilatéraux et ſix quarrés ayant tous les côtés de 60 degrés; et par conſéquent les diſtances des 12 points entr'eux, meſurées par ces côtés, ou par leur chordes. ſeront toutes égales au rayon du globe, et c'est là ſans doute le ſens de l'auteur: mais ſi l'on meſure les diſtances de quelques uns de

les arêtes

donc cet objet: mais comme il y en a une infinité, il faut en conclure nécessairement, qu'elles sont situées en lignes divergentes infiniment prolongées. Puisque chaque étoile est pesante, elle doit avoir une sphère d'activité, et un espace libre pour la position de son orbite, indépendemment d'un systême de millions de Comètes et de Planètes, qui doivent participer à leur lumière et à leur chaleur. Cette disposition doit s'étendre à tout l'Univers: je ne vois pas ce qu'on pourroit désirer de plus pour pousser les preuves jusques à l'évidence.

Voici cependant un autre calcul, que je crois concluant, puisquil est aussi peu possible de douter de la gravitation des étoiles que de celle de notre soleil. Supposez deux étoiles, dont la distance apparente ne soit que d'une seconde; de plus qu'elles soient à égale distance de nous; l'intervalle vrai qui les sépare sera la deux-cent-millième partie de leur distance à notre soleil. Or l'étoile qui nous avoisine le plus étant au moins cinq-cent-mille fois plus éloignée de nous que le soleil, si je donne la même valeur à l'intervalle vrai qui nous en sépare, ces deux étoiles ne seront que deux fois et demi plus éloignées l'une de l'autre que la terre ne l'est de soleil: mais elles s'attirent mutuellement; il y a donc longtemps qu'elles se seroient réunies pour ne faire qu'une même masse, à moins q'uelles n'eussent un mouvement de translation autour d'un centre commun, mouvement que nous aurions discerné avec nos Télescopes, parceque sa période ne sauroit être bien longue. On auroit donc observé un changement dans le lieu de ces fixes, qui auroient été successivement tantôt directes, et tantôt rétrogrades; on n'a rien observé de pareil encore, et à peine s'est on apperçû de quelque variation à cet égard depuis HIPPARQUE jusqu'à nous (e).

Il

de ces points par les diagonales des quarrés dont ils occupent les angles, il est évident, qu'alors on trouvera ces distances plus grandes, et que dans ce sens elles surpasseront le rayon.

(e) On a bien prétendu quelque-fois avoir découvert des satellites autour de quelques étoiles fixes; mais M. FUSS a fait voir qu'on s'est trompé, *Ephem. de Berl.* 1785, *pag.* 13[illegible]—150: il serait donc inutile de nous y arrêter.

Il fuit nécesfairement ce tout ce que j'ai dit précédemment, que les étoiles font à des diftances très différentes du foleil, et que celles qui paroisfent amoncelées dans la voye lactée font, comme je l'ai déjà dit plus d'une fois, fituées à la file les unes des autres. On doit, dire la même chofe des nébuleufes.

Aujoutez encore à tout cela, que rien ne nous oblige à épargner l'efpace: au contraire, fi nous prenions ce parti, la gravité, les forces centrales, et généralement tous les mouvemens qui en font les effets, cesferoient: notre terre alors s'arrêteroit quelque part, et fon orbite pourroit être occupée par plufieurs autres planètes. Mais ainfi l'Univers feroit bientot dépouillé de ce qu'il offre de plus admirable et de plus varié. Le mouvement est trop esfentiel à fa perfection: partout où il y a du mouvement, il faut de l'efpace. Il est évident, d'après la confidération des forces centrales, et l'exiftence des orbites dans le fyftême folaire, qu'il doit y avoir de l'efpace autour de chaque fixe.

Voilà, Monfieur, les preuves que je puis vous offrir au foutien de ma première asfertion concernant les fyftêmes des fixes, qui est qu' elles, et particulièrement celles de la voye lactée, font fituées à la fuite et très confidérablement diftantes les unes des autres, ayant de plus une fphère d'activité proportionelle à leur masfe. J'en conclus, qu'il n'y a pas au déhors de cette bande des étoiles à même diftance les unes des autres qu'au dedans, puisque l'efpace y paroît presque vuide relativement à elle; et fi je ne confidérois pas ces efpaces comme nécesfaires à l'emplacement des orbites des fyftêmes de fixes, je ne ferois aucune difficulté de fuppofer dans cette région ténébreufe des fyftêmes de corps obfcurs et non lumineux: en un mot, il faut toujours de l'efpace pour un mouvement, quelque lent qu'on veuille le fuppofer.

Ma dernière conclufion de la non fphéricité apparente du fyftême de fixes n'est qu'une fimple application d'une propofition comme de géométrie, que vous avez rendue fi fenfible par votre édifice d'illumination, que je ne crois pas devoir m'y arrêter plus longtemps. Vous avez de mê-

même éclairci ce qui concerne la féparation de la voye lactée de notre fyftême de fixes, et vous ne devez certainement trouver aucune difficulté dans la divifion que je fais de cette bande en différens fyftêmes particuliers, placés les uns derrière les autres. Je n'en détermine pas le nombre, mais felon les apparences il doit être inexprimable. J'ai déjà dans ma précédente fait voir, comment l'analogie nous conduifoit du fyftême de Jupiter et de Saturne à celui de notre foleil, et de celui ci à ceux des fixes. Le nombre, l'efpace, la maffe, et le temps font des éléments qui dans l'édifice de l'Univers, doivent marcher proportionellement et enfemble.

En féparant le fyftême des fixes, auquel nous appartenons, de ceux qui font dans la voye lactée, je laiffe un intervalle confidérable entre eux; comme je les fuppofe à peu près dans le même plan et presque à la même diftance de nous, je ne puis guères en admettre au delà de fix, qui nous foient immédiatement contigues. Je renvoye les autres dans les régions fupérieures, en les éloignant graduellement de nous. À l'égard du diamètre apparent des fyftêmes de la voye lactée, comme il ne peut furpaffer fa moyenne largeur, qui n'est que d'environ 10 degrés, et peut même être réduit à 5 ou 6, j'en conclurrai, que leur diftance réciproque peut être estimée de 10 ou 12 fois leur diamètre, et qu'étant fitués à la file, le premier cache l'intervalle qui le fépare du fecond, et ainfi de fuite.

Je fuis cependant convaincu, que le nombre en est déterminé, et que la voye lactée a fes limites quelque part. Javois tâché dans ma dernière lettre de déduire celà de l'analogie, en fuppofant au delà de cette bande une infinité d'autres voyes lactées; car j'étois auffi éloigné de croire qu'elles duffent fervir de limites à l'univers, que je l'étois de penfer, que leur nombre dût être infini. On pourroit demander, fi la lumière pâle que l'on voit dans la conftellation *d'Orion*, et que DERHAM, regarde comme une ouverture du firmament, est une de ces voyes lactées? Je ne m'arrêterai pas à l'objection prife des changemens qu'on y remarque; elle paroît devoir être trop éloi-

éloignée, pour qu'on puisſe la voir toujours avec la même diſtinction à travers notre athmosphère, même avec le ſecours de nos lunettes (*f*)

Peut-être pourroit on, d'après la figure apparente de la voye lactée, juger plus ſûrement qu'elle a des limites asſez rapprochées; car ſi elles étoient infiniment éloignées, elle devroit ſe préſenter à nos regards ſous la forme d'un grand cercle: or celà n'est pas; elle approche plu-tôt de l'elliptique; elle n'est même pas dans le même plan, puisqu'elle s'éloigne de 35 degrés du pôle Boréal, et ſeulement de 20 de l'auſtral, et qu'elle partage au contraire l'équateur en deux parties à peu près égales; elle paroît telle qu'un anneau à l'oeil qui ſeroit ſitué hors de ſon axe et de ſon plan: notre ſyſtême de fixes paroît être non ſeulement en déhors du plan de la voye lactée, mais de plus il paroſt plus rapproché de ſa circonférence que de ſon centre: au ſurplus, les petites irrégularités de ſa forme en empêchent la déterminatiou exacte.

J'ai penſé depuis à un autre moyen par lequel on pourroit faire quelque tentative pour découvrir, ſi les fixes de notre ſyſtême, et par conſéquent notre ſoleil, tendent vers quelque corps placé dans ſon centre, autour du quel elles fasſent leur révolution, ou ſeulement vers le centre commun de la totalité des ſyſtêmes? Dans le premier cas les planètes ſeroient asſujéties à la même tendance: c'est de cette manière, par exemple, que la lune pèſe vers la terre et vers le ſoleil; de cette double tendance naisſent de petites, mais très ſenſibles irrégularités, qui moleſtent étrangement les astronomes. Les planètes de notre ſyſtême ſolaire ſont dans le même cas relativement au corps central du ſyſtême des fixes, et leurs révolutions en ſont pareillement altérées. On peut donc demander, s'il ne ſeroit pas posſible de parvenir par des obſervations exactes et fixes à déterminer leurs anomalies annuelles; ſi le lieu du ſoleil obſervé s'accorde pendant toute l'année à la ſeconde avec le lieu cal-

(*f*) Voyez cependant ce que nous avons dit à la neuvième Lettre not. (*a*) relativement à cette nébuleuſe, et aux changemens que les obſervateurs modernes y ont découvert.

calculé (*g*), si la rétrogradation de la ligne des noeuds et des aphélies n'en est par une conséquence, enfin, si elles ne sont pas en partie la cause de la variation de l'écliptique (*h*)? Si la position du plan des orbites des planètes a varié, on n'a plus aucune raison de croire à l'immobilité de celui de la terre, puisque c'est à lui qu'on rapporte leur position. Ce n'est que pour la facilité des calculs et la commodité des observations qu'on a choisi le plan de l'écliptique pour terme de comparaison de l'inclinaison des autres orbites. (*i*)

On

(*g*) Il est vrai qu'aujourd'hui même les erreurs de nos meilleures tables solaires peuvent aller à près d'un tiers de minute, v. la préface du Traité de M. Olbers *sur le calcul des Comètes* (pag. XVII.) : mais il n'est rien moins que probable, que ces erreurs soient des résultats de petites anomalies, causées par l'action d'un corps central du système des fixes. Si un pareil corps existe, il est certain, que le diamètre de l'orbe terrestre n'a aucun rapport sensible à sa distance immense, et que par conséquent les anomalies que pourroit produire son attraction dans les révolutions des planètes doivent être entierement inperceptibles. L'auteur même ne s'est pas dissimulé cette difficulté dans la XIVième Lettre.

(*h*) La véritable cause de toutes ces petites variations dans les élémens des orbites planétaires, que l'on appelle ordinairement *variations séculaires*, est aujourd'hui parfaitement connue, et c'est particulièrement aux deux grands Géomètres, MM. Lagrange et Laplace que nous devons cette belle découverte: elles ne sont que les résultats des attractions réciproques des planètes, et se déduisent toutes de la théorie de la pesanteur universelle: leurs quantités vraies et exactes seraient égalément connues, s'il ne régnait encore quelque incertitude sur celles des masses des planètes qui manquent de satellites, principalement de Vénus: elles ne vont pas en augmentant ou en diminuant à l'infini, mais ont pour la plus-part des limites fort étroites et des périodes très longues. Outre plusieurs savans traités, répandus dans les Mémoires de Berlin et de Paris, on peut voir à leur sujet *l'Exposition du système du Monde* de M. Laplace, L. IV. C. 3. *l'Astronomie Physique* de M. Schubert, Sect. V. *surtout le dernier chap.* et l'Ouvrage classique, qui vient de paroître, de M. Laplace, intitulé *Traité de Mécanique céleste Part. I. Liv. II. Chap.* 7.

(*i*) Comme le plan de l'écliptique est lui même sujet à de petites va-

On pourroit, d'après les remarques précédentes, augurer que la figure des orbites des planètes s'éloigne, ainſi que celle de la lune, de la parfaite ellipticité; il doit néceſſairement s'enſuivre, que la diſtance du ſoleil varie, comme celle de la lune, par une double cauſe. On s'est déjà apperçu que les tables aſtronomiques s'écartoient le plus ſouvent presque d'une minute de l'obſervation (*k*), il n'est donc plus question que d'examiner, ſi celà arrive après certaines périodes réglées, et les cauſes d'un pareil effet.

Vous voyez, Monſieur, qu'il peut y avoir un moyen de vérifier par l'obſervation mes ſoupçons ſur le mouvement de translation de notre ſoleil. Si toute fois la gravité vers le centre commun de notre ſyſtême est asſez ſenſible pour être perceptible, il ſeroit posſible ausſi de découvrir la région du ciel où est placé ce centre, puisque toutes les planètes, et en particulier la terre, doivent s'y diriger, On pourroit en déduire les petites anomalies qui en réſultent de la même manière qu'on est parvenu à connoître celles de la lune dûes au ſoleil.

J'ai élevé dans ma dernière Lettre la question de s'avoir, s'il falloit ſuppoſer dans ce centre commun un Corps obſcur d'une masſe démeſurée, ou ſimplement n'y conſidérer qu'un point vers lequel tous les Corps du ſyſtême tendisſent? il ne ſeroit pas imposſible d'acquérir quelques lumières ſur ce point par les ſeules obſervations, ou du moins ſur le de-

---

variations, ainſi que ceux des orbites de toutes les autres planetes, et vraiſemblablement ausſi celui de l'Equateur ſolaire, M. LAPLACE a cherché au milieu de toutes ces variations un plan fixe et invariable, au quel il ſerait naturel de rapporter toutes les orbites planétaires : il a trouvé qu'il en exiſte un tel, dépendant des masſes des planètes, des inclinaiſons, et des excentricités de leurs orbites, dont le noeud ascendant était au commencement de 1750 à 3ˢ. 12°. 59′. 40″,3 et l'inclinaiſon à l'écliptique de 1°. 35′. 31″,7 à la même époque. *Exp. du ſyſt. du Monde.* L. IV. chap. 3.

(*k*) Les petits écarts de nos plus nouvelles tables ſolaires de MM. DE ZACH et DE LAMBRE ne montent qu'à ⅓ de minute, comme nous venons de le remarquer : ils ſont principalement cauſés par la planète de Vénus, dont nous ne connaisſons pas encore la masſe avec asſez d'exactitude.

degré de force de cette tendance pour chaque planète et le soleil: elle doit sans doute être fort petite, puisque ni le hazard, ni les plus exactes observations n'ont encore manifesté les anomalies, qui devroient en résulter dans le mouvement de la terre: on en a remarqué bien plus-tôt de pareilles dans le mouvement de la lune, dépendantes de l'action du soleil, car le calcul ne s'accordait jamais avec les observations, et la différence sautoit aux yeux, puisqu'elle alloit souvent à plusieurs minutes (*); celle du lieu de la terre est plus petite, elle ne va pas, ainsi que je l'ai déjà remarqué, à une minute. On pourroit de même y trouver la cause du mouvement lent des aphélies et des noeuds (*l*), sur tout si on compte la rétrogradation à partir de quelque fixe plus-tôt que des équinoxes.

J'ai fait usage autant que je l'ai pu de vos conseils, en combinant et développant mon systême des fixes; mais je suis bien éloigné de croire, d'avoir porté à un degré suffisant de clarté le cahôs de mes premières idées, et de n'y avoir rien laissé à désirer. J'attendrai, avant d'aller plus en avant, vos remarques sur tous ces objets: vous m'avez appris combien il y a loin des simples conjectures aux conclusions rigoureuses, et j'en suis bien résolu de faire main basse sur tout ce qui n'aura pas ce caractère.

Je suis &c.

(*) Les tables de MAYER ne s'écartent jamais de cette quantité de l'observation; une minute doit faire suspecter son exactitude.

(*l*) C'est encore dans l'action mutuelle des planètes, et non pas dans celle d'un corps central du systême des fixes, qu'il faut chercher cette cause; voyez *l'Astronomie* de M. LA LANDE, Tom. III. §. 3672—3691. *l'Exposition du systême du Monde* de M. LAPLACE, *Liv.* IV. *Chap.* 3. *pag.* 42. *du* II. *Vol.*, et *l'Astronomie Physique* de M. SCHUBERT, *Sect.* V. *Chap.* 1. §. 142 *et Chap.* 2. §. 160 & 162.

LETTRE XIII.

Je me flatte, Monsieur, que vous devez vous appercevoir de mon attention à vous fournir l'occasion d'étendre et de compléter votre édifice de l'Univers. Le plaisir que j'ai à contempler la voute céleste me fait regretter d'avoir autant tardé à l'examiner avec les yeux d'un astronome; j'en serai d'autant plus empressé à réparer le temps perdu, et à me mettre en état de vous faire des questions importantes sur cet objet, dont j'attendrai la solution avec plus de tranquilité que de celles que je vous avois faites sur l'effet des Comètes.

Je vous dois des remercimens de la peine que vous avez pris de me tracer la marche de vos découvertes. Le premier jet de vos idées, qui selon vous ne formoient qu'un cahos, me paroît un enchainement naturel de toutes les parties de l'édifice. Ce qui n'étoit que probable et vraisemblable, a reçû par les preuves un degré de certitude auquel il semble qu'on ne puisse rien ajouter. Le systême de vos idées est ordonné de manière à lier tout ce qui doit l'être. En effet, chaque lacune est remplie, et chaque nouvelle observation y trouvera sa place.

En rassemblant tous les principes que vous avez établis sur les systêmes des fixes et leurs distances relatives, je n'ai plus aucun doute important, ou pour mieux dire, aucun espèce de doute sur cet objet. Il étoit tout simple que les anciens regardassent les étoiles comme attachées à la surface concave du ciel (*a*): ils avoient besoin de cet-

(*a*) Ceci pourtant ne peut se dire en général des anciens; il s'en trouve au contraire qui avoient des opinions sur les étoiles fixes tout aussi saines que les modernes. HÉRACLIDE par exemple, et plusieurs autres Philosophes sortis de l'école de PYTHAGORE en

cette supposition pour expliquer le mouvement journalier de leur premier mobile: celà auroit dû être en effet ainsi, si ce mouvement n'avoit pas été apparent, mais réel, et n'avoit pas dû être attribué à celui de la terre. Il en est de même de leur révolution autour des pôles de l'Ecliptique: il est maintenant plus que suffisamment démontré, que tous les mouvemens que paroît avoir le firmament, dépendent de celui de la terre, ainsi que tous ceux qui ont des périodes réglées, tels que les retours de l'année, des lunes, l'aberration de la lumière, la nutation de l'axe de la terre &c. Comme ce mouvement du premier mobile étoit l'unique principe que PTOLOMÉE et ses sectateurs eussent adopté, ils ont été forcés de suspendre, pour ainsi dire, les étoiles à la surface de la sphère, et conséquemment de les supposer à la même distance.

Nous avons au contraire une infinité de raisons de les supposer inégales et placées à la file l'une de l'autre. Ce sont, je le répète, autant de soleils, qui sont les centres de systêmes remplis d'une légion de globes qu'ils éclairent, échauffent, dont ils varient les saisons, et qui par là deviennent habitables pour des êtres animés. De tels systêmes supposent un espace proportioné à l'étendue de la sphère d'activité de chaque soleil; elle doit sans doute être très vaste, et ne pas le céder à celle de notre soleil, puisque malgré l'énorme distance de ces astres lumineux, nous les voyons briller d'un éclat aussi vif. Nulle différen-

---

enseignoient selon PLUTARQUE (*de placitis Philosophorum*, Lib. II. *cap.* 13) *ἕκαστον τῶν ἀστέρων κόσμον ὑπάρχειν, γῆν περιέχοντα, ἀέρα τε, καὶ αἰθέρα, ἐν τῷ ἀπείρῳ αἰθέρι*, *que chaque étoile étoit un monde existant dans l'immensité des cieux, et avoit autour de soi une terre, des planètes, et un espace céleste* (proportioné à sa grandeur); et ces opinions (continue PLUTARQUE) *rémontoient même jusques aux tems* D'ORPHÉE, *qui dans ses poemes faisoit également un monde de chaque étoile.* Et loin de les regarder comme fixées à la voute concave du ciel, DÉMOCRITE enseignoit, selon les propres termes D'ORIGÈNES, *εἶναι τοὺς κόσμους ἄνισα τὰ διαστήματα. — τοὺς δὲ πλανήτας οὐδ' αὐτοὺς ἔχειν ἴσον ὕψος*, *que ces mondes, de même que les planètes, étoient à des distances très inégales* (in *Philosophumenis*, cap. 13).

rence entre eux et notre ſoleil, ſoit pour l'esſence, ſoit pour l'action. L'entrée réciproque dans le domaine des uns des autres leur est interdite, ſans quoi ils tendroient bientôt enſemble d'un mouvement commun vers le même centre de gravité, mouvement qui deviendroit dans peu d'annécs obſervable pour nous. Vous inférez avec raiſon de tous ces principes, que leur nombre doit être immenſe dans la voye lactée, ainſi que dans les nébuleuſes : vous pouvez ſur cet article, comme ſur les autres, en appeler en toute ſureté à l'obſervation, qui les confirmera tôt ou tard, Vous avez déjà propoſé dans vos précédentes Lettres d'employer la comparaiſon du Catalogue de Ptolomée avec les modernes, pour examiner s'il y a eu quelques changements dans la poſition relative des étoiles, qui jusques ici, du moins pour les grosſes, ne paroisſent pas avoir été asſez conſidérables pour pouvoir être obſervés.

M. Cassini attribue à la parallaxe annuelle l'apparence double de la première étoile du Bélier à certaines époques (*b*). Pour décider cette question il faudroit d'abord conſtater, ſi cette apparence est périodique ; ſi la différente ſérénité de l'air n'y contribue pas ; ſi on la voit conſtamment double, ou ſi ce ſont réellement deux étoiles différentes (*). On pourroit faire les mêmes recherches ſur l'é-

---

(*b*) C'est l'étoile γ du Bélier, appelée *Méſarthim*, qui dans le Catalogue de Ptolomée est la premiere étoile de cette Conſtellation, et par conſéquent de tout le zodiaque. A la vue ſimple elle paraît de la 3ième à 4ième grandeur ; mais par de bonnes lunettes on apperçoit qu'en effet elle est compoſée de deux étoiles de 5ième grandeur, diſtantes de 10 à 12 ſecondes l'une de l'autre. Mais quoique Cassini ſoit le premier qui ait fait cette remarque, il ne paraît pas cependant avoir obſervé cette étoile tantôt *ſimple*, tantôt *double*, comme le remarque ici très à propos le traducteur. Il est certain, qu'on n'y apperçoit aujourd'hui rien de pareil ; et cette prétendue obſervation de D. Cassini, ſemble avoir été adoptée et répétée un peu trop legérement dans plusieurs livres d'Aſtronomie ſur l'autorité de Gregory, (*Aſtronom. Phyſ. et Geom. Elem. Lib.* III. *Sect.* IX. *Propoſ.* 54.)

(*) La question est décidée, car depuis qu'on a obſervé cette étoile avec le Télescope, elle a paru conſtamment double : ce ſont

deux

l'étoile du milieu de l'épée d'Orion, que M. HUYGENS prétendoit être composée de 12 petites étoiles (*c*). On décideroit peut être par cette voye, s'il n'y a pas en effet quelques fixes qui fasfent en asfez peu de temps leur révolution autour d'un centre de gravité commun.

Je penfe qu'en attendant vous pouvez vous en tenir à votre fyftême comme le plus cohérant que je connoisfe. Les remarques dont vous l'étayez relativement aux planètes, et à la terre en particulier, me paroisfent de la plus grande importance, et devoir être de la plus grande utilité, pouvant fervir à fixer la pofition du foleil dans notre fyftême de fixes, et la quantité de fon mouvement. Ce que vous ajoutez fur les petites erreurs de fes tables donne lieu d'efpérer que ces recherches ne feront pas infructueufes, fur tout fi on pouvoit en déduire le mouvement des aphélies, de la ligne des noeuds, et l'inclinaifon des orbites des planètes (*d*): peut être les Comètes y contribuent elles un peu lorsquelles s'approchent des planètes; mais outre que ce cas ne peut être que fort rare, j'ai de la peine à imaginer, que leur effet fur des planètes ausfi grosfes que Jupiter et Saturne puisfe être fenfible; enfin, quoiqu'il en fut, la régularité de leur mouvement dépendroit toujours principalement de leur tendance au centre de

---

deux étoiles différentes, bien diftinctes, et l'on ne fache pas que M. CASSINI ait dit nulle part qu'il l'avoit vue tantôt *fimple*, tantôt *double*. Dans quelques fiècles les Télescopes et les obfervations de M. HERSCHEL, éclairciront ce point intéresfant.

(*c*) Ces petites étoiles font fituées dans la Nébuleufe d'Orion, voyez notre remarque (*a*) fur la IX Lettre, pag. 129. On y voit beaucoup plus que 12 dans les excellentes gravures qu'en ont donné MM MESSIER et SCHRÖTER; et ce dernier Obfervateur a remarqué effectivement des changemens dans leurs pofitions, quoique ces changemens ne foient nullement l'effet de la parallaxe annuelle, que ces étoiles ne fauroient indiquer avantageufement; voyez le Mémoire de M. HERSCHEL, (*On the Parallax of the fixed ftars.*)

(*d*) Ce feroit en vain que l'on chercheroit à déduire du mouvement du foleil autour d'un corps central les variations féculaires des orbites des planètes dont on connoît bien mieux la caufe aujourd'hui: voyez nos fix dernières remarques fur la Lettre précédente.

de notre ſyſtême des fixes, et c'est de là qu'il faut partir en dernière analyſe pour le fixer.

Sur ce principe ſuppoſez, Monſieur, que chaque planète ſoit asſujétie à des anomalies à peu près ſemblables à celles de la lune dûes au ſoleil; conſidérez cet astre comme peſant vers le centre du ſyſtême des fixes, et les planètes et comètes comme ſes Satellites; elles ſeront ſoumiſes à l'action de ce centre comme il l'est lui même; ainſi elles ſe mouvront tantôt plus vite, tantôt plus lentement que ſi elles peſoient vers le ſoleil ſeulement. Mais en pousſant cette comparaiſon plus loin, il ſe préſente une difficulté que je ne puis pas ausſi bien réſoudre. Elle concerne la direction du mouvement de la ligne des noeuds, qui est rétrograde pour la lune, et direct pour les planètes (e). D'où croyez vous que provienne cette différence? Comment pourroit elle s'expliquer par la peſanteur générale de notre ſyſtême ſolaire vers le centre du ſyſtême de fixes?

Vous avez établi, Monſieur, dans votre précédente, que notre ſoleil n'étoit pas ſitué à l'extrémité du ſyſtême des fixes dont il fait partie, mais plu-tôt vers ſon milieu, et vous avez fondé cette asſertion ſur ce que nous ſommes entourés d'étoiles de toutes parts; cette circonſtance devroit accélérer ſa révolution, augmenter ſa peſanteur vers le centre, et la rendre d'autant plus ſenſible relativement à celle des planètes: cependant comme les anomalies qu'on y remarque ſont très petites, il faut que ſa diſtance à ce centre commun ſoit infiniment grande, ſur tout ſi on y ſuppoſe, comme vous l'avez fait, un corps non lumineux d'une immenſe dimenſion, vers lequel ſoit dirigée la peſanteur de tous les ſyſtêmes ſolaires: en effet, un tel corps ne ſeroit que de peu d'utilité ſi ſon diamètre n'égaloit au moins celui de la ſphère d'activité de notre ſoleil.

Si la diviſion des étoiles fixes intérieures à la voye lactée en ſyſtêmes particuliers étoit ſuffiſamment prouvée, on pourroit en induire de ſuite, qu'il existe de pareils corps

(e) Plus bas ſur la réponſe à cette Lettre, pag. 195, nous aurons occaſion de nous expliquer ſur ce point.

M 2

corps non lumineux par tout où l'on a obſervé des étoiles nouvelles, dont l'apparition et la diſparition pourroient s'expliquer par la théorie des Eclipſes; il feroit cependant toujours plus avantageux de pouvoir examiner d'après d'obſervations exactes, ſi la peſanteur du ſoleil vers ce centre produit un effet ſenſible; ce moyen feroit plus direct et plus ſûr pour approcher de la vérité.

Regardant comme moralement démontré, d'après les preuves que vous en avez donné, la réalité du mouvement des fixes, ainſi que l'inégalité de leurs diſtances, j'ai eſſayé d'en calculer la viteſſe. J'ai ſuppoſé que depuis HIPPARQUE, ou en nombres ronds, depuis 2000 ans nos étoiles les plus voiſines avoient parcouru un quart de degré. On peut bien admettre, cette ſuppoſition d'après le peu de préciſion du Catalogue de PTOLOMÉE. J'ai pris pour unité la diſtance de la terre au ſoleil, et ſuppoſé ces fixes 500000 fois plus éloignées: prenant ce nombre pour le demi diamètre d'un cercle, j'ai trouvé qu'un quart de degré répondoit dans ce cercle à 4000 (*f*) de ces unités parcourues par ces étoiles dans l'eſpace de 2000 ans, ou deux dans une année, c'est à dire un eſpace auſſi grand que le diamètre de l'orbe annuel; mais comme ce diamètre n'est que le tiers de cet orbe, il s'en ſuit, que la viteſſe cherchée de ces étoiles n'est que le tiers de celle de la terre.

Ce calcul ſuppoſe l'immobilité du ſoleil dans cet intervalle, et la révolution de l'étoile dans un cercle; mais ſi cela n'a pas lieu, on n'aura au réſultat que la viteſſe relative, qui ſera plus ou moins grande ſelon que les directions des mouvemens feroient ou conſpirantes ou contraires: c'est d'après ce même principe que les planètes paroiſſent directes, rétrogrades, ou ſtationnaires. Il est donc poſſible qu'il y ait des étoiles de la 1.re grandeur qui n'ayent pas changé ſenſiblement de place, tandis que d'autres feront dans

(*f*) Il n'y a que 2180 de ces unités ſur *un quart de degré* dans un tel cercle; il faut donc lire ici *un demi degré* et non pas *un quart*. Dans l'original on trouve la même faute.

dans un cas contraire (f)*. Comme j'ai supposé seulement d'un quart de degré le changement de lieu le plus remarquable, il ne peut être arrivé que dans le cas le plus favorable, c'est à dire, dans le cas des directions du mouvement opposées: mais alors celui de l'étoile en diminue de moitié, donc il ne sera que la 6e partie de celui de la terre: si on considère en outre l'immensité de l'orbe circulaire ou elliptique dans lequel les étoiles font leur révolution autour du centre commun, on verra combien doit être petite la pesanteur qui les y fait tendre; elle doit cependant être beaucoup plus grande que celle qui fait tendre l'une vers l'autre, ou vers notre soleil, deux étoiles les plus voisines l'une de l'autre. La vîtesse des planètes qui font leur révolution autour du soleil étant entre elles inversément comme les racines quarrées de leurs distances à cet astre, il s'en suit, qu'une étoile qui en est 500000 fois plus éloigné que la terre doit se mouvoir à peu près 700 fois plus lentement qu'elle; mais d'après le calcul précédent son mouvement ne devoit être que six fois plus lent, donc elle se meut environ 120 fois plus vîte que si elle n'étoit soumise qu'à l'action centrale de notre soleil. Une plus grande vîtesse exige dans tous les cas une plus grande pesanteur vers le centre des forces, pour que le corps puisse se maintenir dans son orbite. Je serois donc toujours en droit de conclure, que la force de la gravité doit être très grande dans le centre des systêmes de fixes: au surplus il seroit superflu de pousser ce calcul plus loin, parceque le principe sur lequel il est fondé, à sçavoir le déplacement réel des étoiles depuis Ptolomée, n'est pas encore assez constaté (g).

Il

(f)* C'est en effet ce que les observations nous ont appris: car on trouve des étoiles peu remarquables qui cependant ont un mouvement propre très sensible, telles que θ de la grande Ourse, γ du Serpent, ε du Scorpion et d'autres: voyez la *Connoiss. des Tems pour* 1798. *pag.* 221.

(g) Aujourd'hui, où ce déplacement est très bien constaté, M. Schubert a fait un calcul semblable à celui qu'a donné ici Lambert, mais sur des élémens un peu différens: au lieu d'un

quart

Il me reste encore une question à vous faire relative à l'intervalle que vous supposez entre les systêmes des fixes de la voye lactée et le notre: vous le faites si considérable, que je ne conçois pas bien que nous puissions, au moyen des télescopes, voir les étoiles, qui y sont comprises, distinctement séparées, d'autant plus que les plus voisines peuvent fort bien être quelques centaines de fois plus éloignées que *Sirius*. Que les fixes de cette bande ne nous présentent à la vue simple qu'une lumière diffuse, je n'en suis pas étonné, puisque leurs images doivent se confondre sur la rétine, et n'y former qu'une représentation confuse. La dispersion de la lumière dans l'air et dans l'éther qu'elle traverse peut aussi y contribuer un peu Avec quelle perfection ne faut il pas que les télescopes écartent toute lumière étrangère pour que nous puissions appercevoir ces étoiles comme de points lumineux distinctement séparés (*h*)? Le

---

quart M. SCHUBERT suppose un *demi degré* pour le mouvement propre le plus grand qu'on ait observé depuis 2000 ans, et adopte la distance au soleil de l'étoile la plus voisine de 300000 demi-diamètres de l'orbite terrestre; par là il trouve la vitesse d'une telle étoile 9 fois moindre que celle de la terre, et 61 fois plus grande qu'elle ne devroit l'être si à cette distance l'étoile se mouvoit autour du soleil (*Astronomie Théorique Sect. 2. chap. 3. §. 51*). Mais nous sommes encore obligés d'indiquer à cette occasion une petite faute dans ce calcul de M. SCHUBERT. En supposant le plus grand mouvement propre observé d'une étoile de 30′ en 2000 ans, ce grand géomètre renvoye le lecteur au § précédent (50), où il donne le mouvement propre d'*Arcture*, tiré des observations, de 1′. 11″ en ascension droite, et de 1′. 55″ en déclinaison dans l'espace de 50 ans. Or ces mouvemens donnent pour 2000 années un mouvement total de 90′ au lieu de 30′, et par là la vitesse vraie deviendrait également 3 fois plus grande par la formule de M. SCHUBERT, c'est à dire, le tiers seulement de celle de la terre. Selon les recherches les plus nouvelles de MM. MASKELYNE et LA LANDE on trouverait le mouvement propre total d'*Arcture* en 2000 ans de 1°. 16′. 34″, ou de 2″, 297 par an.

(*h*) Mais aussi des télescopes ordinaires, quoiqu'excellentes d'ailleurs, ne sauroient nous faire appercevoir ces innombrables étoiles qui composent la voie lactée, toutes distinctement séparées: et il n'y a que M. HERSCHEL qui soit en état de voir au moyen de ses télescopes toute la voie lactée entièrement résolue en étoiles,

Le nombre des étoiles croisſant à peu près comme le quarré de leurs dimenſions (*), je vois par cette loi, que ſuivent auſſi les ſurfaces des ſphères dont les rayons croiſſent comme les nombres naturels, que les étoiles, ſont encore aſſez uniformement distribuées dans notre ſyſtême. Le mouvement des étoiles ne comporte pas une plus grande uniformité puisque leur lieu varie peu à peu; c'est ce qui fait que je ne crois pas que cette loi puiſſe s'étendre fort loin (*i*), car il y a des régions du ciel où les étoiles télescopiques paroiſſent en bien plus grand nombre qu'ailleurs, par exemple dans la partie occupée par la conſtellation *d'Orion*, où le nombre des grandes et des petites est étonnant: celles du *grand Chien*, du *Vaiſſeau*, ſont dans le même cas; elles ſont ſituées de même relativement à la voye lactée; et s'il est vrai que notre ſoleil ſoit conſidérablement éloigné du centre du ſyſtême, je ſerois fort porté à croire, que ces conſtellations ſont ſituées au delà de ce même centre par raport à nous. Cette poſition ſeroit plus favorable à l'idée de la ſuite prolongée des étoiles, qui ſe préſenteroient à nous ſituées à peu près les unes derrière les autres.

Je me ſuis occupé de cette manière de la recherche de la poſition de notre ſoleil relativement à notre ſyſtême des fixes, comme vous l'avez fait de celle de ce ſyſtême relativement à ceux de la voye lactée. J'ai examiné ſa figure ſur un globe céleste; elle m'a paru n'être pas parfaitement circulaire; elle s'éloigne inégalement des pôles, de manière à repréſenter, ainſi que vous l'avez remarqué, une eſpèce d'ovale, dont le petit axe ſitué vis à vis *Orion* paſſe par la région du ciel où le colure des ſolſtices coupe le capricorne, où elle est diviſée en deux parties, et près de la quelle je ſerois très tenté de croire que nous ſommes placés.

Les élemens nous manquent pour déterminer tous ces dif-

(*) Lettre précédente.

(*i*) Voyez nos remarques (*c*) ſur la précédente Lettre, et (*c*) ſur la ſuivante.

différens points ; mais vraisemblablement la postérité y parviendra peu à peu ; c'est déjà assez que de pouvoir, même par des moyens négatifs, determiner à peu près la position du systême des fixes, ainsi que le point de l'Univers dans lequel nous nous trouvons actuellement. Par exemple, on peut presque assurer que la terre n'est pas au centre du systême solaire, mais qu'elle fait sa révolution autour du soleil : que le soleil n'est pas dans le centre du systême des fixes : que ce centre est à peu près situé dans la constellation du *grand Chien* ou *d'Orion* : enfin que ce systême n'est placé ni dans le plan ni au centre de la voye lactée, mais un peu au dessus, et plus près de la partie qui passe auprès du capricorne, où sa largeur est double (*k*). Il n'est pas aussi aisé de former des conjectures sur le lieu qu'occupe la voye lactée relativement à la totalité de l'Univers, ni sur sa similitude avec les autres voyes lactées éparses ; leur énorme distance s'y oppose : il me paroît très vraisemblable, que si la lumière pâle,

---

(*k*) M. Kant avoit déjà conjecturé précisément la même chose, par rapport à la région du ciel où l'on devrait chercher le centre de la voie lactée, et à l'endroit que le soleil y occuperait probablement : voyez son *Hist. Nat. et Théor. gén. du Ciel. pag.* 139 et 140. *Ed. orig.* Il lui parait, que la partie de la voie lactée la plus voisine de nous est celle où nous voions les constellations de l'Aigle, du Renard, et de l'Oye, et où elle nous parait la plus lumineuse, et double. Mais des Observations de M. Herschel il résulteroit directement le contraire, parceque c'est dans cette même partie que ses télescopes lui montrent la plus innombrable quantité de petites étoiles, ce qui, selon la méthode ingénieuse que ce grand Observateur employe pour déterminer les dimensions de la voie lactée, donnerait les plus longues suites de ces étoiles, ou le plus grand *rayon visuel* (*visual ray*) de la voie lactée de ce côté là, comme on peut le voir aussi par la figure de la section qu'il en a donnée dans son *Account of some Observations tending to investigate the Construction of the Heavens* dans les *Transact. Philosophiques* pour 1784. pag. 437. Au reste M. Herschel prétend que notre soleil est situé dans la voie lactée non loin de l'endroit où une espèce de branche s'en sépare, et explique par là en même tems comment elle paraît double dans une grande partie du ciel.

pâle, qui est dans *Orion* appartient à ce genre, on en découvrira bien d'autres pareilles dans d'autres parties du ciel, si on l'observe avec soin au moyen des télescopes (*) (*l*). La beauté de la constellation d'Orion a invité plus particulièrement les astronomes à y tourner leurs regards (*m*), et c'est à cette cause que l'on doit la découverte de cette lumière. Nous devons être encouragés à voir, si y ayant trouvé le lieu du centre de notre systême de fixes, nous n'y trouverions pas celui de la voye lactée entière. Je serois enchanté si vous adoptez cette idée, et j'attendrai avec impatience de sçavoir ce que vous en pensez.

Je suis &c.

(*) M. Messier a rempli complettement cet objet par son excellent Catalogue de nébuleuses, dont il a découvert une grande partie, voyez la *connoissance des temps de* 1783.

(*l*) Outre le Catalogue de nébuleuses, qui se trouve dans plusieurs volumes de la *Connaissance des Tems*, dont parle ici le Traducteur, M. Herschel nous en a donné deux nouveaux, contenant chaqu'un mille nébuleuses, que l'on trouvera toutes sur les grandes cartes célestes dont M. Bode est occupé actuellement.

(*m*) Voyez notre remarque (*a*) sur la suivante.

LETTRE XIV.

C'est avec grand plaisir, Monsieur, que depuis votre dernière Lettre je me suis occupé des recherches dont dépend la solution des questions que vous m'y avez proposées. Je vais vous faire part de leur résultat; et pour marcher par ordre, je commencerai par ce qui concerne l'apparence et la visibilité des étoiles de la voye lactée lorsque nous les observons avec les lunettes. Je ne vous cacherai pas que cette recherche est fort difficile, et qu'elle dépend des principes d'optique qu'on n'a pas encore à mon gré trop bien éclaircis. J'essayerai cependant de voir jusques à quel point je pourrai y réussir, en supposant la proposition suivante, à laquelle je n'ajouterai pas la preuve complète pour ne pas m'arrêter sans nécessité.

Aussi longtemps qu'un objet nous paroît distinct à la vue simple, nous le voyons *à peu pres* également éclairé sans égard à sa position et son éloignement. Je dis *à peu pres*, parcequ'un changement dans l'ouverture de la prunelle y influera nécessairement un peu; mais comme il sera possible en tout cas d'introduire cette circonstance dans le calcul, je regarderai cette ouverture comme constante, et je conclurai, que nous voyons les objets dans leur clarté réelle toutes les fois que leur image est distinctement peinte dans l'oeuil; ainsi le soleil nous paroîtroit, il est vrai, plus petit, mais cependant également lumineux et net, si nous l'observions de Saturne, ou d'une distance encore plus considérable.

Mais si l'objet est à une telle distance, que nous ne puissions pas voir distinctement touts les points de sa surface, il peut arriver deux cas; le premier, si l'objet a un diamètre apparent remarquable, alors les rayons lumineux réfléchis de chaque partie se mêlent ensemble, et nous ne recevons que l'impression de la lumière moyenne, qui reste constamment la même si la distance ne varie par sen-

sifiblement ; c'est ainfi qu'un mur éclairé par le foleil, vu fous le même angle, nous paroît égalemant resplendisfant, foit que nous en foyons plus près ou plus éloignés. Il en est de même de la lune, qui paroît également lumineufe, foit dans fa plus grande proximité, ou fa plus grande diftance, quoiqu'elle paroisfe plus grande dans le premier cas: il est vrai qu'alors l'oeuil reçoit une plus grande quantité de lumière, mais comme elle s'étend fur la rétine dans la même proportion, l'effet reste le même, voilà la raifon qui fait que les objets paroisfent également éclairés, foit qu'ils foient vus à travers un verre convexe ou concave. Dans le fecond cas au contraire l'objet paroît confus, parceque fon image occupe fur la rétine plus d'espace qu'il n'en occuperoit s'il étoit vu diftinctement. Les rayons fe difperfent, deux points voifins fe rasfemblent, la lumière qu'ils réfléchisfent fi mêle, et ils nous paroisfent n'en former qu'un: c'est pour cela que nous voyons briller les étoiles plus foiblement que fi nous pouvions les voir diftinctement à la vue fimple, car dans ce cas elles devroient nous paroître ausfi brillantes que le foleil à la vue fimple, fans égard à leur diftance.

C'est la nètteté de l'objet que nous cherchons à obtenir au moyen des lunettes, les chofes s'y pasfent relativement à la clarté, comme je l'ai dit, pour les yeux, avec la différence, qu'elle ne dépend pas tant de l'ouverture de la prunelle, que de celle de l'objectif. Les lunettes ne nous repréfentent pas les objets ausfi brillants que nous les verrions à la vue fimple fi nous pouvions les appercevoir ausfi diftinctement, mais ils diminuent la clarté proportionellement, et cela fans aucun égard à l'inégalité des diftances; c'est pourquoi lors qu'on veut comparer le degré de lumière de deux planètes entre elles, il faut employer les lunettes, qui nous les font voir plus diftinctement et plus nettement.

Il fuit de tout ce que je viens d'expofer, que fi par le moyen des lunettes nous pouvions voir diftinctement les étoiles, qui confidérées en elles mêmes ne font que des vrais foleils, leur éclat nous paroîtroit le même que celui de notre foleil vu par le même fecours:

Mais

Mais comme le diamètre apparent de l'étoile la plus voisine de nous est à peine d'un quart de tierce de degré, nous devons renoncer à les voir rondes et sous la forme d'un Globe: de plus, leur image occupe sur la rétine un espace plus grand que celui qu'elle occuperoit si nous pouvions la voir distinctement et nettement.

Supposons donc un télescope qui grossisse 120 fois, de manière que ce quart de tierce soit porté à une demi seconde; je ne crois pas qu'il fut possible que l'oeuil distinguat nettement un objet qui se présenteroit sous un aussi petit angle: cependant la lumière d'une étoile, qui, partant d'un aussi petit point, tombe sur la rétine, est encore assez forte pour y produire un ébranlement pareil à celui qu'y produiroit celle du soleil vu par la même lunette, et le mouvement du nerf optique, qui en est la suite, se partageant entre ses filets contigûs, l'image de l'étoile en seroit aggrandie.

Les Télescopes servent principalement à rendre plus distinct et plus net chaque point de l'objet, ainsi qu'à réduire à un plus petit espace son image sur la rétine. On voit par là, pourquoi les étoiles paroissent d'autant plus petites, mais aussi d'autant plus brillantes, qu'on en employe de plus parfaits. J'ai supposé dans le calcul précédent, que cette image n'étoit que d'une demi seconde, mais vû l'ébranlement causé aux filets du nerf optique contigûs, je la porte à cinq secondes; ainsi elle est encore beaucoup plus petite qu'à l'oeil nud, qui nous présente son diamètre apparent sous un angle au moins de deux minutes, et conséquemment 24 fois plus grand qu'avec le télescope, d'où l'on doit conclure, que leur lumière paroît 600 fois plus foible à la vue simple; mais si je m'en tiens à la supposition ci dessus d'une demi seconde pour l'angle compris par son image, elle sera encore 60000 fois plus affoiblie. Les étoiles fixes étant censées infiniment éloignées, l'effet qui devroit résulter de la différence des distances est nul dans les lunettes, qui ne font que diminuer leur grandeur apparente. Je suppose qu'un télescope fut assez parfait pour que les rayons parallèles qui entrent dans l'oeuil fussent réunis en un seul point; l'image de l'étoile la plus éloi-

éloignée paroîtroit, il est vrai, plus petite, mais elle conserveroit toujours le même degré de clarté; tout se réduit donc à considérer, quelle doit être la petitesse d'un point de la rétine pour qu'un rayon d'une lumière aussi active que celle d'une étoile ne puisse plus, en la frappant, y faire aucune impression sensible; quelques déliés que soient les filets nerveux de cet organe, le point dont il est question devroit être encore incomparablement moins étendu, pour que le rayon supposé ne fut plus capable d'y causer quelque ébranlement.

Quoique les lunettes ni nos yeux ne soient pas assez parfaits pour réunir les rayons de manière que chaque point géométrique de l'objet puisse être représenté comme tel sur la rétine, ils en approchent cependant assez sensiblement pour que nous puissions appercevoir un objet dont le diamètre apparent, vu à la lunette, égaleroit à peine une seconde: nous les voyons alors tels que nous les verrions à la distance de 8, 10, ou 12 pouces. D'après les expériences de M. Musschenbroek, nous pourrions distinguer à cette distance une soye qui n'auroit que la 1948e partie d'un pouce, et dont le diamètre seroit par conséquent plus petit qu'une seconde. Une étincelle, dont le diamètre est bien plus petit au moment de son extinction, seroit encore plus perceptible. Comme l'énergie de la lumière des étoiles n'éprouve aucune diminution relative à leur différente distance par son passage à travers les lunettes, et que leur grandeur apparente seule en est diminuée, il s'ensuit, que quand nous les reculerions à une distance mille fois plus grande, les lunettes nous les feroient encore appercevoir: leur lumière seroit toujours assez active pour exciter une sensation sur la rétine; ce qui me conduit aux réflexions suivantes.

Si l'image d'une étoile qui va se peindre sur la rétine est plus petite qu'un de ses filets nerveux, qu'elle soit cependant capable de la mettre assez en mouvement pour que sa perception arrive jusques à l'ame, il s'en suivra, que chaque étoile, vue par la même lunette, devroit paroître également grosse, c'est à dire, précisément comme un point lumineux; son degré de clarté devroit au contraitraire être différent, parceque l'ébranlement en question feroit d'autant plus foible, que l'étoile feroit plus éloignée; au furplus il est aifé d'augurer, quelle devroit paffer par une infinité de degrés de diminution avant de s'anéantir abfolument. Nous pouvons également juger du degré de fenfibilité de ces nerfs par la facilité que nous avons de discerner les objets en pleine nuit; nous pourrions appercevoir encore une étoile quand fa lumière feroit une infinité de fois plus foible que celle que réfléchifent les objets blancs éclairés par la lune. La lumière de cet astre est 500000 (*) plus foible que celle du foleil, c'est à dire d'une étoile, qui n'est véritablement qu'un foleil; la clarté des objets ci deffus éclairés par la Lune n'est que la 100000me partie de celle de cet astre; aufsi quoique la lumière de l'étoile fut 50000 fois plus affoible, elle brilleroit encore autant que l'objet éclairé par la lune. Calculez donc maintenant, Monfieur, à quelle diftance ils faudroit porter *Sirius* pour qu'il ne fut pas plus brillant, que cet objet, vu par la même lunette.

Ce n'est qu'en rompant cette lumière étrangère et éparfe qui rend l'image d'une étoile confufe et terne, et en la rasfemblant d'autant plus exactement dans un feul point qu'ils font plus parfaits, que les télescopes font utiles; ils lui confervent une clarté d'autant plus vive que l'impresfion fur la rétine en devient plus forte.

Nous en voyons un exemple dans les Satellites de Jupiter et de Saturne, que nous ne pouvons pas voir à la vue fimple, parceque leur lumière est trop féparée; les lunettes la rasfemblent de manière que par leur fecours nous les voyons presque aufsi diftinctement et presque aufsi brillants que leur Planète principale: nous n'y verrions même pas de différence fi les télescopes étoient asfez parfaits, pour transmettre leur image nettement.

Il fuit de là, que je puis fans difficulté confidérer comme vifibles les étoiles qui font plufieurs milliers de fois plus éloignées de nous que celles de la 1re grandeur; éloignement que mon fyftême fur la pofition des fyftêmes de la voye

(*) M. BOUGUER ne la fuppofe que 300000 fois moindre.

voye lactée rend conséquent, ainsi que vous le verrez par le calcul suivant. Galilée, a compté environ 400, étoiles entre l'épée et le baudrier d'Orion (*a*); cet espace peut être évalué à peu près à 10 degrés quarrés; l'entière surface de la sphère en contient 41253; donc, à les évaluer à 40 étoiles par degré, il y en auroit entout 1750120, si elles étoient par tout en aussi grand nombre (*b*). Je suppose maintenant que je ne puisse en placer que 12 contigues à notre système solaire, 4 fois 12 à une double distance, 9 fois 12 à une triple, ainsi de suite dans la rai-

---

(*a*) La constellation d'Orion a toujours attiré principalement les regards des Astronomes par la vivacité de son éclat. Galilée nous avertit, qu'il s'étoit proposé de dépeindre cette constellation telle qu'il l'appercevoit par ses télescopes, mais qu'effraié par la multitude innombrable d'étoiles qu'il y découvrit, il fut obligé d'abandonner une telle entreprise, et de se borner à en compter *une cinqcentaine dans un petit espace compris dans les limites d'un à deux degrés, et à desfiner autour des* 9, *qu'on connoissoit déjà dans l'épée et dans le baudrier,* 80 *nouvelles qu'il y trouvoit:* (*in Nuncio sidereo pag.* 16 qui paroit être l'endroit de Galilée auquel notre auteur fait ici allusion). Parreillement le P. de Rheita, Capucin, dans un Ouvrage intitulé *Oculus Enoch et Elia pag.* 197, dit avoir compté dans Orion environ 2000 étoiles: et le P. Zupus, Jesuite Napolitain, en vit au dessus de 50 dans l'épée seulement (Riccioli *Almag. Tom.* I. *pag.* 413). Il est donc assez surprenant, qu'on n'ait pas découvert déjà avant Huigens la célèbre nébuleuse de cette constellation, et cela paroît encore confirmer, que cette nébuleuse n'a pas été toujours également visible: v. notre remarque (*a*) sur la IXme Lettre.

(*b*) Ce calcul de Lambert est beaucoup trop modique, et nous paroît même un peu arbitraire, puisqu'il suppose le nombre de 400 étoiles sur 10 degrés quarrés d'après des observations de Galilée: mais ces observations donnent 500 étoiles environ sur un bien plus petit espace (v. notre remarque précédente), il faut donc augmenter considérablement le nombre d'étoiles visibles même par des télescopes médiocres. M. Schröter, au moyen de son télescope de 27 pieds pourroit en voir au dessus de 12 millions, voyez sa *Déscription* de cet Instrument, à la fin de ses *Fragmens Aphroditographiques,* § 40, et les *Ephem de Berlin pour* 1797: et M. Lalande évalue le nombre des étoiles que les télescopes de M. Herschel rendroient visibles dans toute l'étendue du ciel à 75 millions! (*Astronomie art.* 558).

raiſon du quarré des diſtances (c). Je trouve qu'il faudroit pouſſer ce calcul jusques à la 75eme diſtance pour obtenir le nombre de 1650120 (d) étoiles; ainſi il y auroit dans no-

(c) Nous avons fait voir déjà ci deſſus que cette loi n'est point celle de la nature: elle est inventée, je crois, par HALLEY; mais il ſerait difficile, peut-être, de découvrir la véritable: on en a bien eſſayé quelque fois d'autres; HANOV, par exemple, croiait que le nombre des étoiles des grandeurs ſucceſſives augmentoit comme les ſolidités des ſphères dont les diamètres croiſſent comme les nombres impairs en commençant par 3: mais cette règle s'écarte encore beaucoup des obſervations modernes ſur le nombre des étoiles. Selon ces obſervations nous trouvons les nombres des étoiles des 5 premières grandeurs 18, 69, 209, 468, 909, ſérie où l'on ne découvre aucune régularité: mais ſi au moyen de la progreſſion arithmétique 1, 4, 7, 10, 13 &c. on forme cette autre ſérie; 1, 4, 12, 26, 51 &c. dont la loi est, que chaque terme est la ſomme de deux précédens, ajoutée au terme correspondant de la progreſſion arithmétique (les deux premiers étant les mêmes termes de cette progreſſion); et ſi l'on multiplie enſuite chaque terme de cette dernière ſérie par 18, nombre des étoiles de la premiere grandeur, on obtient celle-ci: 18, 72, 216, 468, 918 &c., la quelle s'accorde en effet à merveille avec les obſervations. Nous n'avons pas voulu pouſſer ces recherches ſur le nombre des étoiles plus loin que la 5^{ieme} grandeur, puiqu'il nous paroît fort difficile de bien fixer les limites de la grandeur des étoiles en général, mais principalement de celles qui ſont au deſſous de la 5eme On ne détermine ordinairement ces grandeurs que par une ſimple estimation de vue, maniere aſſez vague à la vérité, et à la quelle M. KÖHLER a ſubſtitué une bien plus exacte (*Ephem. de Berlin* 1792. *pag.* 233.), mais qui a l'inconvénient de la difficulté dans la pratique pour un ſi grand nombre d'étoiles. Et ſi l'on conſidère encore la variabilité de la lumière de pluſieurs étoiles, on ne ſera plus ſurpris de la difficulté de trouver quelque rapport fixe entre le nombre et la grandeur des étoiles: car auſſi la ſérie, que nous venons de donner péche-t-elle de beaucoup en défaut déjà pour les étoiles que l'on connoît et adopte aujourd'hui dans la ſixième grandeur, et d'ailleurs nous devons prevenir le lecteur que nous ne ſaurions rendre aucune raiſon de cette loi, fut elle même trouvée exacte en adoptant une claſſification un peu différente pour les étoiles inférieures à la 5^{ieme} grandeur.

(d) Ce nombre doit être 1721400. En ne pouſſant ce calcul que jusqu'à à la 74eme diſtance la ſomme de toutes les étoiles monteroit déjà à 1659900. Il nous ſembloit d'autant plus à propos de re-

notre syſtême de fixes des étoiles de la 75eme grandeur, quoiqu' à la vue ſimple c'est tout ce que nous puiſsions faire que de diſtinguer celles de la 6eme

Je ſuppoſe qu'en prenant pour unité la diſtance de *Sirius* au ſoleil il faille l'ajouter 150 fois à elle même pour avoir la valeur du diamètre de nôtre ſyſtême; ayant établi dans ma Lettre précédente que le ſyſtême le plus voiſin de la voye lactée est encore 10 fois plus loin, il s'enſuit, que ſon diamètre intérieur est au moins 1500, fois plus grand que la diſtance de nôtre ſoleil à *Sirius:* à l'égard de l'extérieur, il s'en faut bien qu'on puiſse l'exprimer par un auſsi petit nombre, puisque nous ſavons que cette bande reaferme une infinité de ſyſtêmes placés à la ſuite les uns des autres: au reste je ne crois point du tout que nos meilleures et plus parfaites lunettes fuſſent capables de nous transmettre l'image des étoiles des couches les plus extérieures de la voye lactée (*a*); il est très vraiſemblable, que leur lumière ſeroit, à cauſe de leur énorme diſtance, trop affoiblie en arrivant dans notre athmosphère, qui contribueroit encore, ainſi que je l'ai remarqué, à l'éteindre.

L'autre question dont vous m'avez demandé la ſolution concerne la gravitation des Planètes vers le centre de notre ſyſtême des fixes. Vous aurez vu par mes Lettres précédentes, que je n'ai pas encore examiné ſi cette gravitation est aſſez conſidérable pour occaſionner des anomalies ſenſibles dans la poſition du plan de leurs orbites Quelques unes pourroient être de la même nature que celles que nous obſervons dans le plan de l'orbite lunaire qui

---

relever ici cette erreur de LAMBERT, qu'il ſe trouvoit déjà répété dans d'autres ouvrages; voyez par exemple le *Manuel d'Aſtronomie Pratique* (*Handbuch der Practiſchen Aſtronomie*) de M. RÖSLER, Chap. XXI. §. 486. *a*.

(*a*) Aujourd'hui cependant M. HERSCHEL est perſuadé, comme nous l'avons remarqué déjà, qu'il voit les étoiles les plus extérieures de la voie lactée même avec ſon téleſcope de 20 pieds; (*Transact. Philoſ. pour* 1784 & 1785).

qui dépendent de ſa peſanteur vers le ſoleil: on pourroit, par exemple, vérifier, ſi la terre fait ſa révolution dans une ſimple ellipſe, ou ſi elle s'en écarte annuellement, comme cela arrive pour la lune d'une conjonction à l'autre. J'ai auſſi propoſé d'examiner, s'il ſeroit poſſible de déduire de la gravitation des planètes vers le centre des ſyſtêmes des fixes le mouvement très lent de leur aphélies et de la ligne des nœuds (*f*). Si cela étoit, leur tendance vers ce centre devroit être fort petite, non pas parcequ'elle ſeroit médiocre en elle même, mais à cauſe de l'énorme diſtance de notre ſoleil à ce centre; c'est à ceci que tient la difficulté, de ſçavoir ſi le diamètre de l'orbite des planètes a une proportion ſenſible avec leur diſtance à ce même centre; car il est démontré, que les anomalies, qu'éprouveroit la lune, ſeroient plus fortes ſi, ſon orbite de révolution autour de la terre étoit plus étendue, parcequ'elles dépendent principalement des variations de ſa diſtance au ſoleil.

D'abord ces anomalies ſeroient périodiques pour les planètes, et ſe rétabliroient par une double conſidération Premièrement elles ſeroient plus conſidérables dans les planètes ſupérieures, parceque leur orbite étant plus grande, la différence de leur diſtances au centre des ſyſtêmes des fixes ſeroient plus grande; mais d'un autre côté elles em-

---

(*f*) Nous avons déjà fait obſerver ci-deſſus le Lecteur, que pour déduire ces mouvemens des aphélies et des nocuds des planètes de la peſanteur univerſelle, on n'a pas beſoin de ſortir de notre ſyſtême ſolaire. Déjà NEWTON avait eu ſoin d'avertir, que le repos des aphélies et des noeuds planétaires, qui ſuivait de ſa théorie pour les planètes conſidérées ſéparément, doit être un peu troublé par l'action mutuelle des planètes, et par celle des comètes (*Princip. Lib.* III. *Prop.* XIV.) voyez auſſi ſon *Traité du ſyſtême du Monde* (*Opuscul. Newtoni* à CASTILLIONEO *edit. Tom.* II. *pag.* 13 & 25) Il est donc faux, que les aphélies des planètes ayent des mouvemens que l'attraction ne puiſſe expliquer, comme l'affirme ESTÈVE *Hiſtoire générale de l'Aſtronomie, Tom.* II. *pag.* 70: et ce que le même auteur a l'impudence d'y ajouter, *que trop préoccupé de ſes principes* NEWTON *nia le mouvement des aphélies qu'il ne pouvoit expliquer*, est un menſonge.

employeroient plus de temps dans leur révolution, d'où résulteroit une plus grande égalité et plus de régularité dans le mouvement des aphélies et de la ligne des nœuds, et conséquemment des anomalies moins sensibles.

À l'égard de la question que vous m'avez proposée relativement au mouvement de la ligne des nœuds, qui est directe dans les planètes, et rétrograde pour la lune, on peut faire différentes remarques, qui considérées sous divers points de vüe, pourront servir à sa solution : vous jugez aisément, que ne connoissant pas encore la direction du mouvement du soleil dans son orbite, ce sera beaucoup que d'arriver sur cet objet à des conjectures vraisemblables.

J'ai déjà remarqué, que pour faciliter leurs calculs les astronomes rapportent l'inclinaison de l'orbite des planètes à celle de la terre ; il est à présumer, que ceux qui habitent chaque planète en usent de même ; ainsi considérant le plan de l'orbite de leur planète comme immobile, ils y rapportent celles des autres ; ils ont par conséquent leur ligne des nœuds entièrement différente de la notre ; nous nous accordons seulement en ce point, que celle de la terre a pour eux la même position que la leur a pour nous, puisque la même ligne d'intersection est commune aux deux orbites, mais le mouvement leur paroîtra rétrograde rapporté à l'orbite de la terre ou d'une autre planète.

Si on vouloit trouver son déplacement réel, il faudroit, en la supposant prolongée jusques aux fixes, soustraire de son mouvement annuel, compté depuis le point équinoxial, la précession des équinoxes. Supposant les mouvements de la ligne des nœuds tels que KEPLER les a établis, et retranchant de chacun le mouvement apparent des fixes autour du pôle de l'Écliptique, je trouve que le mouvement de cette ligne pour Saturne et Mercure relativement aux fixes est direct, et rétrograde pour les autres planètes (g).

Cette

(g) LAMBERT nous avertit ici lui même, que c'est d'après les tables de KEPLER qu'il trouve le mouvemement réel des noeuds pla-

Cette conclusion contredit sans doute trop manifestement les loix générales : mais il faut remarquer, que ce n'est pas l'interfection réciproque des orbites planétaires qu'on auroit dû considérer, mais bien plu-tôt celle qui leur est commune avec le plan dans lequel le soleil se meut autour du centre du système des fixes, dont il faudroit plu-tôt connoître la position. Il semble à la vérité que l'angle que fait ce plan avec celui de l'Écliptique ne doit par être fort grand (*h*); peut-être même qu'il diffère peu de l'équateur solaire; mais on ne peut rien fixer sur cet objet d'après de simples conjectures; il faudroit auparavant rassembler et composer tous les élémens qui doivent entrer dans cette détermination, pour découvrir le centre du système des fixes, la position du plan dans lequel le soleil fait sa révolution autour de ce point, combien il en est éloigné, et avec quelle force il y tend.

Ce qu'il y auroit de plus important à faire avant d'aller aussi

---

planétaires rétrograde excepté pour Mercure et Saturne : mais dans les tables bien plus exactes que nous possédons aujourd'hui on voit disparoître ce défaut d'analogie. En effet, les noeuds de toutes les planètes sont généralement reconnûs maintenant avoir sans exception un *mouvement rétrograde sur l'écliptique* par rapport aux étoiles, tant par les observations les mieux discutées, que par la théorie de la pesanteur universelle, voyez *l'Astronomie* de M. LA LANDE *art.* 1332—1364. Or le mouvement des noeuds planétaires s'explique d'une manière fort simple par l'attraction mutuelle des planètes, sans avoir recours à quelque corps inconnû hors de notre système : car les planètes se mouvant dans des plans différens, l'une tend sans cesse d'attirer l'autre du sien, d'où résulte un déplacement continuel des plans des orbites planétaires, déplacement que les Astronomes ont coutume de représenter méthodiquement par un mouvement des noeuds d'une orbite sur l'autre, et par un changement de l'inclinaison des ces orbites : (*Astronomie art.* 3681 *& suiv.*).

(*h*) Cette conséquence ne nous paroît pas tout à fait légitime, par des raisons exposées dans notre remarque (*f*) sur la Xème de ces Lettres pag. 146. Si la direction du mouvement de notre soleil vers l'étoile λ d'Hercule, établie par M. HERSCHEL, mérite quelque confiance, l'inclinaison de son orbe à l'écliptique ne sauroit être moindre que la latitude de cette étoile, qui est de 49°. 20'. 6". B. selon FLAMSTEED.

aussi loin, feroit d'examiner d'après les plus exactes obfervations, si l'orbite de notre terre est en effet parfaitement elliptique, ou si elle ne s'écarte pas de cette figure dans quelques points; si sa révolution est tantôt plus prompte tantôt plus lente quelle ne devroit l'être conformement à la règle de KEPLER: si elle avoit une pefanteur confidérable vers le centre du fyftême des fixes, elle accéléreroit fon mouvement lorsqu'elle feroit avec le foleil et ce centre en oppofition, ainfi que nous l'obfervons dans la nouvelle et pleine lune. Ce feroit la méthode la plus fûre et la plus directe de découvrir à peu près la pofition de ce centre univerfel, que vous avez, d'après d'autres confidérations, foupçonné devoir être dans la conftellation *d'Orion*, parcequ'il femble que la ligne des fixes y foit plus prolongée qu'ailleurs (*l*). Jusques à ce que nous ayons obtenus quelques notions plus précifes fur cet objet, je ne ferai aucune difficulté, en admettant la pofition de nos fyftêmes de fixes, et de ceux de la voye lactée, telle que vous l'établisfez à la fin de votre dernière Lettre, de m'en tenir à cette asfertion.

Je ne vois pas qu'on puisfe dans ce moment trouver ce pas trop hardi, ainfi je ne m'y arrête pas d'avantage. Je fais bien que lorsqu'on propofe une hypothèfe nouvelle, le mieux feroit de l'étayer de manière à la mettre à l'abri de toute objection: mais comme j'indique les moyens de la vérifier, (qui est tout ce qu'on peut exiger en cas pareil) on verra par cette épreuve ce qui reste à faire pour la perfectionner. Ce moyen dépend, il est vrai, de fa-

---

(*l*) C'est dans la partie de la voie lactée à peu près diamétralement oppofée à celle qui pasfe près de la conftellation d'Orion que M. HERSCHEL trouve la ligne des étoiles la plus prolongée, vers la région du ciel où fe trouvent les conftellations de l'Aigle et de la Flèche, et où la voie lactée nous paroît la plus brillante. Là M. HERSCHEL à compté quelque-fois jusques à 588 étoiles dans le champ de fon télescope de 20 pieds, qui n'a que 15′ de diamètre, (*Transact. Philof. pour* 1785). Si l'on trouvoit par tout autant d'étoiles, leur nombre monteroit à près de 900 millions pour toute l'étendue du ciel!

favoir au vrai, fi le foleil a une telle tendance vers le centre général des fyftêmes des fixes, qu'on en puisse appercevoir des effets, quelques petits qu'ils puisfent être, dans le mouvement des planètes; fi cette gravitation est trop infenfible, les moyens que je propofe ne fuffiront pas, la question restera indécife, et il ne fera pas aifé, felon les apparences, de connoître le lieu que le foleil et fon orbite occupent dans l'univers.

Quoique je foie forcé de convenir, que l'analogie, que j'ai pris pour guide, ne m'ait conduit, relativement à la divifion des fixes en fyftêmes particuliers, qu'à un certain degré de vraifemblance, que chacun peut évaleur felon fa manière de voir, il paroît cependant, qu'on n'auroit pas pu procéder d'une manière aussi fatisfaifante, en ne confidérant la voye lactée que comme un feul et unique fyftême: fa figure apparente elle même femble nous avoir fourni les motifs les plus presfants de nous fixer à ce parti; je n'ai encore rien trouvé à y objecter; cette fuppofition porte fur des principes fuffifamment prouvés.

Le mouvement des fixes est une fuite nécesfaire des loix de la gravitation. L'intervalle qui les fépare doit être très grand fi la lumière et la chaleur quelles doivent répandre a un motif comme celles de notre foleil; conféquemment elles doivent être fituées les unes derrière les autres, formant une fuite très prolongée, d'où fuit nécesfairement, que l'entier fyftême de la voye lactée doit être plan; en un mot, je ne trouve aucun motif de rejetter les conféquences qui ont peu à peu donné naisfance à mon hypothéfe.

Je n'ai pas été plus loin fur ce dernier objet, quoique j'aye esfayé quelquefois pour ma propre fatisfaction de rechercher, comment on pourroit discerner les uns des autres les fyftêmes de la voie lactée, puisque pourtant nous les voyons répandus cà et là dans cette bande lumineufe. Mais je n'ai ofé encore rien fixer de certain à cet égard; je défirerois, avant d'aller plus loin, qu'on commençât l'épreuve propofée, en la faifant précéder par des obfervations exactes, et en particulier, que l'on fixât la quantité dont la fituation relative des étoiles peut avoir varié

de-

depuis PTOLOMÉE; il faudroit examiner de même, si le mouvement des nœuds peut se déduire des principes établis. Comme on peut mener ces recherches de front, il pourroit arriver, que de leur liaison il résultât une confirmation complète de l'hypothèse, mais ce travail exigeant plus de loisir que je n'en ai dans ce moment, vous me feriez plaisir de vous en occuper, et de me faire part du résultat de vos réflections.

Je suis Monsieur &c.

LETTRE XV.

Si mes forces, Monsieur, répondoient à mes désirs, ne doutez pas qu'animé par votre exemple, et encouragé par vos sollicitations je ne fusse très empressé, nouveau MAGELLAN (a) astronomique, à m'élancer vers la voûte céleste, à pénétrer dans la profondeur du firmament, à parcourir la vaste enceinte de l'univers, et à n'en revenir qu'avec la note exacte de tous les globes célestes, de tous les systêmes de fixes, de toutes les voyes lactées qu'il renferme, ainsi que ce hardi navigateur l'avoit fait pour toutes les îles qu'il avoit trouvées sur sa roûte. Tout ce que je puis faire, c'est de mettre à profit cette complaisance, avec laquelle vous rallentissez votre marche, pour me donner la facilité de vous suivre; en éclaircissant et résolvant les différentes questions que je vous ai faites, vous écartez les obstacles, et applanissez les difficultés qui pourroient m'arrêter.

L'infinie distance, à laquelle vous portez par exemple les étoiles de la voye lactée, n'empêche pas que vous ne fassiez arriver leur lumière jusqués à nous. Vous m'avez délivré de tout doute à cet égard, et je conçois maintenant que son affoiblissement dépend bien plus des obstacles qu'elle rencontre en traversant leur différentes athmosphères, que de l'imperfection des lunettes, qui nous les montreroient dans tout leur éclat si elles pouvoient nous transmettre nettement leur image.

Il

(a) FERDINAND DE MAGELLAN, célèbre navigateur Espagnol, mais Portugais de naissance, fut le premier des Européens qui ait vu l'Océan Pacifique, et entrepris le tour du globe: mais, victime de la barbarie des insulaires qu'il visita, il périt lui même dans le cours de ce voyage, et il n'y eut qu'un seul vaisseau de son escadre qui l'accomplit, et rentra en Europe le 7 Sept. 1522, dont il étoit sorti le 10 Août 1519.

Il en est de même du mouvement de la ligne des nœuds des Planètes: vous indiquez plusieurs manières de s'assurer de la réalité de son existence, en attendant que des recherches ultérieures ayent montré rigoureusement, quel est de ces moyens celui auquel on ne pourra se méprendre; il suffit pour le moment que nous en ayons plusieurs à notre portée. Il en résulte une sorte de certitude, qui me sert de nouvelle preuve que nous n'avions pas encore assez étendu les principes de COPERNIC, en rapportant au plan de l'orbite de la terre l'inclinaison de celle des autres planètes: nous n'avions pris ce parti que pour en faciliter la détermination, à peu près comme nous en agissons en supposant le mouvement de la sphère céleste en vingt quatre heures autour de l'axe de la terre. J'entrevois déjà parfaitement, que dès que la ligne des nœuds des planètes n'a pas une position invariable, la prétendue immobilité de celle de la terre n'est plus qu'une chimère (*) (b).

Vous regardez l'exacte détermination de ce mouvement com-

(*) Le célèbre EULER avoit montré la nécessité de supposer dans le ciel un plan invariable pour y rapporter la position de ceux des orbites de la terre et des autres planètes, voyez les *Mem. de Petersbourg anné* 1775. *page* 509. DOMINIQUE CASSINI avoit eu la même idée, voyez son ouvrage *sur la lumière Zodiacale.*

(b) CASSINI le fils proposa de rapporter la position des orbites planétaires au plan de l'Equateur du soleil, (*Astron. de* M. LA LANDE, *art.* 3282). Il a donné pour cela une table des inclinaisons de ces orbites à ce plan. On en trouve une pareille dans les *Ephémérides de Vienne.* Mais la position du plan de l'Équateur solaire n'est pas assez exactement connue; et d'ailleurs il n'est pas certain, et même très peu probable, que ce plan soit fixe. M. DE LA PLACE, s'est principalement occupé de la recherche d'un plan invariable, (*Traité de Mécanique céleste* I. *Part. Liv.* I. *chap.* 5. §. 21 & 22, *et Liv.* II. *chap.* 7. §. 62), voyez notre remarque (*l*) sur la XII. Lettre pag. 173. M. BURCKHARDT, qui a calculé de nouveau la position de ce plan, trouve la longitude de son nœud ascendant au commencement de 1750 à 3ˢ. 12°. 56′. 56″, et son inclinaison à l'écliptique de 1°. 35′. 41″. (*Ephém. Géogr. de M.* DE ZACH, *Tom.* II. *pag.* 258.)

comme un moyen propre à parvenir à une connoiſſance ſuffiſante de la diſpoſition générale du ſyſtême ſolaire, et en particulier à celle de la poſition de l'orbite de révolution de notre ſoleil. Je vous ai déjà indiqué cette poſition d'après d'autres conſidérations générales. Vous aviez eſpéré même qu'on pourroit pareillement réuſſir peut-être à la déterminer *a posteriori* ; c'est avec une vraie ſatisfaction que je vous fais part d'une découverte qui peut réaliſer vos eſpérances.

Rappellez vous M. que vous m'avez demandé s'il ne ſeroit pas poſſible, en comparant les Catalogues des fixes des modernes et ceux des anciens, de découvrir quelque variation réelle dans leur poſition relative, et un déplacement inſenſiblement réaliſé: vous pouvez regarder cette question maintenant comme décidée, du moins à l'égard de beaucoup d'étoiles. Un ami m'écrit que M. Mayer, Profeſſeur à Göttingue, déjà célèbre par d'autres découvertes, a pris la peine de faire cette comparaiſon, d'après ſes propres obſervations; ces recherches approfondies lui ont fait conclure, qu'il n'y avoit pas de doute que toutes les étoiles n'euſſent plus ou moins changé de poſition (*c*).

Figurez vous le plaiſir que m'a cauſé cette nouvelle, et avec quel empreſſement je déſire voir l'ouvrage où est conſignée cette découverte, non ſeulement importante pour toute l'astronomie, mais encore pour la confirmation complète de votre ſyſtême. La recevant en attendant comme conſtatée, j'ai eſſayé d'examiner qu'elles ſeroient les conſéquences que je pourrois en déduire.

J'ai commencé d'abord à revenir ſur mes pas, et m'aidant de vos Lettres précédentes, qui dans cette occaſion m'ont été d'un merveilleux ſecours, j'ai fait dépendre, comme vous, le déplacement des étoiles des loix de la gravitation. Cette propriété appartenant à chaque portion de matière, et s'étendant à tout l'univers, ne fait de lui qu'un tout dépendant de l'action réciproque de toutes ſes parties. De cette conſidération est déduite néceſſairement l'exiſtence d'une force centrifuge, qui maintient touts les cor-

(c) Voyez la note (*b*) ſur la Xme Lettre. Pag. 143.

corps dans leur diſtance réciproque; et enfin de l'accord dans leur forces centrales, le deplacement obſervé par M. MAYER.

Regardant maintenant comme indubitable cette découverte, et la poſant pour principe fondamental, je procède analytiquement, et j'esſaye d'en déduire à ſon tour la réalité de l'exiſtence des forces centrales; c'est cet esſai que je ſoumets à vos lumières et à votre jugement.

Puisque les étoiles ont un mouvement réel, il faut néceſſairement qu'elles décrivent par ſon effet ou des lignes droites, ou des lignes courbes; dans le premier cas on tomberoit dans l'abſurde; car ou les lignes droites décrites ſont convergentes, ou divergentes; dans le cas de la convergence, tout ſe réuniroit à la longue au centre, et l'univers retomberoit infailliblement dans le cahos; dans celui de la divergence, la masſe totale ſe ſépareroit en une infinité de parties, qui s'éloigneroient à l'infini les unes des autres; le lien général qui les unit ſe romproit, et le bel ordre, qui y regne, s'anéantiroit; en un mot, les ſuites de la divergence ne ſeroient pas moins abſurdes que celles de la convergence dans la conſidération d'une machine auſſi harmoniquement arrangée.

Une loi du mouvement nous apprend, qu'un corps qui a commencé de ſe mouvoir dans une certaine direction doit continuer à la ſuivre, à moins qu'il ne ſurvienne quelque obſtacle qui le force d'en prendre une nouvelle (*d*). Si donc les fixes ne ſuivent pas des lignes droites, c'est qu'elles en ſont perpétuellement détournées; et ce ne ſont pas ſeulement les forces centrales qui contribuent à cet effet, mais auſſi une ſorte d'équilibre, qui nait de leur oppoſition, et qui force tous les corps céleſtes de parcourir les orbites qui leur ont été asſignées par le créateur; ainſi tandis qu'elles ſe rapprochent du centre par une certaine force, elles en ſont éloignees par leur mouvement.

Je

(*d*) C'est la *loi d'inertie*, ou la tendance des corps à perſévérer dans leur état de mouvement ou de repos, la première, ſelon NEWTON, des lois du mouvement.

Je suis donc autorisé maintenant à considérer l'univers comme complétement soumis aux loix de l'attraction NEWTONIENNE. Peut-être n'est elle qu'une propriété de la matière, dont les corps ont été originairement formés, ou simplement une suite de cette harmonie admirable sur la quelle vous avez répandu un si grand jour dans une de vos Lettres.

Si la gravité réside dans les corps mêmes comme force attirante, chaque étoile étant complétement semblable à notre soleil, doit être douée de la même force; mais si elle dépend de l'impulsion de l'éther, je puis l'étendre de même à tout l'univers, du moins jusqu'aux limites que peuvent atteindre les rayons de la lumière: enfin si ces deux causes concourent à sa production, leurs effets doivent être absolument semblables, et les conséquences les mêmes, puisque une même loi doit lier chaque système de l'univers l'un à l'autre.

A ces réflexions j'ajouterai la suivante: c'est que de là, que les étoiles ont un mouvement propre, elles doivent être inégalement éloignées de nous; car autrement elles devroient se mouvoir sur la surface d'une sphère, ce qui seroit absurde, puisque vous avez prouvé, que les orbites des Comètes ne pouvoient pas être de grands cercles égaux, et qu'en outre chaque étoile fixe traine après elle un cortége de Planètes qu'elle éclaire, échauffe, et pour les quelles la surface de la même sphère ne sçauroit suffire.

Je serois bien aise que vous voulussiez prendre la peine d'étendre ces conclusions plus loin. Je suis convaincu que vous ne vous êtes arrêté sur les suites du déplacement des étoiles que vous aviez dérivé seulement des considérations générales du système de l'univers, que parceque vous attendiez que ce déplacement fut confirmé par l'observation, et par la comparaison des Catalogues anciens et modernes. C'est sans doute par la même raison que vous avez renvoyé à de plus exactes observations de décider, si l'orbite de la terre éprouvoit quelque anomalie remarquable par l'effet des autres planètes. Aprésent que la première condition est remplie, rien ne doit plus arrêter la suite de vos conséquences: pendant que je les attends avec impatience, je je ne dois pas vous laisser ignorer, que j'ai retourné de tous les côtés les principes de votre système, pour essayer de remonter à leur source, et pour tâcher de m'instruire complétement sur la route que vous avez suivi pour y parvenir. J'ai conçu que cela me mettroit dans le cas de pouvoir prévoir d'avance le résultat des observations, et de les attendre avec confiance comme la confirmation des lumières que j'aurois tiré de mes recherches.

Quoique mes efforts n'ayent pas eu un plein succès, je veux cependant vous faire part du commencement de mon travail ; j'aurai recours à vous pour m'aider à le suivre. Il n'est pas question ici du système des fixes; je vous abandonne entièrement cette branche de votre système, jusques à ce qu'une étude plus approfondie m'aye mis en état de m'en occuper plus utilement. Je suis donc revenu à notre système solaire, et j'ai fait mon possible pour connaître l'ordre et l'arrangement de toutes ses parties; vous conviendrez sans doute qu'il en vaut la peine, puisqu'il est l'image et le type le plus à notre portée et le mieux connû de nous de tous les systêmes. Le Catalogue des comètes de HALLEY, qui m'est de nouveau tombé sous la main, a donné occasion à mes nouvelles recherches, et les éléments calculés qu'il renferme m'ont paru propres à me conduire au but que je me suis proposé.

Comme la détermination de l'orbite des comètes dépend de la connaissance des six élémens qui sont essentiellement différends pour chacune d'elles, je les ai classées relativement à chacun de ces élémens pour connoître le résultat de cette division.

Vous avez déjà examiné la première classe qui concerne la distance périhélie; vous en avez conclu que le nombre des comètes augmentoit comme le quarré de cette distance; vous avez de plus remarqué que HALLEY n'avoit pas fait un choix d'observations pour former son Catalogue, mais qu'il y avoit employé toutes les comètes constatées à cette époque; on ne pourroit donc tirer qu'une sorte d'esquisse de cette division, qui souffriroit même des exceptions relativement à leur visibilité. Le nombre des comètes dont il y est fait mention auroit dû être beaucoup plus

plus considérable, si les circonstances en avoient favorisé l'apparition.

Je sais bien qu'on ne peut guère, d'après ce Catalogue, connoître que d'une manière générale, et pour ainsi dire par conjecture, la loi qui régne dans les distances périhélies : on peut cependant prendre quelque confiance aux résultats fournis par les comètes dont le périhélie est renfermé dans l'orbe de Vénus : cette orbite est à peu près triple de celle de Mercure ; de (*) 17 comètes dont le périhélie est compris dans la première, 6 appartiennent seulement à la seconde ; or 17, sont à 6 à très peu près comme trois à un, c'est à dire, comme les orbes de ces deux Planètes, ou comme les quarrés de leurs distances au soleil (**) (e).

Ce résultat que je vous dois m'a engagé à essayer de chercher de même des loix constantes, relativement aux autres élémens des comètes. J'ai commencé par les angles d'inclinaison de leurs orbites avec l'écliptique, pour voir s'ils sont renfermés dans certaines limites, ou s'ils sont tous également possibles ; pour y parvenir j'ai divisé le quart de cercle de 10°, en 10°, et j'ai cherché le nombre des comètes qui appartiennent à chaque division. J'en ai formé une table dont la 1.ere colonne renferme 9 intervalles qui croissent de 10°, en 10°, la seconde renferme le nombre des comètes qui appartiendroient à chaque intervalle si les angles d'inclinaison étoient également possibles et qu'ils fussent uniformement répandus, la 3.e contient ces angles donnés par l'observation, et la 4.eme les différences des deux précédentes (f).

In-

(*) Voyez la III.ieme et IV.ieme Lettre.

(**) De 60 comètes calculées dans le recueil des tables de Berlin 16 appartiennent à l'orbe de Mercure, et 51 à celui de Vénus ; or ces deux nombres sont à peu près aussi comme trois à un.

(e) Ce rapport se confirme encore très bien aujourd'hui, étant celui de 58 à 20.

(f) Le traducteur donne à la fin de cette Lettre une pareille table pour 68 comètes ; et M. Bode dans son mémoire *sur la situa-*

tion

Inclinaisons des Orbites.	Nombre calculé de Comètes.	Nombre observé de Comètes.	Différences.
10	2⅓	2	+ ⅓
20	4⅔	4	+ ⅔
30	7	6	+ 1
40	9⅓	11	+ 1⅔
50	11⅔	11	+ ⅔
60	14	12	+ 2
70	16⅓	15	+ ⅓
80	18⅔	19	− ⅓
90	21	21	0

Quoique les nombres de la seconde et de la troisième colonne ne soient pas parfaitement les mêmes, les différences en sont cependant si peu sensibles, qu'il est permis de conjecturer, que plus le nombre des comètes seroit grand, moins ces différences seroient marquées, et qu'enfin on pourroit rigoureusement conclure par la concordance de la seconde et 3me colonne, que la position des plans des orbites est partagée uniformement dans toute l'étendue du quart

---

tion et la Distribution des orbites planétaires et cométaires dans l'espace une autre pour 72 comètes, connues en 1785. En voici une pour les 94 que nous connoissons aujourd'hui

Inclinaisons des Orbites.	Nombre calculé de Comètes.	Nombre observé de Comètes.	Différences.
10°	10[illegible]	8	+ 2[illegible]
20	20[illegible]	17	+ 3[illegible]
30	31[illegible]	22	+ 9[illegible]
40	41[illegible]	35	+ 6[illegible]
50	52[illegible]	44	+ 8[illegible]
60	61[illegible]	58	+ 4[illegible]
70	73[illegible]	73	+ [illegible]
80	83[illegible]	84	− [illegible]
90	94	94	± 0

On voit par cette table, que les observations continuent toujours encore à confuter les conclusions de l'Auteur.

quart de cercle, et que tous les angles d'inclinaiſon peuvent avoir lieu également.

L'eſſai de calcul que j'ai fait relativement à la poſition des noeuds dans le Zodiaque ne m'a donné aucun réſultat qui indiquat quelque loi dans leur arrangement. Je n'en ai trouvé aucun dans le Cancer et le Lion; il y en a au contraire 5 dans les gémeaux, 3 dans la vierge, aucun dans la balance, et deux dans le Scorpion (*g*).

À l'égard de la latitude des périhélies ou de leur élévation ſur le plan de l'écliptique, elle devroit être comme les Zones de la ſphère, ou les ſinus de la latitude, ſi le partage en étoit uniforme ſur la ſurface de la ſphère, et que toutes leurs poſitions fuſſent également poſſibles: le calcul, ainſi qu'on le voit par la table ſuivante, en est aſſez conforme à l'obſervation (*h*). La-

---

(*g*) Aujourd'hui nous trouvons :

dans le	♈	le nœud de	11	Comètes.	dans le	♎	le nœud de	7	Comètes
——	♉	——	8	——	——	♏	——	7	——
——	♊	——	13	——	——	♐	——	7	——
——	♋	——	5	——	——	♑	——	5	——
——	♌	——	9	——	——	♒	——	6	——
——	♍	——	11	——	——	♓	——	5	——

Ainſi nous voions qu'il y a 32 nœuds dans le premier quart de ſignes, 25 dans le ſecond, 21 dans le troiſième, et 16 dans le dernier; ou 20 comètes de plus qui ont leurs nœuds aſcendans dans le premier demi-cercle de l'écliptique que dans le ſecond, ce qui est d'autant plus remarquable que les nœuds aſcendans de toutes les planètes ſont également ſitués dans le premier demi-cercle, ſavoir entre le 16° du ♉ et le 21° du ♋: v. le mémoire cité de M. Bode.

(*h*) Voici encore cette table étendue aux 94 comètes aujourd'hui connues :

Latitude périhélie.	Nombre calculé de Comètes.	Nombre obſervé de Comètes.	Différence.
10°	16	18	+ 2
20	32	35	+ 3
30	47	53	+ 6
40	60	62	+ 2
50	72	73	+ 1
60	82	81	— 1
70	88	89	+ 1
80	92	92	0
90	94	94	0

Ainſi la conformité indiquée ici par l'auteur continue à ſe maintenir autant qu'on peut le déſirer.

Latitude périhélie.	Nombre calculé de Comètes.	Nombre observé de Comètes.	Différence.
10°	4	4	0
20	8	7	— 1
30	11	11	0
40	13	14	+ 1
50	16	14	— 2
60	18	16	— 2
70	20	19	— 1
80	2[illegible]	20	— 1
90	21	21	0

Il en est tout autrement de la longitude héliocentrique des périhélies. Je croiois d'abord qu'elle étoit également dispersée dans tous les signes; mais l'observation montre qu'elle est double dans les signes septentrionaux, où on la trouve 14 fois, et seulement 7 fois dans les méridionaux (*i*). A l'égard de l'époque des périhélies, elle suit un ordre exactement inverse de celui là, puisqu'on en trouve 16 dans les 6 mois d'hyver, et 8 dans les 6 mois d'été (*k*).

Il faut en conclure, que les circonstances plus favorables l'hyver que l'été à la visibilité des comètes contribuent à cette différence, car comme nous ne voyons les comètes qu'aux environs de leur périhélie, et qu'elles ne sont visibles que la nuit, il s'ensuit, que le nombre de celles qu'on observe l'hyver doit être plus grand que de celles qu'on découvre l'été, et cela à proportion des longueurs des nuits, qui étant à peu près doubles des jours dans l'hyver, donnent le nombre des premières doubles de celui des dernières. D'après ce principe on peut conjecturer, que la longi-

---

(*i*) L'uniformité dans la distribution des périhélies, qui étoit en défaut dans le catalogue de HALLEY, s'est parfaitement rétablie dans la suite: on trouve aujourd'hui 46 périhélies dans les signes septentrionaux, et 48 dans les méridionaux.

(*k*) Nous connoissons aujourd'hui 64 comètes qui ont passé par leurs périhélies dans les mois d'hiver, et 40 dans ceux d'été hiver-

gitude héliocentrique des périhélies comporte toutes les positions possibles, quoique la visibilité des comètes paroisse suivre une autre loi.

Enfin j'ai examiné leur direction, pour voir quelle étoit la proportion entre les directes et les rétrogrades. Quoique HALLEY n'ait fait aucune mention de cette circonstance dans son Catalogue, on peut la conclure des autres, puisqu'il a donné la position du noeud ascendant, en indiquant si périhélie étoit boréal ou austral: car s'il est austral, la comète va du périhélie au noeud; et s'il est boréal, elle va du noeud au périhélie. Ces données m'ont apris, que sur 21 comètes de ce Catalogue il y en a 10 directes, et 11 rétrogrades: ceci rend encore plus extraordinaire l'uniformité de la direction des planètes, qui est pour toutes de même sens (*l*).

Je pourrois conclure des déterminations précédentes, que les orbites des comètes, ont autour du soleil toutes les positions variées possibles. Le Catalogue D'HALLEY, qui à la vérité laisse beaucoup de places vuides et de lacunes à remplir, nous démontreroit cette assertion s'il pouvoit être un jour complet, et renfermer toutes les comètes visibles.

Je ne me dissimule pas que pour que ces déterminations eussent une utilité réellé, elles devroient être appliquées, à la recherche du degré de probabilité qu'il y a que les loix que j'en ai déduites, ont lieu généralement. C'est ce que je n'ai pas pu encore bien éclaircir.

J'ai adopté, par exemple, pour un de mes principes fondamentaux, que les orbites des Comètes peuvent avoir eu indifféremment toutes les positions possibles autour du soleil, et j'en ai conclu, qu'on pouvoit supposer légitimement, après l'examen que j'en ai fait, que 1), leurs angles d'inclinaison sur l'écliptique pouvoient varier depuis zéro jus-

(*l*) Le nombre de toutes les comètes directes que nous connoissons jusqu'ici est 49, et celui des rétrogrades 46; ainsi l'on voit que l'égalité se maintient encore ici à merveille. Dans notre remarque (*c*) sur la IXème Lettre pag. 135. nous avons indiqué la véritable différence entre les comètes directes et rétrogrades.

jusqu'à 90°, 2), que la ligne des noeuds et les périhélies pouroient être situés dans tous les signes, 3), que le nombre des Comètes, relativement à la latitude héliocentrique du périhelie, devoit suivre le rapport des sinus de la latitude, 4), enfin, que leur nombre absolu croissoit comme le quarré des distances périhélies au soleil (*m*).

J'ai examiné l'accord de ces hypothèses avec les résultats immédiatement donnés par le Catalogue de HALLEY, et j'ai trouvé, 1) que la détermination de l'inclinaison des orbites, 2) la position des noeuds, 3) la latitude des périhélies, ne laissoient rien à désirer.

Les distances périhélies au contraire, ainsi que leur longitude héliocentrique et leur époque, s'y refusent absolument. Il faut cependant remarquer à l'égard de cette dernière partie, qu'elle dépend principalement, comme on l'a déjà fait remarquer, des circonstances plus ou moins favorables à l'observation des Comètes.

Il ne m'a pas été possible de rien déterminer de précis au sujet des distances périhélies, qui me paroissent tenir à un très grand nombre de circonstances différentes: il me suffit cependant que la plus grande partie des Comètes observées y soyent conformes, pour pouvoir conclure, que celles qu'on ne peut pas observer aussi aisément ne formeroient pas une exception à cette loi.

Le calcul de la probabilité dans ce cas ci paroît devoir être fondé sur les considérations suivantes: premièrement) que le Catalogue de HALLEY a été formé sans choix et sans préférence, mais tel qu'on l'a conclu des observations, condition nécessaire dans cette théorie. Il faut de plus supposer, que l'ordre du retour des Comètes est tel qu'il devroit l'être pour qu'elles se succédassent de la même manière quelles le feroient si tous les cas étoient également possibles.

Cela posé, j'ai adopté une loi générale d'après la quelle j'en détermine six différentes pour tout autant de circonstances de chaque cas particulier. Je prends 21 de ces cas tout comme ils viennent, et sans choix: je les compare avec

(*m*) Lettre IV.

avec chacune des six loix précédemment établies, et je les trouve concordants; je demande qu'elle est la probabilité, résultante d'une loi générale, qu'ils ne puisse plus s'adapter aux six loix particulières précédemment fixées?

Quoique je ne sois pas en état de résoudre ce problême, dont la solution paroît d'ailleurs tenir à un calcul très compliqué, je vois cependant, que puisque les 21 Comètes du Catalogue de HALLEY ne contredisent par ces loix, celles qui y manquent, et par conséquent toutes prises ensemble, ne devroient pas non plus s'en écarter: il paroit impossible, que la plus part de celles contenues dans ce Catalogue, ne formassent une exception déterminée à ces mêmes loix. Si la totalité des Comètes qui existent dans notre systême avoit dû être divisée, classée, et partagée d'aprés d'autres circonstances, comment auroit il pu arriver, que ces 21 Comètes nous eussent paru différer précisément dans les 6 circonstances mentionnées (*)?

Je pense qu'il seroit très important d'éclaircir complétement ces recherches. Elles pourroient fournir un moyen de remplir les lacunes du Catalogue de HALLEY; mais comme vous avez déjà employé, pour remplir cet objet, la considération des distances périhélies, et que cette circonstance paroît la plus propre, je me contenterai en passant de porter mes regards sur quelqu'autre. Je remarque par exemple que la considération de la position du grand axe des orbites peut être de quelque utilité: les deux qui sont les plus voisins (**) font un angle de 7°: si je divise par ce module l'entiere surface de la sphère, que nous sçavons d'ailleurs (***) contenir 41253 degrés quarrés, on aura 49 espaces quarrés pour diviseur, et par conséquent 842 Comètes toutes comprises dans l'orbe de Mars, et 40 fois autant, c'est à dire 33680, dans celui de Saturne. Ce nom-

(*) Sçavoir 1) dans le Nombre proportionné au quarré des distances périhélies, 2) dans l'inclinaison des orbites, 3) pour le lieu des nœud, 4) la latitude des périhélies, 5) leur longitude, et 6) leurs époques.

(**) Celles de 1337 et 1472.

(***) Voyez la Lettre précédente.

nombre des Comètes est certainement bien considérable; mais il s'en faut bien que ce calcul soit aussi concluant que celui que vous avez fondé sur les périhélies, puisque ceux ci déterminent la sphère d'activité des Comètes d'une manière bien plus directe que la position du grand axe.

Ce que je trouve de plus remarquable, c'est que tous les angles d'inclinaison soient également possibles. J'avois toujours pensé qu'ils devoient être sensiblement plus grands que ceux des Planètes: mais le Catalogue de HALLEY en contient dont cet angle ne passe pas 5° ou 6° (*n*), et conséquemment plus petit que celui de Mercure, qui est a très peu près de 7°. Les Comètes et les Planètes se rapprochent si fort, qu'elles se mêlent réciproquement; et selon les apparences les angles d'inclinaison des orbites des Comètes, qui s'avoisinent le plus, ne doivent pas être beaucoup plus grands. Il suffit que ces astres puissent s'éviter, comme le font les Planètes: une inclinaison aussi petite prouve que leur sphère d'activité n'est pas considérable, et que Saturne et Jupiter sont véritablement les plus puissants de notre systême: ainsi si les Comètes peuvent se dérober à leur action, je suis tranquille sur leur sort.

Marquez moi, je vous prie, si les idées que renferme cette Lettre peuvent vous être de quelque utilité pour étendre vos recherches plus loin, et sur tout faites moi part, je vous prie, de vos remarques sur le déplacement des étoiles.

Je suis &c. (*)

(*n*) Voyez notre remarque (*d*) sur la IIIème Lettre pag. 68.

(*) On ne peut se dissimuler que M. LAMBERT n'ait employé pour base de ses calculs un Catalogue de comètes trop raccourci. J'ai eu la curiosité d'examiner à quel point ses résultats seroient exacts en employant le Catalogue du premier volume des tables de Berlin qui en renferme 69 de calculées. J'en ai soustrait 3 pour la comète de 1759, qui a eu quatre apparitions. Je les ai remplacées par celles de 1779 et 1780, ce qui a réduit le diviseur de la table suivante à 68.

J'ai trouvé 1) qu'il y a 16 comètes dont le périhélie est renfermé dans l'orbe de Mercure, et 51 dans celui de Vénus, ce qui s'és'éloigne fort peu de la raison d'un à trois ; première règle de M. LAMBERT.

2) J'ai calculé la nouvelle table suivante pour l'inclinaison des orbites, et sa concordanse est encore plus exacte que celle de M. LAMBERT.

Inclinaisons des Orbites.	Nombre calculé de Comètes.	Nombre observé de Cometes.	Différences.
10	7 1/3	6	− 1 1/3
20	15 1/3	15	− 1/3
30	23	24	+ 1
40	30 2/3	34	+ 3 1/3
50	38 1/3	38	− 1/3
60	46	45	− 1
70	53 2/3	54	+ 1/3
80	61 1/3	61	− 1/3
90	68	68	± 0

Il régne aussi, comme dans la table de M. LAMBERT, une grande irrégularité relativement au lieu du nœud, puisqu'il se trouve 16 fois dans le premièr quart des signes, 16 dans le 2d, 15 dans le 3eme, et 11 dans le 4eme. A l'égard des époques des périhélies dans l'année, il y en a eu 40 depuis le 21 sept. jusques au 21 mars, et 29 dans les 6 autres mois, ce qui est à peu près comme 3 à 2, ainsi que dans la table de M. LAMBERT, où il y en a 13 dans les premiers 6 mois et 8 dans les 6 autres: enfin la relation des directes et des rétrogrades est exactement en raison d'égalité comme dans la sienne, car j'en ai trouvé 35 de directes, et 33 de rétrogrades.

On peut conclure des remarques précédentes, que la considération d'un plus grand nombre de comètes n'a rien changé aux résultats de M. LAMBERT, et que son principe de la plus grande variété possible de situation de leurs orbites dans le système solaire n'a rien perdu de sa probabilité par une combinaison plus nombreuse.

LET-

LETTRE XVI.

C'est avec grand plaisir que je vois, M. par votre dernière Lettre, avec quel soin et quel empressement vous rassemblez de nouveaux matériaux pour la construction de notre édifice astronomique, relatif non seulement à l'ordonnance générale, mais encore à la détermination plus précise et plus exacte de chaque élément particulier.

Je vous avoue que je me croyois au bout de mes recherches, et que j'attendois de trouver dans de circonstances ultérieures les moyens d'aller plus avant. Les bornes de notre intelligence ne nous permettent pas toujours de pouvoir parcourir par ordre tous les anneaux de la longue chaine qui lie les conséquences au principe cette; opération nous fait quelquefois perdre de vue ou nous dérobe le côté qu'il feroit le plus avantageux de considérér pour le meilleur parti possible de nos recherches; elle dépend le plus souvent du temps et des circonstances qui commenceroient d'elles mêmes la solution d'une question, si nous sçavions saisir les occasions et employer les moyens qu'elles nous offrent.

Vous ne douterez pas du désir que j'aurois de pouvoir faire de la découverte de M. MAYER sur le déplacement des étoiles dont vous m'avez fait part l'usage le plus avantageux possible, et de porter encore plus loin les conséquences que vous regardez ces observations comme fort importantes pour toute l'astronomie. C'est de la position des fixes qu'on est parti jusqu'a présent pour reconnoître les variations et les anomalies des corps célestes de notre système solaire: elles étoient pour les astronomes ce que sont pour les navigateurs les caps et les autres points remarquables des côtes de la mer, dont l'immobilité fait toujours un point fixe.

Maintenant qu'il est complètement décidé que les étoiles ont un mouvement particulier réel, il faut nécessairement chercher d'autres moyens aux quels la postérité puisse re-

O 4 cou-

courir pour retrouver les points du ciel indiqués par nos obſervations actuelles. La Lune par exemple, qui occulte maintenant certaines étoiles, ne les occultera plus dans les ſiecles futurs.

Quoique j'eusſe regardé mes principes généraux ſur le mouvement des fixes comme ſuffiſants, et que je n'y formasſe aucun doute, le déplacement qui en réſultoit étoit cependant beaucoup plus lent que celui qui est indiqué par les obſervations; c'est pour celà que j'avois propoſé la comparaiſon des catalogues anciens et modernes: comme M. Mayer l'a trouvé conſidérable, il n'est pas douteux que je ne doive m'en tenir à ſon calcul, et voir quelles en ſeront les conſéquences.

Je vois d'avance quelles ſerviront moins à conſtater, la valeur de ce mouvement que ſa réalité; car il doit être bien plus conſidérable qu'il ne le ſeroit ſi on vouloit l'attribuer ſeulement aux erreurs des obſervations des anciens qui ont été déjà asſez discutées.

Nos inſtruments aſtronomiques ſont aujourd'hui asſez parfaits pour qu'on puisſe eſpérer des réſultats plus exacts de la comparaiſon des obſervations faites à des époques asſez rapprochées, que de celle des catalogues anciens et modernes

Si la quantité de ce mouvement est une fois déterminée, on pourra esſayer comme une opération préliminaire le calcul que vous avez indiqué dans une de vos précédentes Lettres. Vous avez ſuppoſé par exemple que l'étoile la plus voiſine de nous a été déplacée d'un quart de degré (a); d'après cette ſuppoſition vous avez calculé la vitesſe de ſon mouvement; vous en avez conclu, qu'on ne ſauroit l'attribuer à ſa gravitation vers le ſoleil; qu'ainſi on devoit chercher ailleurs le centre du mouvement des ſyſtêmes des fixes: vous vous y êtes crû d'autant plus autoriſé, que ſelon les apparences ce déplacement doit ſurpasſer ½ de degré. Je m'en tiens cependant à cette ſuppoſition jusques à ce que j'aye pu avoir connoisſance de l'ouvrage de M. Mayer.

Vous avez déjà obſervé dans la même Lettre, que ce déplacement n'est que relatif. Vous avez pu légitimement ſup-

(a) Voyez Lettre XIII pag. 180, et notre remarque (f) à cet endroit.

ſuppoſer, que notre ſoleil n'est pas plus en repos que les fixes; ſon déplacement ſe complique, avec le changement apparent de lieu des etoiles, et il faut ſéparer ici l'effet optique du phyſique, ainſi qu'on est obligé de le faire depuis long temps dans touts les calculs aſtronomiques.

Pour mettre ceci dans tout ſon jour je dois vous prévenir, que je ne fais plus entrer en ligne de compte les différentes diſtances des fixes entre elles. Vous ſavez combien on s'est donné de peine pour trouver celle des plus voiſines de nous au moyen de la parallaxe annuelle du grand orbe; ſon demi-diamètre n'a aucune proportion avec cette diſtance, qui est au moins 500000 fois plus grande; nous avons maintenant une autre eſpèce de parallaxe bien différente à conſidérer ici, qui nous donnera peu à peu le vrai lieu des étoiles, c'est celle de l'orbite que le ſoleil parcourt autour du centre du ſyſtême des fixes. Nous pouvons employer la même méthode que les aſtronomes lunaires ſeroient forcés d'adopter pour leur planète comparée aux ſupérieures s'ils ignoroient la poſition du ſoleil, ou même ſon exiſtence.

On peut conſidérer la petite partie de l'orbite que le ſoleil parcourt dans l'intervalle de quelques ſiècles comme une ligne droite, d'où on pourroit déduire la valeur du mouvement des fixes: c'est ainſi que nous nous y prendrions pour déterminer l'orbite entière d'une comète par trois obſervations; la ſeule différence, qui augmente prodigieuſement la difficulté, conſiſte en ce que nous ignorons complétement la poſition du centre du ſyſtême des fixes; car c'est à ce point qu'il faudroit rapporter les angles obſervés.

J'ai propoſé dans ma précédente lettre différents moyens de parvenir à la connoisſance de la poſition de ce point. Je renvoye à des recherches ultérieures de décider s'ils ſont ſuffiſants oui ou non. Comme le déplacement apparent des étoiles, ainſi que celui du ſoleil, dépendent principalement de leur mouvement propre, peut être pourroit on en induire, quelle est la région du ciel vers la quelle le ſoleil dirige ſa courſe. Il n'est pas douteux, ainſi que vous l'avez déjà remarqué dans une de vos lettres, que quelques étoiles devront paroître directes, ſtationaires, rétrogardes. Le ſoleil participant de ce mouvement il en réſultera une irrégularité optique, qui étant connue indiqueroit son mouvement vrai ainsi que celui des étoiles. (a)*

J'imagine encore que le systême des fixes dont notre soleil fait partie n'est pas différent du systême solaire lui même; celui-ci n'étant que l'image raccourci de celui-là. Il est d'une probalité presque équivalente à la certitude, que non seulement les orbites des fixes affectent toutes les positions éciproques possibles, mais encore que ce ne sont que des ellipses dont l'excentricité et les axes varie à l'infini. La première partie de cette assertion se prouve par la manière variée dont elles sont placées autour de nous, ce qui ne pourroit pas avoir lieu si elles étoient situées comme les planètes presque dans un même plan; la seconde partie se prouve, ainsi que pour les comètes, par leur nombre prodigieux, et par la variété infinie de leur révolution.

Vous devez vous rappeler, Monsieur, que nous avons établi, que les figures très allongées des orbites des comètes sont les plus propres à en permettre le grand nombre sans craindre qu'il en résulte un embarras réciproque. La vraie notion *de l'habitabilité* de l'univers rend encore plus nécessaire, que chaque fixe entraine après elle un cortège de planètes et de comètes; si celles là doivent être nombreuses, il faut nécessairement augmenter la quantité de celles ci, et la porter aussi loin que l'imagination peut s'étendre; c'est aux observations de la postérité à décider, si notre soleil fait sa révolution dans une orbite à peu près circulaire, ou dans une ellipse fort allongée, et si elle est plus ou moins inclinée sur le plan de la voye lactée.

La vitesse réelle des fixes doit être fort inégale, et d'autant moindre quelles sont plus éloignées du centre du systême. J'ai déjà fait observer, que notre soleil devoit en être plus voisin, ce qui probablement doit rendre sa vitesse plus grande que la leur. Il peut y avoir au contraire quelques étoiles de la 6e. grandeur tellement situées, que quoique plus voisines du centre, elles se mouvroient cependant beaucoup plus lentement: de ce nombre sont celles qui seroient situées dans le même allignement du centre, en conjonction ou

(a)* Voyez notre remarque (f) sur la Xme Lettre pag. 146.

ou en oppofition: ou pourroit peut être tirer de cette confidération un nouveau moyen de découvrir le lieu du centre.

Voilà les réflexions qui fe font préfentées à moi fur la queation du déplacement des étoiles, et que j'ai cru propre à l'éclaircir. Vous pouvez vous appercevoir facilement, qu'elles tendent presque toutes à utilifer les obfervations qu'on pourroit faire dans les fuites; je les aurois même préfentées d'une manière plus détaillée, fi j'avois pu m'imaginer, qu'on parvint bientôt à quelque détermination plus précife fur cet objet. En le laisfant donc de côté jusques à une époque plus favorable, je reviens à la théorie de la divifion des fixes et fyftêmes particuliers.

Vous m'avez déjà fourni les principes dont dépend cette recherche: ils fe réduifent aux fuivants.

1) Les fixes fe meuvent dans des orbites qui leur font propres.

2) Les forces centrales font le principe de leur mouvement.

3) Ce n'est pas vers le foleil qu'elles tendent par leur gravité, mais c'est vers le centre du fyftême qu'elles tendent conjointement avec lui.

4) Elles fe meuvent autour de ce centre dans des orbites qui ont refpectivement toutes les pofitions posfibles.

Vous pouvez donner un libre esfor à votre imagination, et voir fi parmi ces orbites il ne vous feroit pas posfible d'y fuppofer quelque hyperbole; elle vous annonceroit l'exiftence de quelque foleil allant de fyftême en fyftême, et de voye lactée en voye lactée. Je fens bien qu'ici les nombres feront en défaut, et qu'on ne fauroit trouver de mefure commune pour fe faire une idée de la durée de révolutions pareilles: on pourra en conclure du moins, que le monde n'a pas été créé pour ne durer qu'un inftant.

On peut demander fi la grande année DE PLATON (*) fuf-

(*) PLATON prétendoit que le monde avoit fes périodes, à la confommation desquelles il revenoit à fon état d'origine, et la grande année recommençoit.

(*b*) suffiroit à notre soleil pour achever la révolution dans son orbite, ou s'il pourroit parcourir tout au plus un degré de son Zodiaque dans cet intervalle: Ayant placé cet astre assez près du centre, on pourra considérer son année de révolution comme courte rélativement à celle des soleils plus éloignés de ce centre: quelle sera donc celle des systêmes eux mêmes, et quel temps faudra-til aux voyes lactées pour remplir le même objet?

Je conviens avec vous que notre systême solaire, ainsi que je l'ai dit tout à l'heure, n'est qu'un image des autres; des moyens semblables supposent des motifs pareils. J'irai encore plus loin, en disant qu'il est une copie exacte du systême des fixes: leur division en differens ordres, leurs orbites, la force centrale qui les contraint à les parcourir, tout est égal; la seule question sur laquelle je ne suis pas encore décidé, c'est de sçavoir si je dois supposer absolument vuide ce centre unique vers lequel tendent tous les systêmes, ou si je dois y placer un corps non lumineux d'une telle dimension, qu'il soit capable de les soumettre à son action, de les régir, et de les retenir dans leurs orbites, ainsi que le fait notre soleil rélativement aux Planètes, Comètes, et autres corps renfermés dans les limites de son systême.

Nous ignorons complétement quelle doit être la densité d'un corps qui n'admettroit aucun pore; peut être que l'or, qui est le plus dense des corps terrestres, est comme une éponge relativement à ce corps. Je ne m'occupe pas des moyens de fixer la grandeur et la masse, qui doivent être telles, qu'il puisse en vertu de son action forcer tous les systêmes de l'univers à tourner autour de lui; je suis de

---

(*b*) Par la *grande année* PLATON entendoit une période après laquelle tous les astres, tant fixes que Planètes, reviendroient ensemble aux mêmes points du ciel, voyez son *Timée, Oper. Tom. III.* pag. 39 *Edit. Serrani.* L'Astronomie moderne, toute parfaite qu'elle soit, ne sauroit déterminer une pareille période avec une précision même éloignée; et la saine philosophie nous apprend, qu'un retour correspondant des événemens physiques et moraux dans le même ordre sur la Planète que nous habitons doit être mis au rang des chimères qu'a enfanté l'Astrologie.

de plus autorisé à le supposer non lumineux, et seulement éclairé par la lumière du soleil qui en est le plus voisin; car s'il étoit lumineux par lui même, il n'y auroit eu aucun motif pour lui donner des corps pareils pour voisins, la lumière n'étant q'un moyen d'éclairer les corps non lumineux.

Si je suppose au contraire le centre du systême des fixes absolument vuide, elles ne seront animées alors que de la force de gravité qui les porte réciproquement les unes vers les autres: les plus voisines du centre seront portées vers les plus éloignées, et conséquemment dans une direction opposée à celle de la pesanteur. Il n'est pas possible qu'il puisse résulter de tout cela une force centrale et une révolution uniforme: la direction moyenne de la gravitation de chaque étoile seroit composée d'une infinité de directions particulières, et varieroit à chaque instant: l'ordre des -volutions seroit trop compliqué pour convenir à un systême d'univers dont la durée et l'immensité ne peuvent dépendre que d'un principe simple; les perturbations réciproques des Comètes et des Planètes ne peuvent être que fort rares et insensibles, vu la grande énergie de l'action solaire, qui simplifie leur mouvement; les petites anomalies qui en résultent peuvent peut être avoir une utilité, mais elles n'en sont pas moins des exceptions, puisqu'elles sont des écarts des loix générales.

Si je ne place donc aucun corps dans le centre du systême des fixes, il me semble que j'enlève aux loix du mouvement toute leur généralité, et que j'y substitue seulement des exceptions. Ce qu'on appelle l'ordre ne devroit être qu'un résultat constant et durable d'une foule d'effets particuliers. C'est à peu près ainsi que nous le considérons relativement à ce qui se passe immédiatement sous nos yeux sur la terre; nous ne connoissons pas à la vérité l'ordre et l'arrangement de tous les corps célestes, mais plus un systême particulier se rapproche du général, et plus les loix des changements qu'il éprouve doivent être simples: ajoutez ici que les étoiles les plus voisines étant encore très éloignées, leur effet réciproque n'est pas dû à elles seules, mais à la réunion de tout leur cortège.

Vous

Vous m'avez fait part dans votre dernière Lettre d'un essai de calcul du nombre des Comètes existantes dans notre systême. Comme j'ignore si celui que j'avois fixé à cinq millions ne vous paroît pas encore trop fort, je ne veux pas le porter plus loin: par rapport à vous, votre dessein n'étant que de remplir les lacunes du Catalogue de HALLEY, vous en trouverez toujours assez pour cet objet: à mon égard, je n'hésiterois point d'en augmenter le nombre précisément jusques au point où elles ne pourroient plus faire leurs révolutions ensemble sans se nuire réciproquement par leurs perturbations. Il est vrai que dans cette supposition la masse réunie des Comètes et des Planètes seroit plus grande que celle du soleil, mais plus l'action d'un systême solaire seroit considérable vis a vis celle d'un autre, et plus on devroit penser, que l'effet de leurs perturbations réciproques seroit aussi nul que celui des actions mutuelles du systême de Saturne et de Jupiter; or comment seroit il possible d'atteindre à cette nullité d'effet sans supposer dans le centre général un corps d'une masse proportionnée à luniversalité des systêmes?

Si cette supposition a lieu dans chaque systême de fixes, l'arrangement y sera le même que dans notre systême solaire, avec cette seule différence, que dans le premier les corps lumineux tourneroient au tour d'un corps opaque, et que ce seroit le contraire dans le second.

Ces remarques sur la ressemblance des systêmes quand à l'ordre qui y régne peuvent être très avantageuses pour éclaircir et mieux connoître ce que vous avez établi relativement à notre systême solaire; vous suppléez par là complétement à ce que j'avois négligé dans mes remarques précédentes sur le Catalogue de HALLEY; reste à examiner, relativement aux six points de vue sous lesquelles j'ai considéré les Comètes, ce qui pourroit appartenir à chaque orbite; c'est ce que j'avoue n'avoir fait que bien incomplétement relativement à un seul; j'en ai déduit à la vérité, que la voye la plus courte et la plus commode pour remplir les lacunes de ce Catalogue seroit d'employer les distances périhélies; mais on ne peut pas se dissimuler, qu'il s'y méleroit beaucoup d'incertitudes dépendantes du

plus

plus ou moins d'obstacles qu'éprouveroit la visibilité des Comètes: la probabilité qu'il y a qu'une Comète sera apperçue de la terre calculée d'après sa distance périhélie dépend de différentes circonstances; la principale consiste en ce que cette distance ait lieu pendant notre nuit. Si elle est trop grande, sa lumière sera trop foible pour être apperçue: il en est de même de sa distance à la terre; la diminution de son diamètre apparent la fera perdre de vue; il faudroit que ces deux circonstances se réunissent favorablement pour pouvoir, en observant commodement plusieurs fois la même, parvenir à calculer exactement son orbite.

Le calcul nécessaire pour cela seroit très prolixe et très compliqué. Il me paroît d'ailleurs à peu près inutile, parceque je pense que les considérations générales que j'ai proposées dans mes précédentes lettres suffiront ci. J'en conclus, que toutes les Comètes qui descendent dans l'orbe de Vénus pourroient être aisément visibles, et que leur nombre y croitroit comme le carré des distances; mais si elles s'arrêtoient au delà de cet orbe, les circonstances de leur visibilité seroient circonscrites dans des limites plus étoites, et le temps de leur séjour dans notre sphère de visibilité plus raccourci; soit que l'on s'en rapporte au Catalogue de HALLEY, ou aux observations, on verra, que sur vingt une Comètes il n'y en a que quatre qui s'approchent du soleil moins que Vénus (*c*); a l'égard des dix sept excédentes, qui descendent dans son orbe, et qui par conséquent ne doivent par échapper aux observateurs, il suffit qu'elles se conforment à la loi du carré des distances, pour être autorisé à l'étendre jusqu'à Saturne, et même au delà, sans recourir à d'autres principes *téléologiques* qu'à ceux qui ont suffi jusqu'àprésent. La visibilité des Comètes comprises dans le Catalogue de HALLEY a dû nécessairement diminuer la difficulté que pouvoit présenter l'examen des autres circonstances, que vous avez ramené exactement à des loix générales; je vous avoue que j'avois craint, vû le petit nombres des Comètes qu'il renferme, que

(*c*) Voyez notre remarque (*b*) pag. 67.

que les différences fusſent beaucoup plus conſidérables qu'elles ne le ſont: vous avez ſur tout établi d'une manière à faire évanouir tout doute la loi générale, qui annonce que les orbites des Comètes peuvent avoir toutes les poſitions poſſibles.

Je crois qu'il est très ſuperflu de s'occuper du calcul de probabilité dont vous avez parlé dans votre dernière Lettre. La question, telle que vous la propoſez, est évidente. Suppoſons en effet que la diviſion effective de toutes les Comètes ſuivit une loi abſolument différente de celle que vous avez établi, il ne ſeroit pas étonnant alors, que les vingt une Comètes du Catalogue s'en écartasſent plus ou moins, mais ces écarts n'auroient vraiſemblablement aucun rapport conſtant entre eux, et il faudroit avoir choiſi ces vingt une Comètes exprès, pour que dans cette ſuppoſition elles raccordasſent cependant dans ſix circonſtances particulières. Je regarde donc comme démontré, que votre calcul fait d'après le Catalogue ſera d'autant plus exact, qu'il ſera lui même plus complet.

Du reste il est évident, que l'on peut très légitimement employer ici la théorie des probabilités, puisqu'elle est applicable à tous les cas où les événémens ſont liés les uns aux autres ſuivant une loi quelconque. Les obſervations ſurtout long temps ſuivies et répétées, peuvent bien ne pas fournir des réſultats exactement conformes au calcul; elles donneront tantôt plus tantôt moins, mais jamais asſez pour rendre méconnoisſable la loi générale qui les lie; on y en reconnoîtra toujours quelques vestiges.

Prenons pour exemple la liste mortuaire d'une ville quelconque pour différentes années: en la diviſant par le nombre de celles ci, chaque année préſentera la même mortalité; il y aura néceſſairement quelque différence avec l'événément réel, mais elle ne ſera jamais telle, qu'une année par exemple noffrant aucun trépas une autre en préſentat le double, ou beaucoup plus que n'en comporte le nombre des habitans. Il est poſſible qu'une année ſoit marquée par une plus grande mortalité qu'une autre, mais jamais asſez pour quil n'y ait aucune proportion de l'une à l'autre: toutes les cauſes qui y contribuent ſont trop liées en-

ensemble, pour que manquant tout à coup à la fois une année, elles concourussent toutes ensemble à une autre époque.

Il faut convenir, que le retour des Comètes ne tient pas à un aussi grand en nombre de causes; mais en revanche leurs périodes étant inconnues, le lieu qu'elles occupoient dans un instant donné, par exemple à l'époque de la création, est impossible à fixer, puisqu'il est déterminé par les combinaisons d'une quantité infinie de motifs qui tiennent à l'arrangement le plus convenable de l'univers, ainsi qu'à tous les changements qu'il peut avoir éprouvés. Supposons par exemple que ce lieu pour chaque corps céleste et sa période de révolution soient tellement combinés, que malgré la suite constante de leurs aspects réciproques ils ayent cependant toujours pu éviter de se rencontrer, on trouvera bientôt, que cette combinaison renferme tous les cas possibles des positions, mais tellement confondus, que le hazard seul sembleroit les avoir dirigés; d'où il suit, que dans cette recherche rien ne s'oppose à l'application du calcul des probabilités; tous les cas particuliers étant renfermés dans la suite des loix générales, les comparaisons qu'on en fera les y rameneront toujours malgré leur désordre apparent. Mais si, ainsi qu'on l'a fait pour les Comètes, on vouloit les retrouver simplement comme des conséquences des loix générales, le résultat en feroit d'autant plus exact, que les observations, qui leur auroient servi de base, seroient plus nombreuses.

C'est avec raison que vous regardez comme singulière l'accord du Catalogue de HALLEY avec le résultat de la théorie relativement à l'inclinaison des orbites des Comètes avec l'écliptique; vous m'avez par là donné occasion de revenir sur cet objet, et je vous avoue franchement, que je ne suis pas encore bien à mon aise sur cet article: le Catalogue, ainsi que les observations, nous annoncent l'existence des plus petits angles d'inclinaison également possibles; et au lieu d'y faire naitre des doutes, ils nous ramènent au principe, pour en conclure, comme vous l'avez déjà fait, combien est raccourcie la sphère d'activité des Comètes. Il est évident que cette conclusion se déduit pareillement de ce que la perturbation des corps célestes est la plus petite posſible, puisque les cas où elle devient ſenſible ſont ſi rares.

Quoique je convienne de l'exiſtence de ces petits angles, puisqu'elle est démontrée par l'obſervation, j'ai cependant un autre doute; il me ſemble qu'en ſuppoſant que toutes les poſitions du plan de l'orbite des Comètes ſont également poſſibles, il devroit s'enſuivre, que les plus grands devroient être plus nombreux que les petits: voici ma preuve.

La poſition d'un plan peut être réduite à celle d'une ligne perpendiculaire à ce plan; maintenant puisque le plan d'une orbite de chaque Comète paſſe par le ſoleil, nous pouvons lui ſubſtituer une perpendiculaire tirée du ſoleil, et prolongée jusques aux fixes; le lieu où elle aboutit est un point que l'on peut appeller le pôle de cette orbite: de cette manière nous pouvons faire abſtraction du plan et de la perpendiculaire en question pour ne conſidérer que les pôles de ces orbites: ſuppoſez maintenant qu'elles ſe croiſent de toutes les manières poſſibles, il s'en ſuivra, que leurs pôles ſeront répandus ſur toute la ſurface de la ſphère de la même manière que vous y avez diſperſé les périhélies. Plus le pôle d'une de ces orbites ſera diſtant de celui de l'écliptique, plus ſon angle d'inclinaiſon avec l'obite de la terre ſera grand; or ſon complement à 90°. est la diſtance des deux pôles; et vous trouverez, ainſi que pour les périhélies, que le nombre des pôles doit croître comme les ſinus de ces complements, ou comme les coſinus des angles d'inclinaiſon. Voilà ſelon moi la loi à la quelle ils ſont aſſujétis. Prenez maintenant les complemens de 10° et 10°, en ſuppoſant que le ſinus total ſoit 21, nombre des Comètes obſervées du Catalogue de HALLEY, et vous aurez la table ſuivante:

Com-

Complement des Inclinaifons.	Nombre des Comètes Obfervées.	Nombre des Comètes Calculées.	Differences.
10°	2	4	+ 2
20	6	7	+ 1
30	9	10	+ 1
40	10	13	+ 3
50	10	16	+ 6
60	15	18	+ 3
70	17	20	+ 3
80	19	21	+ 2
90°	21	21	0 (*d*)

On voit évidemment, que les différences des Comètes obfervées et calculées font non feulement plus grandes que celles de la table que vous avez formée dans votre dernière lettre, mais même qu'elles font toutes dans le même fens; les nombres qui expriment les Comètes calculées font conftam-

---

(*d*) Il femble qu'on doit conclure de cette table, que les pofitions des plans des orbites cométaires ne font pas toutes également poffibles; et les obfervations modernes paraisfent en effet confirmer cette conclufion, comme l'on voit par la table fuivante, conftruite fur les mêmes principes.

Complemens des Inclinaifons.	Nombre obfervé de Cometes.	Nombre calculé de Cometés.	Différences.
10°	10	16	+ 6
20	21	32	+ 11
30	35	47	+ 12
40	50	60	+ 10
50	59	75	+ 16
60	72	81	+ 9
70	77	88	+ 11
80	86	93	+ 7
90	94	94	∓ 0

Les différences font encore ici toutes de même figne, et beaucoup trop confidérables pour que la fuppofition des fituations également poffibles puiffe fubfifter.

ſtamment plus grands que ceux des obſervées, au lieu que dans votre table il est tantôt plus grand, tantôt plus petit. On voit donc que ſi la loi de l'égale poſſibilité de poſition des orbites des Comètes avoit été conclue à *posteriori* du Catalogue de HALLEY, on en auroit tiré une concluſion parallèle relativement aux angles, d'inclinaiſon; mais qu'on ſuppoſe au contraire *a priori* cette égale poſſibilité de poſition des orbites, il en réſultera une loi toute différente pour les grands angles d'inclinaiſon, qui devront être plus nombreux que les petits; c'est cependant ce qui ne s'accorde pas bien avec le Catalogue de HALLEY.

Je ne crois pas que les circonſtances plus ou moins favorables à la viſibilité des Comètes puiſſe avoir quelque influence ſur cette différence, car pour cela il faudroit ſuppoſer, contre l'apparence, que les Comètes ſont plus à portée d'être viſibles lorsque l'angle d'inclinaiſon de leur orbite avec l'écliptique est plus petit, que lorsqu'il est plus grand; cela pourroit cependant être ainſi ſi le concours des circonſtances les plus favorables à leur viſibilité arrivoit lorsqu'elles ſont dans la partie auſtrales du ciel, parcequ'alors elles ſe trouveroient ſous notre horiſon.

Comme vous avez diſperſé ſur la ſurface de la ſphère les périhélies de la même manière que j'ai diſperſé les pôles des orbites, et que cependant votre réſultat s'accorde beaucoup mieux avec le Catalogue que le mien, je ſoupçonne qu'il y a quelque cauſe inconnûe qui produit cette différence. Si cela est, il n'est pas douteux qu'il ne faille s'en tenir à la conſidération des périhélies, et laiſſer de côté celle des pôles; mais ſi on arrivoit aux mêmes concluſions par les deux voyes, et que la circonſtance de la viſibilité n'y changoit rien, on pourroit presque en conclure, qu'il y a quelque choſe de particulier qui lie l'écliptique avec les orbites des Planètes relativement aux angles d'inclinaiſon. Peut être auſſi ſeroit il mieux d'attendre, pour ſe fixer ſur cet objet, que le Catalogue de HALLEY, qui laiſſe encore beaucoup à déſirer ſous d'autres différents points de vue, fut plus complet.

Je ſuis &c.

LET-

LETTRE XVII.

Croyez vous de bonne foi, Monſieur, être à la fin de vos recherches ſur la conſtruction de l'univers? Je ne ſçaurois me l'imaginer d'après votre dernière lettre. D'abord je vois très bien, que ce n'est que par complaiſance, et uniquement pour m'encourager, que vous avez fait uſage de mes calculs ſur la viteſſe des révolutions des fixes, et de mes autres conjectures, en les faiſant ſervir de fondement à vos plus ultérieures conſéquences. L'approbation que vous donnez à ce premier eſſai est un engagement pour moi d'aller plus loin.

Je conçois très bien maintenant, que le point capital, qui est le déplacement obſervé des fixes, tient à la parallaxe de l'orbite ſolaire, et pour m'en faire une idée plus exacte et plus préciſe, j'ai recherché quelle pourroit être l'aſtronomie théorique pour les habitants de la lune ſi le ſoleil n'exiſtoit pas, ou dumoins s'il étoit inviſible pour eux. Pour rendre l'analogie plus complète, il faudroit ſuppoſer que les aſtronomes de cette planète ſçuſſent déjà qu'elle tourne autour de la terre, et que celle ci tourne autour d'un centre qu'ils ne connoiſſent pas, mais qui est le même que celui de la révolution des autres planètes; il faudroit qu'il connuſſent de plus les loix de la gravitation, les petites anomalies qui dépendent du mouvement de leur planète, et qu'enfin elle est forcée, pour obéir aux loix de KEPLER, de faire ſa révolution dans une ſection conique.

D'après ces données il ne ſera pas difficile de ſe faire une idée des moyens par les quels ils pourroient parvenir à trouver, du moins à peu près, le lieu du centre des révolutions des planètes, c'est à dire, le lieu du ſoleil, que nous avons ſuppoſé inviſible pour eux. Le premier qu'ils pourroient en employer avec ſuccès ſeroit leur propre révolution, ainſi que

P 3 cel-

celle des autres planètes. Je puis supposer que l'ellipse que leur planète décriroit autour de la terre indépendamment de l'action du soleil leur est connue; cette notion leur indiqueroit les points de leur orbite o les anomalies occasionnées par l'action du soleil se manifesteront, la v case de leur révolution étant 'élément sur lequel elle influeroit d'avantage, ils s'appercevroient bientôt que ces points coincideroient ave le lieu de l'opposition et de la conjonction, ce qui leur donneroit directement le lieu du soleil.

Le second moyen dépendroit du mouvement des planètes. Comme ils auroient la commodi é de les observer souvent, ils pourroient, au moyen des loix de KEPLER, trouver leur lieu vrai à peu près de même, mais cependant avec un peu plus de difficulté, que nous le faisons relativement aux comètes: la distance de leur lune à la terre et sa révolution produiroient une parallaxe de mois, dont ils pourroient facilement faire le même usage que nous pourrions le faire de l'annuelle pour nos recherches sur les fixes; ils pourroient au contraire retirer de cette dernière, eu égard aux planètes et aux comètes, la même utilité que nous attendons de la parallaxe de l'orbite solaire.

La voye par laquelle nous avons cherché à déterminer la position des fixes est complètement parallèle à la précédente. Leur centre commun est invisible; son lieu ne pourroit nous être connû que par une suite de conséquences dont nous ignorerions le principe si le mouvement annuel de la terre n'étoit sujet à aucune anomalie, ou que nous n'eussions aucun moyen de séparer les inégalités optiques du déplacement apparent des fixes.

Il n'y a pas apparence que l'on parvienne à une détermination exacte de cet objet, mais on pourra toujours en approcher d'avantage, et parvenir peu à peu à fixer la vraie échelle d'après laquelle on pourra mesurer la distance du soleil au centre du systême des fixes dont il fait partie: il n'est certainement pas dans ce centre, mais il y a grande apparence qu'il n'en est guère plus éloigné que quelques unes de ces mêmes fixes.

Ces recherches demanderent sans doute du temps, mais j'entrevois cependant avec plaisir, qu'on en tirera un moyen de de connoître plus exactement l'arrangement et l'ordre des différents systêmes de fixes. Peut être que le siècle auquel est reservée cette connoissance, et que j'avois renvoyé très loin, n'est pas fort éloigne du notre. Rappellez vous, Monsieur, qu'avant que je connusse votre systême je vous avois excité à cette recherche pour le seul avantage d'en profiter nous mêmes. Votre systême n'a rien de trop hardi; et quand nous serions par hazard cette tardive postérité, à la quelle nous en avions renvoyé la confirmation, je ne craindrois pas qu'il fallut y faire aucun changement essentiel: il n'est pas dans le cas des systêmes particuliers, qui doivent être scellés du sceau de l'observation. Vous avez assez suffisamment pourvu à sa généralité, et son analogie avec notre systême solaire me paroît complète.

Je suis cependant forcé d'insister encore un peu sur le corps obscur que vous avez placé dans le centre du systême des fixes, et sur l'existence duquel il paroît, il est vrai, qu'il vous reste encore quelques doutes. Vous tâchez cependant de les détruire en vous étayant de preuves qu'on ne sçauroit cependant admettre sans quelque examen préalable. Savez vous sur quoi je m'arrête principalement? C'est sur les conséquences immédiates de ces preuves, elles sont elles à mon avis que je crois qu'on peut les étendre au centre du systême entier des voyes lactées, et de là à celui de la totalité des systêmes. Il est évident que vous supposez que le premier a une orbite de révolution, puisque vous vous êtes occupé du temps qu'il employe à l'accomplir: l'analogie régne d'un systême à l'autre; les loix de la gravitation régissent tout, en un mot, tous les principes qui vous ont conduit à supposer chaque étoile particulière en mouvement, (conséquence que l'observation a confirmé) annoncent la mobilité des voyes lactées; mais si elles ont une orbite, la supposition d'un corps obscur dans leur centre peut s'étendre très légitimement jusques à elles.

Si vous supposez au contraire ce centre absolument vuide, leurs petits mouvements ne seront qu'une suite de mouvements incohérents, qui ne sera assujétie à aucune règle; elle ne sera dirigée par aucune action constante, d'où puisse résulter quelque uniformité; chaque systême de fixes

 ren-

renferme des millions de foleils, et chaque foleil entraine autant de planètes et de comètes: rasfemblez tous ces corps, formez en un fyftême, que deviendra leur gravitation réciproque? quel désordre ne régnera pas dans leur marche et leur révolution, s'il n'y a pas une force prédominante qui les contraigne de fuivre conftamment l'orbite qui leur a été asfignée?

Je crois avoir procédé rigoureufement dans l'application de vos principes; fi je dois les regarder comme nécesfairement concluants, je ne puis m'empêcher d'admettre l'exiftence d'un corps non lumineux, ayant une asfez grande masfe pour entretenir le mouvement régulier de la voye lactée. Si vous fuppofez que celle ci fasfe partie d'un compofé d'une infinité d'autres, j'en tirerai la nécesfité d'un nouveau corps pareil, beaucoup plus pefant, et beaucoup plus grand, pour diriger la totalité de toutes ces masfes. En allant ainfi par gradation, nous arriverons enfin au centre de l'univers. C'est ici que je trouve mon dernier corps, au tour du quel tourne tout l'ouvrage du créateur. En donnant un libre esfor à mon imagination je puis presque concevoir la durée de fa revolution. Ce centre est le thrône dont tous les fyftêmes font comme les fatellites, où réfide la force qui entretient l'ordre et l'harmonie, qui anéantit toute anomalie, et qui fixe ou qui ramène chaque partie dans la place qui lui a été asfignée. (a)

Je ne m'apperçois pas que l'enthoufiasme, qui me gagne à l'afpect de ce fublime thrône, me fait perdre de vue le point de la difficulté. Un poëte trouveroit fans doute ici de quoi exalter fon imagination, en traçant l'esquisfe d'un ausfi magnifique tableau; mais en parlant philofophiquement, j'avoue que la confidération de l'énormité dont doit être la masfe de ce corps obscur m'étonne et m'arrête; il me paroît incroyable et inconcevable. Il est vrai, que nous pourrions peut être la réduire et la diminuer, fi l'effet de la pefanteur est proportionel à la masfe, par la feule fuppofition que la denfite de fon noyau, ou même celle de l'éther, qui

(a) Voyez l'ouvrage de M. Kant II. Part. Chap. 7. pag. 109 et 140 de l'Ed. Originale.

qui avoifine ce centre, ainfi que ceux des grands fyftêmes, est infinimement grande.

En partant cependant de ce qui fe pasfe fur notre planète relativement aux corps terrestres, la pefanteur fuivant la même proportion des masfes, il femble que l'on pourroit fans inconvénient admettre l'immenfité de l'étendue du corps obscur en question.

Si j'infifte de rechef autant fur cet objet, c'est que je ne puis me disfimuler que des recherches plus approfondies ont donné de nouveaux degrés d'évidence à vos preuves: en voici un esfai que j'ai fait en raccourci. J'ai fupprimé le foleil de notre fyftême, et par conféquent j'ai anéanti fon attraction, et la tendance des parties du fyftême vers le centre. Mais pour éviter qu'il n'exiftat pas une force tengentielle, qui, portant les parties du fyftême dans fa direction, ne les disperfat en les éloignant les unes des autres vers les étoiles fixes; j'ai été obligé ausfi de mettre de côté toute force centrifuge dépendante de la vitesfe des Planètes, Comètes, et autres corps célestes de notre fyftême: mais qu'est il réfulté de cette fuppofition? c'est que Jupiter, que les philofophes avoient confidéré comme un voleur de Comètes, l'est devenu en effet; il a pris la place du foleil, chaque Comète qui pasfoit dans fon voifinage étoit forcée de décrire une ellipfe autour de lui, fon domaine s'aggrandisfoit, les Planètes lui formoient un nouveau cortège, et Saturne lui même avec fes Satellites n'avoit pu lui échapper; bientôt il a été entouré de tous côtés de différents corps célestes; j'ai vu les centres de leur mouvement, qui avoient été d'abord diverfement éloignés de celui de Jupiter, s'en rapprocher peu à peu, et enfin fe confondre avec lui: la gravité réciproque de ce fyftême de corps célestes agisfant dans des directions oppofées restoit fans effet, étant détruite par une compenfation mutuelle; de cette manière le fyftême arrivoit fous la domination de Jupiter dans un état de permanence; mais en le fupprimant lui même, comme j'avois fupprimé le foleil, Saturne devenoit le maître, et acquéroit les mêmes prérogatives: en procédant ainfi de fuite par des retranchemens pareils, le fyftême fe réduifoit, à rien: d'où l'on doit con-

conclure, que fa permanence et fa durée tiennent immédiament à l'exiftence du foleil.

C'est à vous, Monfieur, maintenant de juger, fi j'ai deffiné correctement ce tableau, et jusques à quel point on peut en faire l'application au fyftême de fixes: pour moi je perfifte à croire, que fans la fuppofition d'un corps non lumineux au centre de l'univers, le plus puisfant des foleils des différents fyftêmes folaires s'attribuant bientôt la fuprême puisfance, il en réfulteroit une anarchie générale dans la totalité des fyftêmes, foit relativement à fa grandeur, à fa marche, à l'ordre qui doit y régner, &c. Sous la fuprématie de Jupiter, Saturne feroit fon premier et plus puisfant vasfal, mais qui devroit en avoir en même temps fous lui pour maintenir l'équilibre et la tranquilité dans le fyftême. Cet objet ne fauroit être rempli qu'autant qu'il y auroit dans le lieu où fe trouve Saturne un nombre d'autant plus grand de Planètes et de Comètes, que Jupiter, qui est plus vigoureux et plus puisfant, en auroit lui même un grand nombre à fa fuite. Il s'en faut bien que notre foleil foit dans ce cas à: l'effet réuni des deux Planètes précéde es agisfant fur un des côtés de fon fyftême pour faire équilibre avec l'action folaire et celles des Comètes qui font leur révolution autour de lui est infenfible: dans cet état de chofes il me paroît très vraifemblable, que le centre général du fyftême folaire ne doit par être fort éloigné de celui du foleil.

Il n'est pas plus raifonnable de faire régir un fyftême de fixes par une fixe même, que de mettre Jupiter ou Saturne à la tête du notre. Comme étoile fixe elle devroit avoir à fa fuite une foule de Comètes et de Planètes, et je crois qu'elle auroit beaucoup trop à faire que d'avoir à régir et gouverner encore une troupe d'autres étoiles qu'elle entraineroit avec elle. Le despotisme est communément proportionné à la puisfance; ainfi je perfifterai à ne mettre fur le thrône dans ce cas-ci q'un corps capable de tenir en bride toutes les fixes avec tout ce qui compofe leur fyftême.

Je ne trouve point d'inconvénient à fuppofer ce corps non lumineux par lui même, mais feulement éclairé par quelque foleil voifin. Le feul doute qui me reste à cèt égard

égard, c'est que s'il exiftoit réellement un tel corps, il ne feroit pas posfible qu'on n'en apperçut aucune trace (*b*), d'autant mieux que notre foleil n'est pas, ainfi que nous l'avons remarqué précédemment, fitué vers les bords extérieurs du fyftême, mais plus près du centre, et par conféquent plus prés du corps fuppofé; quelque foible que fut la lumière qu'il réflêchit, il n'est pas posfible que, vû la grandeur dont doit être fon diamètre apparent, elle ne fut encore asfez vive pour qu'on n'eut dû l'obferver avec nos lunettes; au furplus, comme le foleil, dont nous fuppofons qu'il reçoit la lumière, et qui fait fa révolution autour de lui, doit en être asfez près, il en réfulte, que ce corps doit avoir des phafes, et paroître tantôt plein, et tantôt abfolument obfcur; de plus, s'il avoit des taches comme les autres Planètes, fon apparence varieroit. Croyez vous, Monfieur, que nous puisfions avoir l'espoir de découvrir quelque chofe de pareil? je le défirerois d'autant plus, que cela faciliteroit confidérablement l'application de l'astronomie lunaire, dont nous avons donné une idée plus haut; nous n'aurions plus befoin de fuppofer que les astromes de cette Planète font obligés, pour établir leur fyftême copernicien, de chercher le lieu du foleil par des voyes indirectes; comme c'est dans ce point que j'ai placé la difficulté, je ne m'arrête pas à ce qu'il y auroit à faire, dans ce cas, pour calculer et découvrir peu à peu le lieu des fixes dont dépendent notre fyftême.

Vos remarques fur mon fyftême des Comètes m'ont fait d'autant plus de plaifir que je les confidère comme une preuve que je me fuis fait à votre manière de conclure. Je vois aufsi, que de fix circonftances particulières relatives à l'examen des Comètes du Catalogue de HALLEY, cinq ont eu votre approbation; à l'égard du fixième article, fur lequel vous élevez des doutes, je conçois qu'au lieu de me dire tout fimplement que je m'étois trompé, vous aves préfére, en me propofant la chofe comme un pro-

(*b*) Nous avons cependant indiqué déjà dans notre remarque (*b*) pag. 165. la véritable raifon, pourquoi d'un pareil corps, fut il même lumineux, on ne pourroit appercevoir la moindre trace.

problême à résoudre, de me donner occasion de m'exercer à sa solution: voici ce me semble en quoi vous faites consister la difficulté: j'avois considéré les angles d'inclinaison des orbites des Comètes comme pouvant avoir également toutes les valeurs possibles; il est vrai que j'avois mis cette supposition au même rang que les cinq autres; il n'est pas douteux, que si le Catalogue de HALLEY me l'avoit permis, j'aurois volontiers donné l'exclusion au petits angles; mais les exemples du contraire qui s'y trouvent ne m'en ont par laissé la liberté; c'est même ce qui m'avoit arrêté dans ma dernière lettre, et qui vous avoit engagé à me faire voir, qu'il falloit considérer la chose sous un autre point de vue.

J'avois eu d'autant moins de peine d'adhérer à vos conclusions sur cet objet, qu'elles me paroissoient suivre nécessairement des principes et des loix générales d'après lesquelles nous avions précédemment conyenu que les orbites des Comètes pouvoient admettre toutes les variétes possibles dans leurs position. Vous avez même réduit pour chaque orbite cette position à une ligne droite, et encore plus briévement à un point, en les dispersant également sur la surface de la sphère; c'est de là que vous concluez, que le nombre des grands angles d'inclinaison devoit l'emporter sur celui des petits. Je désirerois bien que cette conséquence eut lieu relativement à l'écliptique, comme elle doit l'avoir pour tout autre plan, car je suis plus inquiet de ce qui peut arriver aux Planètes et à notre terre qu'aux Comètes, qui peuvent mieux braver touts les hasards, et supporter les deplacements fortuits.

Si vous comparez votre calcul au Catalogue de HALLEY, avec lequel il devroit s'accorder, vous verrez qu'il en diffère considérablement; à la vérite l'écart est généralement égal de part et d'autre; le mien au contraire y est plus conforme, et la différence entre le Catalogue et nos deux suppositions est à peu près égale à leur mutuelle différence.

Il est évident que s'il falloit s'en tenir là, j'aurois raison; il faudroit en revenir à ce que vous avez déjà remarqué à la fin de votre dernière letre, qu'il doit y avoir quelque

que chose de particulier relatif au plan de l'écliptique; mais en quoi consiste cette singularité? C'est exactement comme si les Planètes étoient plus privilégiées pour appartenir à des orbites qui se coupent sous de plus petits angles qu'il ne seroit nécessaire pour la suite de l'arrangement général: que penser sur cela? les Comètes et les Planètes seroient elles si analogues? ou Jupiter et Saturne auroient ils entrainé différentes Comètes dans des plans si voisins du leur, quil ne fut plus possible maintenant d'en diminuer l'inclinaison?

Vous voyez déjà d'avance, Monsieur, que je serois dans le cas de voir renouveller mes anciennes craintes, puisque vous êtes obligé de chercher de nouveaux moyens d'applanir cette difficulté. Vous avez supposé que les périhélies sont uniformement répandus sur la surface de la sphère, et en celà vous êtes d'acord avec le Catalogue de HALLEY; mais il en résulte cette question de savoir, si cette dispersion uniforme ne contrarie pas celle des pôles des orbites; j'avoue que je n'ai pu résoudre ce doute, car là même où je puis placer un de ces pôles je trouve le lieu où l'ordre et la suite de l'uniformité exigeroient que passât le plan de l'orbite parcourue par une des Comètes du systême.

J'insiste plus volontiers sur cet objet que sur les autres que vous avez établis, parcequ'il contrarie plus directement la visibilité des Comètes dont l'angle d'inclinaison est le plus grand, et que dans les circonstances qui y paroîtroient les plus favorables elles se trouvent plus communément sous notre horizon: vous voyez déjà que ceci contrarie aussi une de mes règles, mais je la sacrifie d'autant plus volontiers, que la Planète en sera moins troublée dans sa révolution, que si j'étois obligé d'admettre un plus grand nombre de petits angles d'inclinaison. J'ai donc examiné le Catalogue de HALLEY pour voir, si je n'y trouverais, pas quelque vestige des obstacles dépendants de la visibilité. Pour celà j'ai supposé, que les circonstances les plus favorables à cette visibilité avoient lieu lorsque la Comète se trouvoit dans la partie de l'orbite comprise entre les noeuds du côté du périhélie; ceci est en général vrai, quoiqu'il puisse y avoir quelques exeptions.

J'in-

J'infère de là, que le périhélie étant auftral lorsque les circonftances les plus favorables à la vifibilité auront lieu, les Comètes fe trouveront d'autant plus fouvent fous notre horizon, que l'angle d'inclinaifon fera plus grand, le périhélie au contraire étant Boréal, la grandeur de l'angle d'inclinaifon ne s'oppofera pas à la vifibilité, parceque les Comètes feront alors le plus fouvent fur notre horizon.

D'après ces confidérations j'ai fait deux clasfes de Comètes comprifes dans le Catalogue de HALLEY, l'une dont le périhélie est Boréal, et l'autre auftral : voici leurs angles d'inclinaifon en nombres ronds fans égard aux minutes : Le périhélie Boréal ; première clasfe, 17°, 18°, 31°, 32°, 32°, 32°, 55°, 64°, 79°, 83°, 83°.

Seconde clasfe, le périhélie auftral, 5°, 6°, 11°, 21°, 29°, 37°, 60°, 65°, 74°, 79°.

On voit à l'infpection de ces fuites, que les plus petits angles d'inclinaifon appartiennent aux Comètes auftrales, et qu'au contraire le moindre des Boréales est de dix huit degrés feulement ; le plus grand des auftrales n'est que de foixante dix neuf degrés, celui des Boréales est au contraire de quatre vingt trois degrés. Par cette manière de les confidérer, le Catalogue en préfente beaucoup moins dans chaque clasfe, et le nombre des lacunes à remplir augmente ; ce n'est plus de 10°, en 10° qu'il fait maintenant les comparer, mais de 0° jusques à 60°, et de de 60° à 90°, car d'après votre règle ces deux intervalles devroient en préfenter un égal nombre ; cependant dans celui des Boréales il y en a fix depuis 0°. jusques a 60°, et cinq depuis 60°. jusques a 90°. et dans les auftrales il y en a fix depuis 0°. jusques a 60°, et quatre feulement depuis 60°. jusques à 90° : c'est relativement à celles-ci que les plus grands angles d'inclinaifon font plus rares. (c).

Je

(c) Le Catalogue moderne ne laisfe en effet fubfifter plus aucun doute fur cette plus grande rareté des grandes inclinaifons des Comètes, et confirme de plus en plus, que les plans de leurs orbites font d'autant plus cumulés qu'ils approchent plus celui de l'écliptique. Ainfi la totalité de ces orbites paraît avoir, de même que celles des Planètes, une efpèce de tendance vers le Zodiaque, où par conféquent

la

Je ne me fais en conféquence aucun fcrupule de renoncer à ma régle, qui indépendamment des remarques précédentes ne me convenoit guère: fi elle s'acco de cepe dant encore asfez pasfablement avec le Catalogue, c'est que les grands angles d'inclinaifon des Comètes auftrales nuifent

---

la plus grande quantité de matière de notre fyftême folaire fe trouve concentré. La table fuivante mettra te vérité dans un plus grand jour, dans la quelle nous faifons voir, combien de Comètes de chacune des deux clasfes confidérées par l'auteur il devrait être renfermé dans chaque bande, ou Zone fphérique, de 10 en 10 degrés, à compter depuis l'écliptique, dans l'hypothèfe d'une distribution uniforme de leurs orbites par l'efpace, et combien au contraire l'obfervation nous y a montré réellement:

Zones Sphériques	Nombre de Comètes à Périhélie Boréal.			Nombre de Comètes à Périhélie Auftral.		
	Calculé.	Obfervé.	Différence.	Calculé.	Obfervé.	Difference.
Entre 0° et 10°	1	3	+ 2	1	5	+ 4
—— 10 — 20	3	5	+ 2	1	4	+ 3
—— 20 — 30	4	4	± 0	3	2	— 1
—— 30° — 40°	6	10	+ 4	4	3	— 1
—— 40 — 50	7	6	— 1	4	4	± 0
—— 50 — 60	8	6	— 2	5	7	+ 2
—— 60 — 70	9	8	— 1	6	6	0
—— 70 — 80	10	8	— 2	6	4	— 2
—— 80 — 90	10	8	— 2	6	1	— 5

On voit par cette table, que parmi les Comètes à périhélie boréal l'obfervation en donne 10 de plus de 0° jusqu'à 60°, que de 60° à 90°, ou 34 dans le premier, et feulement 24 dans le fecond de ces deux espaces, qui par le calcul devroient en renfermer chacun 29, le nombre des Comètes à périhélie boréal connû jusqu'ici étant 58; et l'on voit de même, que dans la colonne de leurs différences il n'y a qu'un feul changement de fignes: mais dans les Comètes à périhélie auftral on obferve un peu moins de régularité, probablement puisqu'à caufe des circonftances moins favorables à leur vifibilité dans notre hémisphère, leur moindre nombre laisfe fubfifter plus de lacunes; et cependant des 36 Comètes aujourd'hui connûes dans cette clasfe on y trouve encore 25 de 0° à 60°, et 11 feulement de 60° à 90°, ainfi 14 de plus dans le premier que dans le fecond de ces espaces, qui dans l'hypothèfe de distribution uniforme devraient en contenir un nombre égal. Concluons donc, que les Comètes font en général plus nombreufes et plus entasfées vers le Zodiaque qu'ailleurs.

ſent, ainſi que nous l'avons remarqué, à leur viſibilité. Il est vrai qu'alors l'écliptique n'a à cet égard aucun avantage, mais auſſi les petits angles d'inclinaiſon ſont en moindre nombre, ce qui me paroît favoriſer et faciliter plus que du double les écarts réciproques des aſtres; mais ce à quoi on ne s'attend pas ici, c'est que la marche des circonſtances favorables à la viſibilité contrarie exactement votre ſyſtème de la diſperſion uniforme des póles des orbites des Comètes ſur les la ſurface de la ſphère. Ma règle s'accorde mieux avec le catalogue que la votre, et c'est ce qui m'a engagé principalement à adopter l'égale poſſibilité de touts les angles d'inclinaiſon. Il n'est pas douteux que tout ceci s'éclaircira d'avantage à meſure que le catalogue ſera plus complet. La même Comète n'étant pas également viſible à chacun de ſes retours, il faudra avoir ſoin de ſpécifier chaque fois qu'elle paroîtra les circonſtances qui auront concouru avec ſa viſibilité.

La différence des diſtances périhélies peut auſſi contribuer à celles des angles d'inclinaiſon. Une Comète, comme par exemple celle de 1680, doit être presque néceſſairement inclinée à l'écliptique ſous un grand angle, puiſque ſon orbite étoit ſingulièrement rétrécie; il paroît en général par le catalogue de HALLEY, que les angles d'inclinaiſon ſont réciproquement comme les diſtances périhélies. Plus celles ci ſont grandes, plus la poſition des orbites est incertaine, et pour ainſi dire arbitraire; plus une orbite s'élargit, plus elle s'éloigne des autres; ce qui donne une plus grande facilité aux différents aſtres qui les parcourent de s'éviter mutuellement. Je ſuis &c.

LET-

LETTRE XVIII.

Je n'aurai point à me plaindre, Monfieur, que les moyens de pénétrer plus avant dans la profondeur des cieux, et de pousfer plus loin mes recherches fur le fyftême de l'univers me manquent, ausfi longtemps que vous m'en fournirez de l'efpèce de ceux que vous avez pour ainfi dire accumulés et entasfés dans votre dernière lettre. Principes, explications, questions, doutes, en un mot, tout ce que je tiens de vous à cet égard ne peut que me mettre fur la voye de nouvelles découvertes, et me fervir à les mieux lier avec ce que nous fçavons déjà. Aureste il ne feroit pas bien étonnant, que tout ne fe pliât pas au plan général avec une égale facilité.

L'ufage que vous avez fait de ma fuppofition d'un corps obfcur dans le centre de chaque fyftême de fixes, en l'étendant de fyftême en fyftême jusques au centre de l'univers, est une preuve évidente, que vous connoisfez l'art de la généralifation, et fon application à ces cas ci. Il eft asfez fingulier que vous imaginiez les questions les plus difficiles, que vous éleviez les doutes les plus fubtils, et que vous vous adresfiez à moi pour vous fournir les moyens de la réfoudre, et de leur donner toute l'étendue dont ils font fusceptibles; c'est en défirant que je vous conduife dans ce dédale que je me trouve moi même infenfiblement transporté au centre dont vous fembliez me demander la route.

Saifi d'admiration à la vue de la magnificence, de la grandeur, de la majefté, et de la beauté de ce lieu, étonné de l'ordre immuable fuivant lequel toutes les parties font harmoniquement maintenues à leur place, je les vois avec enthoufiasme tourner régulierement enfemble autour de ce point dans des orbites déterminées, dont la combinaifon compliquée fe développe à mes regards. Mais laisfons

Q

fons aux élans de la verve exaltée d'un poëte à rendre avec des couleurs dignes du tableau les résultats de toute cette merveilleuse combinaison, et revenons au langage du physicien.

Vous êtes, pour ainsi dire, épouvanté de l'immensité dont doit être le corps que je suppose placé au centre pour régir et maintenir dans l'ordre tout ce système de systêmes, en un mot, l'univers: vous désireriez cependant d'en voir un de cette espèce; ce n'est pas vraisemblablement parceque vous ne voulez croire qu'après avoir vu, mais parceque vous êtes convaincu, qu'il est possible d'en appercevoir un de cette immensité quand, bien même il ne réfléchiroit que la quantité de lumière que réfléchissent Jupiter et Saturne; vous croyez qu'il devroit offrir un diamètre assez remarquable pour que, du moins le plus voisin de nous, put être apperçu avec le télescope; vous ajoutez qu'il doit avoir des phases et des taches, et que sa forme apparente doit varier: je suis surpris qu'ayant de pareilles idées vous n'ayez pas soupçonné que la nébuleuse *d'Orion*, au lieu d'être de la nature des voy 'es lactées, n'est peut-être qu'une partie lumineuse d'un de ces corps (*a*); vous sça-

(*a*) Les plus célèbres observateurs de nos jours, à l'exception cependant de M. HERSCHEL, sont en effet d'accord, que la nébuleuse d'Orion ne sauroit être prise pour une voie lactée ou amas d'étoiles extrêmement éloigné, voyez ce que nous avons déja dit à ce sujet dans notre remarque (*a*) pag. 130: mais aucun d'eux ne s'est avisé pour cela de la regarder avec LAMBERT comme le corps central de notre systême de fixes, ou de la voie lactée entière: on est au contraire assez généralement d'avis, que cette nébuleuse est composée d'une matière phosphorique ou lumineuse, infiniment rare, et répandue par un immense espace. Par rapport au corps central de la voie lactée M. KANT a proposé dans son *Hist. Nat. du Ciel*, pag. 139, une autre conjecture. Comme selon lui l'assemblage immense d'étoiles dont est composée la voie lactée à une figure ronde, mais très applatie; et que notre soleil n'y est placé ni au centre, ni même dans le plan du plus grand cercle qui passe par ce centre; il suit de là évidemment, que là, où la voie lactée nous paraît le plus large, est la partie de sa circonférence la plus voisine de nous. Or cette partie est celle qui passe par les con-

ſçavez que DERHAM ne regardoit pas cette nébuleuſe comme une vraie lumière, mais comme une eſpèce d'ouverture par la quelle ſe manifestoit l'éclat de l'empyrée. Cette déscription étoit plus conforme à la nature d'un corps éclairé par une lumière étrangère, qu'à celle d'un corps lumineux par lui même; vous n'ignorez pas ſans doute, que depuis le deſſein q'en a tracé M. HUIGENS pour la première fois en 1656 on a remarqué des changements ſenſibles dans ſa configuration (*), que ne paroiſſent pas pouvoir ſubir les voies lactées dans un auſſi petit nombre d'années; ſi l'intenſité de leur lumière éprouvoit quelque vicaſitude, on pourroit très bien l'expliquer par le plus ou moins de tranſparence de l'air, ou de la matière céleste qui remplit l'intervalle qui nous ſépare.

Le ſoleil qui éclaire un tel corps devroit nous le faire paroître comme une petite étoile, en ſuppoſant même qu'il eut un diamètre conſidérable, et que ſa trop grande diſtance n'affoiblit pas ſa lumière en traverſant l'eſpace qui nous ſépare, de manière qu'elle eut encore aſſez d'intenſité pour nous être tranamiſe par les télescopes. Dureste c'est préciſément dans cette région du ciel, où vous avez eſpéré trouver le centre commun, que ſe trouve la nébuleuſe d'Orion: je ne l'ai jamais obſervée, je n'en ai vu que la gravure, mais comme on y remarque quelques étoiles, ſoit en dedans ſoit aux environs, je ne ſçaurois, quoiqu'on puiſſe conclure de ſon apparence, me perſuader que c'est un

---

conſtellations du Cigne et de l'Aigle: donc tirant de là une ligne vers le côté opposé de la voie lactée, cette ligne paſſera par ſon centre: mais ce centre étant vu du ſoleil doit auſſi néceſſairement paraître non pas dans la voie lactée elle même, mais un peu de côté, et au dehors de cette bande, par la ſuppoſition que le ſoleil est lui même un peu élevé au deſſus de ſon plan. Or l'étoile *Sirius* dans le grand chien remplit à la fois aſſez exactement ces conditions pour être placé au centre de la voie lactée; et comme parmi toutes les fixes c'est elle auſſi qui brille au firmament avec le plus d'éclat, il paraiſſait très vraiſemblable à M. KANT que cette étoile est en effet le corps central de l'immenſe ſyſtème d'étoiles dont notre ſoleil fait partie.

* Ils étoient très remarquables en 1780.

un des ces corps que je place au centre de chaque fyſtême particulier de fixes, et quelque immenſe que je les ſuppoſe, celui ci me paroît trop grand pour cela.

Au ſurplus, comme, ainſi que je l'ai dit, on y remarque quelque variation, et cela dans aſſez peu de temps, il est poſſible que l'on parvienne à démêler, s'il régne quelque ordre dans ces changements, qui puiſſe indiquer s'il a un mouvement autour de ſon axe, et s'il est éclairé par quelque ſoleil qui tourne autour de lui.

Je déſirerois bien, ainſi que vous, que l'on put parvenir à cette découverte, ou à conſtater l'exiſtence d'un de ces corps: il est aiſé de concevoir, quelle lumière cela jetteroit ſur le ſyſtême des fixes. Combien n'est il pas eſſentiel d'étendre autant qu'il est poſſible les preuves que vous donnez de leur exiſtence? Comme en attendant elle reste indéciſe, je vais les reprendre, pour examiner plus rigoureuſement leur dépendance avec les principes, et voir juſques à quel point on peut les étendre.

Je remarque dabord, que l'esquiſſe du ſyſtême général que vous avez tracée préſente des moyens tels que je pouvois les déſirer, pour mettre plus d'ordre dans mes recherches et mes conſéquences: dès qu'il est démontré, que les fixes ont un mouvement propre, on peut en conclure avec certitude, que ſa direction est courbe et non pas rectiligne, d'où réſulte néceſſairement une force centrale: la question principale est donc réduite à ſçavoir, ſi une étoile fixe peut en régir un ſyſtême d'autres (*b*)? Vous aviez déjà préſenté cette question ſous une autre forme, en ſuppoſant l'anéantiſſement du ſoleil, et d'après cette ſuppoſition vous avez recherché, comment il ſeroit poſſible de rémédier au déſordre et au trouble qui en réſulteroit: vous en avez conclu, que Jupiter, ou à ſon défaut, Saturne prendroit les ré-

---

(*b*) Pourquoi non; pourvu que ſa maſſe ſoit proportionnée à l'étendue de ſon empire? Mais cette maſſe étant ſuppoſée ſi énorme, pourrions nous voir un pareil corps lumineux, lors même que ſa trop grande diſtance ne s'y oppoſeroit pas? Voilà une autre question, à la quelle il paraît qu'il faut répondre par la négative d'après les ſavantes recherches de M. LAPLACE, voyez notre remarque (*b*) pag. 165.

rênes du gouvernement, puisque de toutes les Planètes que nous connoissions dans notre systême planétaire ce sont celles qui nous paroissoient les plus puissantes.

Je suppose donc un systême de fixes dont le centre soit absolument vuide, ou qui ne renferme aucun corps qui puisse exercer son action sur le systême, et que dans cet état des choses chaque fixe avec son cortège continue de se mouvoir avec le même ordre qu'auparavant; il en résultera la conséquence suivante, c'est qu'elle ne se mouvra pas en ligne directe, qu'elle sera perpétuellement détournée de cette direction, et que pour que le systême se maintienne dans le même état, les vîtesses devront être relatives aux déviations; cette subordination est absolument nécessaire à la conservation de l'ordre général de l'univers.

Ce sera à la seule action réciproque des étoiles des unes sur les autres que seront dûs leurs écarts de la direction rectiligne; ces écarts eux mêmes suivront la direction moyenne résultante de chaque direction particulière; elle changera donc à tout instant; c'est ce qui paroît très difficile à concevoir, et ce que l'analogie semble contredire: eu effet, dans notre systême solaire la direction du mouvement des Planètes et des Comètes est fort simple, sauf le cas rare où deux d'entre elles marchent très près l'une de l'autre. À l'égard des fixes, qui à cause de leur suite nombreuse doivent être beaucoup moins sujettes aux perturbations, leur direction ne doit pas être aussi simple, mais composée d'une infinité d'autres, et conséquemment perpétuellement variable.

Enfin, conçoit on bien que dans ce cas la direction moyenne rectiligne de la pesanteur des étoiles les plus éloignées du centre du systême y aboutisse d'une manière fort exacte, et que de plusieurs directions particulières, qui vont également vers la même région, il puisse résulter une moyenne plus prolongée, et une vîtesse de révolution plus grande? d'un autre côté, si je suppose au contraire une fixe dans le centre du systême, sa pesanteur agira autour d'elle de tous les côtés, ses effets agissant également dans des directions opposées se compenseront, deviendront nuls, et l'étoile sera dans le même cas que si elle avoit été sans pe-

pesanteur: dès lors elle ne sera que peu ou point du tout déviée de la direction rectiligne, elle n'acquérra aucune augmentation de vitesse, en un mot, au lieu d'ordre et d'arrangement on n'y verra que trouble et confusion: les étoiles les plus éloignées du centre auront la plus grande vitesse, et réciproquement. Mais tout changera, et la plus grande simplicité se trouvera réunie à la plus parfaite harmonie par la seule supposition d'un corps obscur dans le centre.

Ajoutez à ceci que je ne laisse pas le système des fixes tranquille dans le même lieu; il doit faire sa révolution dans une orbite régulière autour du centre de la voye lactée, auquel il appartient. C'est une conséquence nécessaire de l'analogie qui doit régner dans toute la série des systêmes, et qui rend leurs mouvements d'autant plus simples, qu'ils sont plus grands. Anéantissez par exemple Jupiter pour un moment, et vous verrez bientôt ses Satellites se dissiper (c): en un mot, si vous voulez qu'un systême composé conserve l'harmonie dans toutes ses parties, et fasse sa révolution dans une orbite régulière, placez dans son centre un corps régissant qui puisse être entrainé avec lui autour du centre de quelqu'autre orbite; j'ai déjà dit, que je n'étois plus effrayé de la masse de ce corps, et qui cependant doit nous paroître étonnante si nous la mesurons par le besoin de conserver un ordre et un arrangement simple dans le tout. Je trouve qu'en général nous nous familiarisons d'avantage en astronomie avec les grandes masses et les grandes mesures à proportion que nous laissons de côté les termes de comparaison que nous empruntons de notre Planète; ce ne sont plus pour nous que des infiniment petits, qui disparoissent à nos yeux, dès que nous portons nos regards vers le firmament.

Les

(c) M. Prosperin s'est nouvellement occupé de la recherche du mouvement que prendraient les satellites au cas où leurs planètes principales seraient anéanties, et l'on peut voir les résultats auxquels il est parvenu dans la *Monatliche Correspondenz* de M. de Zach, Tom. I. pag. 117 & 118: Voyez aussi Duséjour *Traité Analytique &c. Liv.* III. *Chap.* 14. *art.* 3. et son *Essai sur les Comètes*; *Sect.* IX.

Les Satellites font les premiers corps dont nous nous occupons ; de là nous passons aux Planètes principales et aux Cométes; de celles ci au soleils, qui par cet ordre ne sont que des corps du troisième rang; ceux qui régissent les systêmes de fixes occupent le quatrième; ces systêmes eux mêmes sont les élémens composants des voyes lactées particulières, qui ont chacune dans leur centre un corps du cinquième rang; ainsi du reste, jusqu'à ce qu'enfin on arrive à celui qui régit tout l'oeuvre du Créateur (*d*), et vers lequel est dirigée toute sa pesanteur. Nous pourrons nous convaincre d'une autre manière que nous ignorons complétement ce que c'est que grandeur et petitesse; aussi longtemps que la distance de notre soleil au centre de l'univers et le temps de sa révolution autour de lui nous seront inconnûs, nous ne pourrons rien assurer de la vitesse absolue du mouvement de la terre ou des autres Planètes: les ellipses dans les quelles nous prétendons qu'elles se meuvent ne sont que des simples suppositions, des fictions pareilles à celles que nous nous permettons dans l'astronomie sphérique en faisant tourner le ciel autour de la terre. On se tromperoit beaucoup en croiant que le systême de Copernic soit autre chose qu'une utile et commode hypothése; vous voyez, Monsieur que j'ai l'air, de tout détruire, mais j'espère y substituer des preuves d'un autre genre et plus admissibles que celles qu'ont employé les partisans de Ptolomée et de Tycho.

Pour commencer cette discussion par un exemple qui soit à notre portée, et sur lequel nous ayons toutes les données nécessaires, nous prendrons celui de la lune, que nous sçavons faire sa révolution dans une ellipse autour de la terre à peu près dans le tems de vingt sept jours: ceci seroit exactement vrai si la terre étoit immobile: mais si on suppose qu'elle se meuve dans une ellipse autour du soleil, alors la courbe de révolution de la lune de-

(*d*) Comparez ici l'ouvrage souvent allégué de M. Kant, pag. 15 & 16, et le Chap. 7. de la II^de^ Partie.

devient une cycloïde (*e*), dans la quelle elle fe meut un peu plus vîte que la terre, puisque dans ce cas le circuit de fa révolution augmente, et qu'elle le parcourt dans le même temps: c'est ainfi que fe pasferont les chofes ausfi longtemps que le foleil fera immobile; mais fon immobilité n'est pas plus admisfible que celle de chaque étoile fixe, et s'il est vrai qu'il fe meuve dans une ellipfe autour du centre du fyftême de fixes dont il dépend, alors il faut abandonner l'ellipfe fuppofée de la terre, et la Cycloïde de la lune; ces deux courbes fe changent, la première en une Cycloïde du premier ordre, et l'autre en une du fecond; d'où il est évident, que la vîtesfe va toujours en croisfant, puisque le temps restant le même, le circuit augmente. En fuivant la même route on dira, que fi le centre des fixes, ou le corps du quatrième rang, qu'on y fuppofe, ne fe meut point, les chofes devront rester dans le même état; mais tout est en mouvement dans la nature, ainfi ce corps aura lui même une orbite de révolution, et dans ce cas la courbe décrite par le foleil fera un Cycloïde du premier ordre, celle de la terre du fecond, et celle de la lune du troifième, la vîtesfe s'accélérant toujours: mais toutes ces courbes ne feront que des pures et fimples hypothéfes, jusques à ce que l'on foit arrivé au corps unique qui régit tout l'univers; s'il étoit du 1000me rang, la Cycloïde décrite par la terre feroit du 998me ordre, et la vîtesfe qui en réfulteroit feroit fa vraie vîtesfe. Comment pouvoir déterminer fa valeur, et la nature de fa Cycloïde, après

(*e*) La *Cycloïde* est la courbe décrite par un point de la circonférence d'un cercle qui roule fur un plan le long d'une ligne droite; c'est par conféquent la ligne que trace en l'air un clou de la roue d'une voiture, qui va fur un chemin bien uni: cette courbe a des propriétés très remarquables en géométrie et en mécanique. Mais lorsqu'un cercle roule fur une furface fphérique, ou fur une ligne circulaire elle même, la courbe que décrit alors un point de fa circonférence est nommée par les géomètres *épicycloïde*; c'est donc plutôt à celle ci qu'il faut rapporter les trajectoires de la Lune et des autres fatellites par le fyftême folaire: C'est ce qu'a fait aussi M. Laplace *Exp. du Syft. du Monde Liv.* V. *Chap.* 6.

après des milliers de révolutions? Ce que nous venons de dire ici de la lune peut s'appliquer à chaque Satellite, et s'étendre à chaque Planète et Comète, de même que ce qu'on a dit d'un ſoleil peut convenir à chaqu'un des autres: ainſi de ſuite la même marche liera tous les corps célestes, dont le rang déterminera l'ordre de la Cycloïde qu'ils doivent parcourir.

Que penſez vous, Monſieur, de ces preuves? je vous avoue franchement, que lorsque je réfléchis à leurs conſéquences, je ne vois pas tout cela bien nettement, et que je ſuis pret à m'y perdre. Je m'en rapporte à vous pour les arranger, en me contentant de vous les propoſer.

Notre terre, et en général chaque corps céleste, fait ſa révolution autour du centre général d'une manière et dans un ſens qui lui est propre et particulier. On ne doit pas, relativement au ſoleil, porter ſes regards plus loin que ſur les corps qui l'accompagnent conſtamment pour profiter de ſa lumière et de ſa chaleur, et qui s'y maintiennent par le ſeul effet de leur révolution; c'est la ſeule manière dont les loix de la gravitation réuniſſent enſemble par leur effet deux ou pluſieurs corps pour former un même ſyſtême.

Je n'ai garde de déterminer le nombre des corps qui appartiennent à chaque claſſe, il me ſuffit de m'occuper de celui du quel notre terre dépend, et vers lequel ſa peſanteur est néceſſairement dirigée. Comme c'est le ſoleil qui la régit, c'est auſſi autour de lui qu'elle décrit ſa cycloïde: l'un et lautre obéiſſent pareillement à l'action d'un corps de la quatrième claſſe: celui ci, le ſoleil, et la terre, peſent à leur tour tous enſemble vers un corps de la cinquième, qui est régi lui même par quelqu'autre ultérieur. En continuant de cette manière, chaque pas annonce une nouvelle cycloïde plus étendue pour la révolution de la terre, qui exclut celles qui le ſeroient moins. Ces ſyſtêmes ſucceſſifs ſont en grand ce que celui des ſatellites est en petit: les différentes cycloïdes que nous avons conſidéré jusqu'à préſent nous montrent évidemment l'inſuffiſance des ellipſes. Pour nous donner une idée claire et nette des vraies orbites des corps céleſtes, les cycloïdes feroient également trop fimples pour des corps d'une claffe, fi reculée: l'ellipfe ne conviendroit véritablement qu'à ceux qui feroient régis immédiatement par celui qui occupe le centre de l'univers, ils recevroient fes ordres immédiatement, les transmettroient des uns aux autres, jusques aux extrémités de fon empire, à ceux qui leur font immédiatement foumis; ceux ci feroient leur révolution, ainfi que nous l'avons dit de la lune, dans une cycloïde du premier ordre.

Vous voyez, Monfieur, dans ce détail une esquisfe raccourcie de la fubordination qui régne parmi les différents corps répandus dans l'univers. N'avois je pas raifon de vous dire, qu'à mefure que nous approcherions de la confidération du tout réuni, la théorie de l'univers deviendroit plus fimple? Si j'étois obligé de renoncer à l'exiftence du corps obfcur dans lequel j'ai placé le principe du mouvement du fyftême des fixes, des voyes lactées, de leurs fyftêmes, &c. l'univers ne formeroit plus qu'une démocratie turbulente. Il est en outre fi étendu, que fi l'on veut maintenir l'ordre dans chaque partie, où pourroit on trouver ailleurs que là, le principe de fon harmonie générale?

Comme il est très vraifemblable, que la vraie cycloide parcourue par la terre ne nous fera jamais connûe, nous pouvons à notre gré étendre nos hypothèfes ausfi loin que nous le voudrons; tant que nous n'aurons à nous occuper que du calcul des planètes et des comètes, nous n'aurons aucun motif pour abandonner le fyftême de COPERNIC; il est trop commode pour y renoncer; une cycloïde du premier ordre pourroit même nous fuffire, fi nous ne voulions parvenir qu'à une détermination plus exacte de notre fyftême de fixes, nous ferons peut être à temps dans quelque milliers de fiècles de penfer à employer des cycloïdes du fecond ordre, pour déterminer le mouvement du fyftême des voyes lactées.

L'aftronomie est fi inépuifable, que nous avons un champ asfez vaste à cultiver en n'employant que la premiére hypothèfe, et en l'étendant de proche en proche à toutes les parties qui en dépendent: nous parviendrons ainfi peu-à-peu à la réalifer; à chaque nouveau pas nous em-

emploierons de nouveaux élémens pour mesurer le temps des révolutions, et les espaces à parcourir: dans l'hypothèse actuelle, le demi diamètre du grand orbe, et la durée d'une révolution de la terre dans son orbite nous suffiront pour cela; mais comme nous pouvons espérer d'être bientôt à même d'employer la seconde hypothèse, nous nous servirons alors pour ce même objet de la distance du soleil au centre de notre système de fixes, et du temps de sa révolution autour de ce centre. La troisième hypothèse exigera de plus grandes échelles, mais il ne sera pas sitôt temps d'y songer, et encore moins de s'occuper des suivantes.

Le choix des hypothèses est très avantageux pour simplifier nos recherches; c'est ce que nous avons déjà fait relativement à la lune, en n'employant qu'une cycloïde du premier ordre, pour reconnoître ses inégalités dans l'orbite dûes à l'action du soleil; dans chacun des autres cas, on peut n'employer que l'ellipse, qui est une courbe plus simple et plus commode: c'est ainsi que nous supposerons elliptique le mouvement des planètes et des comètes, en renonçant à nous occuper des inégalités que le mouvement propre du soleil pourroit y introduire.

Le système de COPERNIC est si simple, que nous ne devons employer la cycloïde que dans les cas particuliers où elle est absolument nécessaire; par exemple, s'il s'agit de déterminer les inégalités de la terre, des planètes, ou du lieu des fixes: dans tous les autres, où nous supposons l'immobilité du soleil, toujours Copernicien, l'ellipse nous suffira pour parvenir à des déterminations plus exactes.

Je vais maintenant reprendre par ordre les différents articles de votre lettre aux quels je n'ai pas répondu.

Vous avez prétendu avec raison, que notre soleil environné d'un grand nombre de comètes approcheroit plus de l'état de repos, et que son centre seroit moins éloigné du centre général, que s'il n'avoit que les seules planètes pour cortège. Sa seule pesanteur vers Jupiter et Saturne seroit encore assez sensible pour le forcer à faire sa révolution dans un cercle dont le demi diamètre fut à peu près égal à son diamètre même; cette petite orbite seroit asfujétie à une période d'à peu près vingt années, intervalle d'une grande conjonction à l'autre; mais ce dernier cas n'a pas lieu, puisque nous sommes convaincus que notre fystême folaire est rempli de comètes, dont les actions opposées se compensent, et n'ont qu'un effet insensible sur lui (*f*). Je persiste à croire, que les plus grosses comètes ne s'approchent par beaucoup du soleil, et que leur distances périhélies sont assez grandes pour être toujours hors de la portée de notre sphère de visibilité; c'est ce que nous avions dejà déduit des insensibles perturbations des planètes et des comètes, et de la nécessité de ménager l'espace dans le voisinage du soleil; enfin, en dernière analyse, nous pouvons en conclure l'immobilité de cet astre: du reste prenez garde que nous parlons ici en disciples de COPERNIC; car considéré en lui même, et dans le sens absolu, le soleil a assez de besogne à parcourir une cycloide du 997e ordre avec autant de corps à ses ordres qu'il en a. Je m'en tiens constamment à la subordination dont je vous ai dejà parlé, quelques incomplètes qu'en soient les preuves; elle est trop harmoniquement liée pour attendre à lui donner mon assention que les observations nous l'ayent démontrée.

Votre solution de la question qui concerne les angles des inclinaisons des orbites des Comètes, m'a fait grand plaisir; vous avez, selon votre usage, donné plus de jour à mes recherches, sans songer même si elles ne contredisoient pas vos idées, que vous abandonnez volontiers lorsqu'il s'agit d'approcher de plus près la vérité. Je ne suis pour rien dans cette solution, elle vous appartient uniquement, puisque j'avois laissé la chose à peu près douteuse; d'ailleurs j'aurois sacrifié mon opinion à l'accord exact de vo-

(*f*) Le rédacteur de ces lettres observe ici avec raison: *qu'il est bien vrai que plus les planètes et les comètes seront en grand nombre, moins il arrivera souvent, que ces corps se trouvent tous d'un même côté relativement à leur foyer commun. Mais à moins de supposer que ce cas ait été prévu et exclu dans l'arrangement primitif, il peut, et doit naturellement arriver à la suite d'un grand nombre de révolutions.* Systême du Monde, pag. 148.

votre calcul avec le Catalogue de HALLEY; ſi cependant j'avois été forcé de céder à la légitimité des mes concluſions, je l'aurois attribué aux différentes circonſtances qui avoient accompagné la viſibilité des Comètes; mais je n'en aurois par été moins étonné, qu'une loi ſi ſimple eut pu ſe transformer en une autre encore plus ſimple, et que les pôles que j'avois ſuppoſés distribués ſur la ſurface de la ſphère dans le rapport des coſinus, ſe fuſſent trouvés arrangés dans la raiſon d'égalité: Si les choſes s'étoient trouvées conformes à cette dernière concluſion, je ſerois revenu à la conſidération de périhélies, parcequ'il est bien apparent, que leur diſtances au ſoleil influent beaucoup ſur le nombre et la poſition des orbites.

Comme différentes circonſtances ſemblent indiquer, ainſi que vous l'avez déjà remarqué, que cette diſpoſition des orbites des Comètes est moins une réalité qu'une hypothèſe purement probable, il faut attendre, pour en étendre plus loin les conſéquences, que le Catalogue ſoit plus complet: il est poſſible que la poſition de l'écliptique, dont dépendent les diverſes circonſtances de la viſibilité, ou quelqu'autre cauſe inconnûe y influe pour quelque choſe; il en est de même de la révolution du ſoleil autour du centre du ſyſtême des fixes; nous connoiſſons en général, fort peu de principes d'après les quels nous puiſſions entrevoir la raiſon, pourquoi le plan de l'orbite des Planètes coincide à peu près avec l'équateur du ſoleil et celui de ſon athmosphère.

Comme la conſidération de l'orbite de révolution du ſoleil entre dans toutes les concluſions, j'ai voulu de nouveau examiner et obſerver la lumière Zodiacale, ou l'athmosphère ſolaire (g), ce qui m'a ramené à la théorie des tour-

---

(g) La lumière Zodiacale a été regardée jusqu'ici par la plûpart des Aſtronomes comme l'athmosphère du ſoleil. Cependant d'après les recherches de M. LAPLACE cette athmosphère ne peut s'étendre jusqu'à l'orbe de Mercure (*Exp. du Syſt. du Monde*, *Liv.* IV. *Chap.* 9, et *Traité de Mécanique céleste*, *Liv.* III. *Chap.* VII. *art.* 47). Auſſi la figure elliptique de la lumière Zodicale, démontrée ici par

tourbillons que l'on s'efforce à l'envi de toute part de renverser. Je ne suis pas étonné, que quelque prompt que soit le mouvement du soleil dans son orbite, son athmosphère ne se dissipe pas, puisque nous voyons le même effet relativement à celle de la terre; mais qu'elle s'étende jusqu'à notre Planète, et que les deux inférieures, Vénus et Mercure, y soient aussi plongées, celà me feroit presque croire, que le soleil entraine dans un même tourbillon tout ce qui fait sa révolution autour de lui.

Je sçais bien qu'on ne sauroit considérer l'athmosphère solaire comme un tourbillon; les corps qui s'y meuvent ont leur orbite propre et particulière, qu'on ne peut lui attribuer: mais il est au moins constant, qu'ils font conjointement avec cette athmosphère leur révolution autour du soleil; c'est selon les apparences une matière très déliée, dont la pesanteur dirigée vers le soleil, comme celle de notre athmosphère vers la terre, ne fait pour ainsi dire qu'une même masse de tout ce qui est compris dans leur éten-

---

par notre auteur, ne saurait convenir à l'athmosphère du soleil, laquelle semble devoir s'étendre partout à une égale distance de cet astre. La véritable cause de ce phénomène nous est donc encore inconnue, et nous n'avons sur la matière qui compose la lumière zodiacale que des conjectures plus ou moins vraisemblables. M. KANT en a proposé deux dans son *Hist. Nat. & Théor. génér. du Ciel* IIe *Part. Chap.* 6. 1) Que c'est une matière extrèmement rare et volatile, élevée de la surface du soleil par l'activité de sa chaleur, et lancée par l'impulsion de ses rayons à une très grande distance de cet astre, dont la rotation lui communique un mouvement qui la retient dans le plan de son équateur. 2) Qu'une partie de la matière élémentaire dont les globes de notre système sont composés, et qui, selon M. KANT, était originairement répandue d'une manière uniforme par la vaste étendue de ce système, est primitivement demeurée planante dans les régions les plus élevées du Monde solaire, jusq'à ce qu'après la formation accomplie des globes qui le composent elle est enfin descendue par une chûte tardive vers le soleil, dont elle est maintenant repoussée sans cesse par l'action de ses rayons à une distance où sa pesanteur peut faire équilibre à cette action. — Peut être la lumière zodiacale est pour le soleil, ce que sont pour les comètes leurs queues, et l'aurore boréale pour la terre. Voyez la Lettre suivante

étendue. Je ne m'arrête pas à ce qui s'en suivroit d'une supposition contraire relativement à leur dispersion; je sçais seulement que sa figure n'est pas circulaire, mais allongée; son extrémité paroît éloignée du soleil de cent degrés, et quelquefois plus: de quelque manière qu'on envisage sa figure, il me semble qu'il est évident, que la droite tirée de l'oeuil à son extrémité en est une tangente, et qu'elle nous paroît se terminer en pointe, parceque notre oeuil est dans son plan.

Supposons maintenant un triangle dont les trois angles soient occupés par le soleil, par la pointe de la lumière zodiacale, et par l'œuil du spectateur: l'angle formé à l'œuil par les rayons prolongés au soleil et à la pointe sera obtus d'environ 100 degrès, et conséquemment les deux autres seront ensemble moindres que quatre vingt dix degrès; — Ainsi quelque petit qu'on suppose celui formé au soleil, l'autre vaudra toujours moins que 80 degrès, mais ceci seroit impossible, si le contour extérieur de la lumière zodiacale étoit, dans le sens de son équateur, circulaire et concentrique au soleil.

D'autre part, si nous considérons les côtés de ce triangle, nous verrons que celui qui est opposé, à l'angle obtus est plus grand que chaqu'un des deux autres, et l'on pourra légitimement en conclure, que la pointe de la lumière zodiacale est plus éloignée du soleil que la terre, puisque l'angle à la terre surpasse 90 degrès. Mais quelque fois, et selon les saisons différentes, cette distance est à peine de 50 ou 60 degrès; alors la pointe est nécessairement renfermée dans l'orbite de la terre.

Je sçais qu'on a conclu que cette athmosphère devoit être fort variable, et véritablement cette conséquence étoit nécessaire dès qu'on admettoit que sa figure étoit circulaire et concentrique au soleil; mais alors il ne restera aucun moyen d'expliquer, pourquoi la distance de l'extrémité de la pointe de la lumière au soleil surpasse quelquefois 100 degrès, cette athmosphère solaire s'étendant au dessus de l'orbite de la terre, celle ci devroit s'y trouver plongée, et alors on verroit cette lumière répandue par toute l'étendue du ciel et confondue avec celle du crépuscule, et on ne ne l'obſerveroit pas en forme de fuſeau, parfaitement terminée et pointue.

Cette lumière ſe manifeste depuis le commencement de l'autonne jusqu'au printemps: on ne l'apperçoit point pendant l'été: on a prétendu attribuer cette disparition en grande partie au crépuscule, mais, ce me ſemble, ſans raiſon. Je trouve mieux mon compte à conſidérer ſa figure comme formant une ellipſe allongée, dont le ſoleil occupe un des foyers, et dont l'aphélie ſurmonte l'orbite de la terre, tandis que ſon périhélie y est renfermé: notre Planète parcourt pendant l'été l'aphélie de cette athmosphère ſolaire, dans la quelle elle ſes trouve alors plongée, mais pendant l'hyver elle paſſe au deſſus de ſon périhélie, ſans y être plongée.

Il faudroit pluſieurs années d'obſervations dirigées exprès vers cet objet pour découvrir la liaiſon qu'il peut y avoir entre les variations del'athmosphère ſolaire, la figure, et l'intenſité de la lumière zodiacale; j'avoue qu'il me paroît très difficile d'expliquer, comment ſa pointe la plus extérieure s'éloigne quelque fois du ſoleil de plus de 100 degrés, ſi nous ne ſommes pas d'accord que ſa figure ſoit allongée; dans cette ſuppoſition au contraire la révolution du ſoleil autour du centre du ſyſtême des fixes et ſa peſanteur vers ce point me fourniſſent des principes ſuffiſants pour y parvenir; aureste la théorie de l'athmosphère ſolaire est encore auſſi compliquée que peu connûe, et nous devons néceſſairement attendre de nouvelles obſervations pour pouvoir nous en occuper utilement.

Vous vous appercevez très aiſément, que je ne vous ai expoſé ces difficultés, ſur lesquelles je n'ai rien trouvé de ſatisfaiſant, que pour me retourner de tous les côtés, afin de trouver de nouveaux moyens de fixer notre vraie poſition dans l'univers.

Si vous avez ſur les objets préſentés dans cette lettre quelques idées qui puiſſent me ſervir à les éclaircir & les développer, vous me ferez grand plaiſir de m'en faire part.

Je ſuis &c.

LETTRE XIX.

Serons nous donc enfin asſez Coperniciens, ne le deviendrons nous jamais asſez, ou n'aurions nous dû jamais l'être? voilà ſurquoi je ne puis aiſément me fixer, pendant que vous m'entretiendrez des cycloïdes du millième ordre, des corps de la millième claſſe, d'un pareil nombre de ſuites d'hypothèſes, et de tant d'autres manières de concevoir astronomiquement les diverſes parties compoſantes de l'univers. C'est avec raiſon qu'on peut dire de lui: *quantum mutatus ab illo!* (*a*). On condamna d'abord la terre au repos; bientôt après on l'a miſe en mouvement, et le ſoleil fut mis à ſa place; maintenant on la dépouille de ſon immobilité pour la transporter aux corps de la 4.me claſſe, aux quels on l'enlève encore pour pasſer à ceux de la cinquième, ainſi de ſuite, jusques à ce qu'on ſoit arrivé au dernier placé au centre, et qui est véritablement dans un repos abſolu.

Je trouve très avantageux de pouvoir à ſon gré ſuppoſer tel corps de telle claſſe qu'on voudra en repos: c'est pour ainſi dire, comme dans la muſique, déterminer le ton ſur lequel ou veut chanter. Est ce la terre qu'on ſuppoſe immobile? alors l'astronomie ſphérique, ou la conſidération des mouvements circulaires ſuffira; est ce le ſoleil? ſon ſyſtême comprénant les Planètes, leurs Satellites, les Comètes, ce ſeront les Ellipſes, les hyperboles, qu'il faudra employer. Veut on aller un degré plus loin, et s'élever jusques au ſoleil, ou aux fixes qui nous avoiſinent, on aura beſoin alors de nouvelles courbes, et on arrivera aux cycloïdes du premier, du ſecond, du troiſième ordre, et ainſi de ſuite.

Je

(*a*) Virgil. Aeneid. Lib. II. v. 274.

R

Je reviens à la première question, de sçavoir si nous sommes véritablement disciples de Copernic, et dans quel sens? Voici le tableau que je me fais de notre marche en astronomie. Ptolomée s'arrêta dans son système aux apparences des phénomènes; Copernic fit un pas de plus, et nous apprit, pour ainsi dire, à connoître les premiers caractères de l'alphabet de la langue astronomique, mais il ignoroit que cet alphabet n'étoit qu'une hypothèse, et que nous serions obligés de passer par une infinité de nuances pour arriver au véritable. Tycho en forma les syllabes, en assemblant les voyelles et les consonnes; il en résulta une langue dure et décousue; enfin Kepler et Newton l'épurèrent, la polirent, et l'enrichirent de toutes les graces qu'ils puisèrent dans la connoissance de leur siècle: Mais les temps changeront, et notre postérité l'abandonnera aux romanciers et aux poëtes: on ne l'employera que comme l'abbréviation d'une expression, qui ne signifiera rien par elle même: c'est ce que je vais maintenant développer.

Autant que nous, notre postérité, et peut être encore un millier d'autres générations, s'arrêteront aux premiers pas qu'a fait Copernic. On pourra dire qu'il s'en faut bien que nous soyons complétement ses disciples; mais dès que nous sçavons et que nous dirons que toute la chaine s'arrête au dernier corps autour du quel tourne tout l'univers, on peut dire que nous le sommes autant qu'il est nécessaire, et je ne vois pas bien où vous pourriez aboutir en voulant aller plus loin.

Prétendriez vous que nous n'aurions dû jamais nous ranger sous les étendarts de cet homme célèbre? c'est comme si vous disiez que nous avons eu tort de croire que le soleil devoit rester constamment dans le même lieu, et ne se mouvoir réellement qu'autour de son axe. Je conviens que c'est une erreur dont nous aurions dû nous préserver, puisqu'il est certain que cet astre n'est pas plus immobile que les fixes, que la sçène et les apparences changeront, et que le temps viendra où la constellation d'Orion prendra peut être la place et la figure de la grande Ourse.

Je ne me départirai point du langage Copernicien, parcequ'il est plus aisé de lui substituer celui qui est indiqué par les apparences; vous avez remarqué vous même que tout y est lié de manière à pouvoir aisément transporter et considérer les anomalies des cycloïdes dans l'ellipse, comme on en use pour la lune; je pense que les astronomes de cette Planète se sont plus aisément familiarisés que nous avec les diverses manières d'envisager les mouvements célestes, parceque, quoiqu'ils ayent un pas de plus à faire, ils ont cependant l'avantage d'habiter un Satellite.

Le langage ordinaire de leur astronomie est approprié sans doute à la supposition de l'immobilité de leur Planète; mais en allant un peu plus loin, ils parviendroient à établir qu'elle se meut autour de la terre; même à conclure la translation de toutes les deux autour du soleil; et d'après cette double analogie, à douter avec raison de son immobilité. Ils n'auront pas plus de raison, de proche en proche, de croire à celle de tous les corps célestes, soit visibles, soit de ceux que l'éloignement déroberoit à leur regards. S'il existoit au delà de Saturne quelque Planète ou Comète dont les Satellites seroient eux mêmes pourvus de Satellites, les Astronomes habitans ces derniers auroient un pas de plus à faire pour arriver jusqu'au soleil, et le transporter par l'espace; et cependant cette marche leur serait plus facile et plus naturelle encore, puisque leurs données les meneroient presque nécessairement plus loin.

Fidelle au langage Copernicien, j'ai tâché de me faire une idée exacte des conséquences immédiates qui en résultent, et de m'en représenter un modèle. J'ai trouvé que je ne pouvois plus exactement comparer les divers ordres de cycloïdes qu'aux vagues de la mer. Il existe une cause quelconque, qui, en agitant les flots, interrompt le niveau de l'eau; il se forme une suite de vagues, qui forment par leur profil une ligne serpentante ou ondée, qui donne une idée assez nette d'une suite de cycloïdes; lorsque le mouvement des vagues est médiocre, elles sont petites, et les cycloïdes sont du premier ordre; mais lorsqu'il augmente, les grosses vagues se forment par la réunion d'une infinité de petites, leur ondulation présente des moindres courbures, et conséquemment des cycloïdes d'un ordre plus

 élevé

élevé. La nature femble fe plaire dans ce mouvement d'ofcillation qu'on retrouve par tout : c'est ainfi qu'un vaisfeau vague fur les flots; un petit bateau obéït également aux petites et aux grosfes vagues, et tandis qu'un vaisfeau de guerre ne fait par fon tangage qu'un mouvement pour s'élever au desfus de la vague, et en retomber, le bateau en fera beaucoup de petits, qui pris enfemble équivaudront à celui du grand; il en est de même des corps célestes qui circulent dans l'univers autour de leur centre commun; plus ils font grands, moins leurs mouvements font précipités et leur fecousfes moins fortes; il est naturel que le vent, qui les pousfe, étant plus réglé et plus égal que celui qui régne fur nos mers, ils foient moins agités que nos vaisfeaux: la confervation d'un corps céleste est bien autrement importante que celle d'une frêle machine qui a befoin d'une réparation continuelle.

En examinant la cycloïde décrite par la lune dans l'hypothéfe de COPERNIC, je trouve que fa courbure est fort petite; la longueur totale d'une de fes ondulations comprend à peu près trente degrés de l'orbite terrestre, c'est à dire presque la quatrième partie de fon diamètre; et comme la hauteur de l'onde en est à peine la 365me partie, il s'enfuit, que la cycloïde est quatre vingt dix fois plus longue que haute (*b*).

Si je m'arrête maintenant à la feconde hypothéfe où le foleil a un mouvement de translation, l'ellipfe de l'orbite terrestre fe change en une cycloïde du premier degré, et felon les apparences elle doit être de même bien plus longue que haute; il est vrai que nous ne fçavons pas encore, fi depuis HIPPARQUE le foleil a parcouru un degré de fon orbite, et quelle doit être la longueur de ce degré; mais on peut conjecturer cependant, que depuis cette époque,

---

(*b*) La hauteur de l'épicycloïde lunaire n'étant autre chofe que le diamètre de l'orbe de la lune, et ce diamètre étant la 412^{ieme} partie de celui de l'orbe terrestre; il fuit de là, que la longueur de cette épicycloïde, ou l'arc de 29°. 6'. 25", décrit par la terre dans le temps d'un mois fynodique, contient plus exactement 105 fois fa hauteur.

que, c'est à dire depuis deux mille ans, la terre a fait à peu près deux mille oscillations, dans sa cycloïde, Saturne soixante dix dans la sienne, et qu'une Comète qui paroîtroit pour la première fois dans quelques centaines de siècles en auroit fait encore moins: tout cela dépend de la vitesse du mouvement de notre soleil dans son orbite; et en supposant qu'elle soit plusieurs fois plus grande que celle de la terre, les cycloïdes s'allongeront, et la hauteur de leur partie ondée diminuera.

Du reste ces ondes ne sont pas absolument une conséquence du principe, car les Satellites de Jupiter et ceux de Saturne décrivent dans le système de COPERNIC des cycloides qui ne sçauroient se prêter à la comparaison des vagues de la mer, parceque, parcourant leurs ellipses autour de leur Planète beaucoup plus vîte que celle ci ne parcourt la sienne, ils sont réellement rétrogrades quand ils sont en conjonction, et leurs cycloïdes se replient sur elles mêmes en se croisant.

Je ne connois point de modèle de leur figure dans la nature; il se pourroit bien que tout ce que je dis de ces différentes orbites n'est qu'une chimère; il y a à parier que les traits les plus entortillés, tracés sur le papier par le caprice d'une main hardie, ne présentent pas une figure plus embrouillée que les vraies orbites des Planètes. Je voudrois que nous puissions suivre dans toute l'étendüe de leur course les Comètes qui font leur révolution dans une hyperbole, et dont le soleil occupe un des foyers: à la vue des objets que nous rencontrerions sur notre chemin, et de l'ordre qui les dirige, nous oublierions bien vîte le plan magnifique de l'univers que nous nous sommes fait jusqu'à présent.

Quel étonnant spectacle que celui qu'il offre! J'y trouve deux sortes d'arrangements: sur la terre le désordre paroît dominer, et au premier aspect on ne voit que trouble et confusion; mais en considérant l'ensemble de plus près, on voit naître des loix générales, et l'ordre se développer. Il en est tout autrement au firmament; l'ordre se présente d'abord; en effet, quoi de plus régulier que le mouvement journalier, le lever, le coucher de astres, du Soleil, la marche apparente de la voûte céleste qui semble entrainer tout avec elle autour de la terre, en un mot, tous les phénomènes astronomiques qui se renouvellent sans cesse? mais si on examine scrupuleusement le temps de toutes ces différentes révolutions, on commence bientôt à y reconnoître quelques écarts, quelques anomalies, qui dérangent cette régularité apparente. La lune paroît rétrograder d'étoile en étoile; les Planètes, malgré le courant qui les entraîne, ont chacune leur direction particulière; pour rétablir ce désordre, COPERNIC a disposé les Planètes de la meilleure manière possible; mais on s'est apperçu peu à peu, que les fixes ne méritoient plus cette qualification, qu'elles avoient aussi un mouvement propre, ce qui à forcé de conclure, que l'arrangement des Planètes et des autres parties du systême supposé n'étoit qu'une hypothèse. Peut être ne nous est il pas reservé de pouvoir jamais atteindre à l'ordre réel qui lie toutes les parties de l'univers. A le considérer en grand, on doit y supposer mille mouvements différents compliqués, et combinés ensemble, de telle manière, que se composant les uns des autres, ils se réduisent enfin à une infinité d'insensibles oscillations.

Le rapport de l'espace et du temps relativement au mouvement de chaque corps céleste doit être tel, que l'ordre apparent qui en résultera soit le plus simple possible, quelle que soit la période que l'on considère. Peut il y avoir rien de plus exact pour se guider dans le partage du temps que le mouvement du ciel? y a-t-il pour la mesure de la durée d'une période, quelque longue qu'elle soit, d'horloge plus parfaite que la révolution journalière des fixes (c)? S'agit il de cal-

(c) Selon les recherches savantes de nos géomètres modernes, le mouvement de rotation de la terre est en effet de la plus parfaite uniformité à cause d'une compensation très remarquable des inégalités dont il est affecté. On peut voir à ce sujet un Mémoire du célèbre EULER dans le XIII. *Tome des Nouveaux Commentaires de l'Acad. de Pétersbourg*; la *Dissertation* de M. HENNERT. *De perturbatione motus diurni terræ, Petrop.* 1737. qui a remporté le prix de la même Académie; et *l'Astronomie Physique* de M. SCHUBERT, *Sect.* IV. *Chap.* 6. § 131. Cependant M. LAPLACE y a nouvellement découvert de très petites inégalités, mais qui seront

calculer celle des Planètes et des Comètes, qui paroissent faire la première exception à l'ordre apparent, nous employerons le module que nous offre l'arrangement admirable que nous tenons de COPERNIC. Sera-t-il question de périodes plus longues? un nouvel ordre de choses, de nouvelles anomalies se présenteront, et nous employerons un troisième module, tel par exemple que la grande année de PLATON. (*d*) En avançant ainsi de suite par ordre, nous aurons la mesure de toutes les périodes que l'imagination pourroit concevoir.

Je suis toujours de plus en plus émerveillé d'un arrangement dont l'ensemble présente le moyen le plus simple de mesurer et de diviser le temps. De quelle utilité n'est pas pour nous la fin qu'a dû se proposer le créateur en cela? C'est des cultivateurs que nous avons dû tenir les premières notions d'astronomie; elles ont été la suite du besoin qu'ils avoient de connoître les saisons du labour, des moissons, et de toutes les préparations nécessaires à l'agriculture pour éviter les disettes, qu'ils n'auroient pas manqué d'éprouver sans ces connoissances. Peut être seroit il possible d'après ces considérations de remonter à cette première époque, mais je ne m'en occuperai pas, et ma curiosité, qui ne se porte que sur l'examen de l'univers, a assez à faire par les nouvelles questions qu'il offre continuellement à éclaircir. Qui sçait dans quel point de l'univers nous sommes maintenant? à quelle distance est notre terre de chacun des corps autour desquels elle fait sa révolution? combien elle peut s'approcher ou s'éloigner du centre général? quelle partie de sa cycloïde parcourt-elle dans ce moment? quelle est sa vraie vitesse? ne seroit elle pas par hazard stationnaire à cette époque, prête à augmenter de nouveau en rétrogradant? ou bien ne seroit-elle pas à l'instant de son *maximum?* quelle est le degré de vitesse avec la quelle

à jamais insensibles aux observations les plus délicates (*Mém. de l'Instit. Nat.* I. *Classe*, *Vol.* I. *p.* 301—377, et *Traité de Mécanique céleste Part.* I. *Liv.* V. *Chap.* 1 § 8.)

(*d*) Voyez notre remarque (*b*) pag. 220.

quelle les corps de chaque clasſe parcourent leurs orbites, depuis la plus grande jusqu'au repos? augmente-t-elle à l'infini, ou est elle ſeulement proportionné au chemin que chacun de ces corps doi faire dans touts les ſens? enfin ſi la route d'une fuſée qui s'éleve dans les airs peut avoir quelque rapport avec celle par la quelle la terre, ou tout autre corps céleste, s'enfonce dans la profondeur du firmament?

Vous voyez bien, Monſieur, que je ne ſuis plus avare de questions. La manière ſingulièrement réglée dont touts ces corps ſe meuvent enſemble dans l'eſpace me raſſure contre leurs écarts. Je conçois facilement, que le créateur leur a donné une maſſe, un degré de vîtesſe, et une direction tellement déterminée, que chaqu'un puiſſe y retrouver une meſure exacte ſoit de la durée de leur révolution, ſoit de l'eſpace parcouru, de quelque manière que ces deux éléments ſoient combinés enſemble; mais ce qui m'étonne, c'est que parmi une foule de combinaiſons la plus ſimple ne ſoit qu'apparente, et la vraie ſi compliquée; peut-être auſſi cette ſimplicité apparente est elle ſi esſentielle, que l'extrême complication de la vraie ſoit devenu nécesſaire pour la lui conſerver?

Il en est de même de la peſanteur, ou pour parler le langage de Newton, de la force attractive des ſoleils autour des quels les Planètes et les Comètes devoient faire leur révolution. Elle est nécesſaire pour les ſortir du repos, et leur donner le premier mouvement. Mais pour les ſimplifier autant qu'il étoit posſible, et rendre durable l'entier édifice, il falloit diviſer ces ſoleils en différentes clasſes ou ſyſtêmes, et donner à chacun un corps régisſant dans le centre, procéder de même à l'égard de ceux ci, qui devoient, avec tout leur cortége, obéir à un plus puiſſant qu'eux mêmes, lequel, avec ſes pareils, céderoit à l'influence de quelqu'autre corps d'un ordre ſupérieur, et, procédant ainſi de ſuite, arriver enfin au corps unique, qui régiroit tout. Plus on ſuppoſera de degrés dans cette marche ſubordonnée, plus la concordance et la liaiſon des premiers corps célestes paroîtra parfaite et ſimple, condition nécesſaire pour que chaque Planète puiſſe offrir dans le

fir-

firmament le modèle le plus exact de la mesure du temps et de l'espace.

Vous m'avez conduit maintenant, Monsieur, jusques au faîte de votre systême dont vous m'avez détaillé les parties, et montré lensemble; mais sçavez vous ce qui me manque encore? Rappellez vous que vous m'avez reproché de ne vouloir m'en rapporter qu'au témoignage de mes yeux: que prétendez vous faire de la nébeuleuse d'Orion? peu s'en faut que tout ce que vous m'en avez dit ne me la fasse envisager comme une portion lumineuse du corps qui régit notre systême de fixes: je crois fermement que c'est tout de bon que vous avez voulu l'employer à convaincre mes sens, DERHAM ne la considéroit pas comme un corps particulier lumineux, mais plutôt comme une vraie ouverture à travers laquelle on appercevoit l'empyrée: ne seroit on pas plus fondé à la regarder comme une surface éclairée, qui nous renvoye les rayons réfléchis, affoiblis par le milieu qu'ils traversent pour arriver jusqu'à nous? seroit ce à l'inégale et faible transparence de ces différents milieux qu'il faudroit attribuer la paleur de sa lumière, qui sans ce là devroit paroître moins tranchée, et aller en se dégradant peu à peu jusques à la partie terne sur la quelle se fait sa projection? Il est très certain qu'on y a remarqué des changements depuis sa découverte; il est facheux que nous n'ayons pas une plus ample provision d'observations d'où nous puissions tirer quelques conclusions relatives à ces changements (*e*): je tâcherai bientôt d'y suppléer par d'autres moyens: peut-être la grandeur apparente de cette lumière ne vous a-t-elle fait hésiter de la considérer comme un des corps obscurs régissants qu'à raison de ce que j'avois dit de leur grandeur présumée dans ma précédente lettre. Je n'avois conclu que la possibilité de distinguer avec le télescope, dumoins les plus voisins de ces corps. Concevez seulement vous même quelle elle doit être pour régir tout un systême de fixes! Vous m'avez dit dans quelqu'autre occasion, que nous ignorions complètement, ne connoissant pas

(*e*) Voyez nos remarques (*a*) pag. 129 & 191.

pas les extrêmes, ce que nous pouvions regarder comme grand ou comme petit. Qu'est ce que la terre relativement au soleil? Et qu'est celui ci vis à vis d'un de ces corps? Le diamètre du soleil est à peu près double de celui de l'orbite lunaire; celui du corps en question est peut-être bien plus grand que l'orbite de Saturne; si celà étoit ainsi, je pense qu'il feroit possible de le découvrir. Il y a quelque apparence qu'à peine sommes nous à la même distance de quelques fixes que celles ci le sont d'un de ces corps. Les étoiles qu'on observe dans la nébuleuse d'Orion doivent en être inégalement éloignées, puisqu'elles nous paroissent si près les unes des autres; mais attendons tout des observations; j'espère que le temps et les circonstances me mettront à portée de les accorder ensemble, et de les rapprocher des principes: en attendant je ne sçaurois me départir entièrement de la possibilité d'appercevoir quelqu'un de ces corps: si la lumière qu'ils réfléchissent, déjà foible par elle même, n'étoit pas encore affoiblie par le trajet immense qu'elle est obligée de faire à travers les espaces célestes qui nous séparent, et si enfin la lumière qui part de chaque étoile ne procuroit un certain degré de clarté à notre athmosphère pendant la nuit, je n'hésiterois pas à croire, que les corps qui régissent les voyes lactées, et en général, tous ceux qui sont renfermés dans la cycloïde parcourue par la terre, ont un diamètre assez considérable pour pouvoir être observé.

Je tire de l'analogie une preuve qui m'autorise à penser, qu'un corps qui régit un systême doit avoir un diamètre assez sensible pour être observable avec un bon télescope de l'extrémité même de ce systême; ce sont les Satellites de notre systême solaire qui nous la fournissent; leurs Planètes principales réfléchissent assez de lumière pour les éclairer pendant leur nuit. On pourroit de Saturne, la plus éloignée des Planètes (*), voir notre soleil sous un angle de plus de trois minutes: observé de la Comète de 1759 dans sa plus grande distance il seroit encore d'environ une minute, et

(*) Cela n'est plus vrai depuis la découverte de M. Herschel.

et même d'une seconde (**) observé d'une Comète soixante fois plus éloignée. Je doute qu'il y ait de Comète aussi éloignée qui fasse sa révolution dans une ellipse, car alors la plus courte qu'on pourroit lui attribuer seroit de 35000 ans, puisqu'elle seroit éloignée du soleil environ de 2200 fois plus que la terre.

La force attractive d'un corps diminue comme le quarré du sinus de son diamètre apparent (*f*); d'où il suit, que celui-ci doit avoir encore une valeur réelle (quelque petite qu'elle soit) apperçue du point où la force est prête à s'anéantir. Vous devez convenir qu'un corps, qui régit un systême, exerce son action jusqu'à ses dernières bornes, ou inversément, que le systême ne doit pas s'étendre au delà des limites de la sphère d'activité du corps régisant: ainsi, plus cette sphère sera étendue, et plus ce diamètre apparent devra être considérable.

Notre terre appartient à une foule de systêmes dépendans les uns des autres, et qui vont en croissant graduellement; elle est donc comprise dans la sphère d'activité de chacun des corps qui les régissent, et par conséquent dans celle du soleil, dans celle du corps qui régit notre systême de fixes, des voyes lactées, ainsi de suite; chacun de ces corps régisans devroient occuper une espace remarquable dans le ciel, et pouvoir être distingué au moyen du télescope, si aucun obstacle ne s'y opposoit; mais je ne pense pas qu'il fut possible d'en appercevoir plus d'un, parceque d'après l'affoiblissement que doit éprouver leur lumière par la matière qui occupe cet espace qui nous sépare, et par cette clarté dont notre athmosphère n'est jamais privée pendant la nuit, une lumière dis-je qui n'est que réfléchie, et qui a un espace aussi immense à parcourir, doit nécessairement faire une trop foible impression sur nos yeux, malgré les secours que nous pourrions attendre du télescope.

Quel-

(**) Par un excellent télescope, tel que celui de l'astronome ci dessus, ce diamètre d'une seconde pourroit-être porté à deux ou trois minutes.

(*f*) Cette force étant en raison inverse du quarré de la distance des corps, qui est ausli la raison du sinus quarré de leurs diamètres apparens.

Quelle foule de merveilleuſes découvertes n'y auroit il pas à faire dans le firmament? on y parviendroit bientôt peut être ſi l'on ſçavoit à peu près ce qu'on doit chercher; plus j'y penſe, plus je ſuis porté à croire que DERHAM n'auroit pas plus ſongé à ſon ouverture de l'empyrée que moi à une portion de voye lactée, s'il avoit ſçu que la théorie de l'univers indiquoit des corps d'une grandeur auſſi démeſurée à chercher parmi les étoiles; mais maintenant que l'exiſtence m'en eſt démontrée, je m'occuperai du temps et des moyens de parvenir à cette découverte; et ſi je puis trouver le corps régisſant de notre ſyſtême de fixes, je ne ferai aucune difficulté de croire aux autres, quelque extraordinaire que puiſſe être la grandeur dont ils devroient être.

Je conçois très bien qu'à meſure qu'on approche graduellement de l'enſemble général, on doit y retrouver plus de ſimplicité; les ellipſes que nous faiſions percourir aux Planètes et aux Comètes dans le ſyſtême de COPERNIC, et que nous admirions à raiſon de leur ſingulière ſimplicité, n'ont plus lieu que relativement aux premiers corps qui ſont régis immédiatement par le central. Ils parcourent ces orbites avec la majesté réguliere qui convient à la place qu'ils occupent. Viennent enſuite les cycloïdes du premier, du ſecond, du troiſième rang, jusqu'à ce qu' enfin on arrive aux Satellites. C'est ainſi que la loi ſimple qui régne dans l'enſemble ſe distribue par degrés des uns aux autres, depuis le premier corps central régisſent, jusques au dernier du ſyſtême total.

Je vous avoue que je ſuis ſi ſatisfait de cette diſpoſition Cosmologique, que je ne ſçaurois imaginer rien de plus complétement et de plus harmoniquement arrangé. Je la compare à une ſuite récurrente, dont chaque terme eſt formé par l'addition des termes précédents, et qui est la plus ſimple de toutes (*g*). Je prends par exemple la ſuite, 1, 1, 2, 3,

(*g*) On a donné le nom de *ſérie récurrente* à une ſuite quelconque dont chaque terme eſt la ſomme des produits de quelques uns qui le précédent immédiatement, multipliés reſpectivement par des coë-

3, 5, 8, 13, 21, 34, 55, &c. J'ôte chaque terme de celui qui le ſuit immédiatement, et j'ai une nouvelle ſuite qui est la même que la précédente, ſauf que le dernier terme y manque (*h*). Je puis faire la même opération ſur celle ci et les ſuivantes, qui perdront toujours leur plus grand terme. C'est exactement la même choſe que ſi dans votre ſyſtême le corps régi immédiatement par le central, et parcourant une ellipſe, étoit ſuppoſé en repos; ce ſeroit alors le ſuivant qui ſe mouvroit dans une ellipſe: ſi de nouveau on ſuppoſoit celui ci en repos, ce ſeroit le ſuivant qui prendroit ſa place; et en allant ainſi de ſuite, nous parviendrons enfin à ſuppoſer notre ſoleil en repos, autour du quel, comme dans le ſyſtême de Copernic, les Planètes et les Comètes décriroient leurs ellipſes; je ne puis asſez inſiſter ſur la préférence que ſemble mériter cette diſpoſition, et je ſerois bien faché d'être obligé de l'abandonner par la ſeule raiſon qu'elle ſuppoſe l'exiſtence des corps d'une maſſe trop énorme.

Ce que vous avez dit de l'athmosphère ſolaire me paroît très important et très digne d'être ſuivi (*i*). Je n'ai trouvé dans toutes les déscriptions qu'on en a fait rien qui puisſe ſervir à expliquer, pourquoi la diſtance de la pointe de cette lumière au lieu du ſoleil, et qui est communément ſi bien tranchée, ſurpasſe quelque fois cent degrés, ni rien qui nous indique que ſa vraie figure est circulaire et concentrique au ſoleil: il ſemble au contraire qu'elle ſe dirige mieux dans le ſens de la tangente. Au ſurplus, je me rappelle très bien, qu'on a déjà remarqué que ſa forme apparente varioit ſelon les différentes ſaiſons; je ne crois pas

---

coëfficiens conſtans. Cette eſpèce de ſuites a été premièrement conſidérée par Moivre, mais leur théorie a été principalement approfondie par Euler dans ſon incomparable *Introductione in Analyſin Infinitorum.*

(*h*) Il exiſte une infinité d'autres ſuites récurrentes qui jouisſent de la même propriété: par exemple toute progresſion géométrique (car la *progresſion géométrique* n'est elle même qu'un cas particulier des *ſéries récurrentes*), dont chaque terme est le double du précédent.

(*i*) Voyez pag. 253, et notre remarque (*g*) à cet endroit.

pas qu'en Europe nous puissions voir toute sa circonférence à la fois; en automne on ne la voit que le matin, et le soir au printemps: on n'apperçoit donc dans ces deux époques que la partie qui est dans le colure des solstices: dans l'hiver elle paroît le matin et le soir, et c'est alors la partie qui passe par les deux points équinoxiaux qui se manifeste: quant à la 4.me partie, qui est vers le capricorne, elle se dérobe à notre vue; car dans l'été, et précisément lorsque la terre est dans ce signe, on ne voit point de vestige de cette athmosphère solaire; son inclinaison à l'écliptique est de sept degrés et demi, et la ligne de ses noeuds passe par le huitième degré des gémeaux et du scorpion; c'est ce qui fait que la terre se trouve l'été plongée dans cette athmosphère, dont la lumière paroît alors par cette raison éparse dans toute l'étendue du ciel. Il y a eu, si je ne me trompe, à la Chine des astronomes français (*) qui l'ont prise pour un second crépuscule. La position de cette athmosphère solaire vers le Capricorne, et s'étendant plus vers Orion que vers l'autre côté, me donne un nouveau rayon d'espoir d'y trouver le corps obscur cherché. Elle seroit comme la queue du Soleil, qui, ainsi qu'on le voit pour les Comètes, s'en éloigne toujours en ligne droite dans une direction opposée au foyer de leur ellipse. Les observations à faire sur cet objet, ainsi que sur la nébuleuse d'Orion, exigeroient une suite de quelques hivers; je désire bien pouvoir les y sacrifier, et je ne désespère pas d'y parvenir par votre secours: nous verrons Orion avec d'autres yeux que par le passé si nous pouvons un jour y faire quelque découverte intéressante.

Au reste est ce bien sérieusement que vous prétendez ressusciter le tourbillons? est il nécessaire qu'ils ayent dans leur centre un corps régissant pour se maintenir? Si cette condition n'est pas essentielle je perds tout espoir de rien trouver dans Orion. Quoi? vous abandonneriez un tourbillon à lui même? je crois qu'il en seroit de lui comme de ceux qui se forment dans l'eau et dans lair, qui sont aussi tôt dé-

---

(*) Le Père Noël, Jésuite.

détruits que formés. Les mouvements dans l'univers doivent être mieux réglés et plus uniformes; l'hypothèse des tourbillons me paroît précaire et bien hasardée: je suis convaincu que vous préférerez toujours la théorie simple de la gravité, dont le loix sont confirmées et appuyées par d'exactes observations, à un mécanisme auquel o : ne sçauroit s'arrêter définitivement, parcequ'on peut toujours douter, s'il ne s'en trouvera pas de plus probable.

Vous voyez, Monsieur, que j'ai retourné votre systême de tous les côtés; il est temps que je termine cet examen: peut-être j'ai laissé prendre un trop libre essor à mon imagination; mais j'ai cédé à l'enthousiasme pour l'astronomie: je sçais d'ailleurs que vous serez toujours très empressé à me remettre dans le bon chemin lorsque je me serai égaré.

Je suis &c.

LET-

LETTRE XX.

Vous aviez bien raifon de me demander, Monfieur, fi je penfois qu'il me fut poffible de remonter encore plus haut que je ne l'ai fait, et fi je me rappellois que quelque chofe n'eût pas été jusqu'à préfent asfez approfondie. L'univers est maintenant, d'aprés toutes nos recherches, un tout lié harmoniquement dans toutes fes parties par une loi générale, voudriez vous y en ajouter quelqu'une qui lui fut étrangère? et tout bien confidéré n'ai je pas presque pasfé les bornes de la probabilité? j'ai à peu près épuifé mes conféquences, et cela fans avoir une provifion asfez abondante d'obfervations, et fans trop fçavoir jusques où elles pourroient me conduire; mais votre dernière lettre, en retraçant le tableau général envifagé de tous les côtés, a mis les dernier fçéau à l'exiftence de la chaine non interrompue qui en lie toutes les parties, et a indiqué les limites peut être incroyables que j'ai atteint.

On voit par la netteté et la clarté de cette esquisfe qu'on n'y fuppofe rien qui choque la vraifemblance. Les traits en font fi vifs et fi diftincts, que l'on peut mettre en doute qu'il fut posfible d'imaginer un autre arrangement qui n'interrompit pas l'analogie: en un mot, s'il y reste encore des chofes indécifes, on peut dire du moins: *fe non é vero, é ben truovato.*

S'il est difficile en phyfique de tirer des expériences, des conféquences exactes pour former un fyftême fans fuppofer quelque hypothèfe, combien ne l'est il pas d'avantage lorsqu'on n'a pour point d'appui que des confidérations générales fans pouvoir confulter l'obfervation; c'est précifément le cas dans lequel je me fuis trouvé; ce ne font pas des propofitions ifolées, mais feulement une longue chaine de conféquences qui forment l'édifice de mon fyftême;

ftême; on peut comparer cette chaîne à un immenfe calcul qu'il est esfentiel de vérifier par parties, pour examiner s'il ne s'y feroit point gliſé quelque erreur: c'est principalement et uniquement dans l'obfervation que j'en dois chercher la vérification: je les ai établies avec autant de confiance, que fi des obfervations déjà connûes et avérées les avoient confirmées. Ne pourroit on pas taxer de témérité cette manière de préfenter mes idées, furtout dans un fiècle où la liberté dont chacun devroit jouir de confidérer la nature felon fa façon de la concevoir femble avoir reçu quelques entraves?

Ce n'est pas fur une feule de ces parties ifolées que j'ai fixé mes idées, mais fur l'enfemble général de l'univers. Où ai je, me dira-t-on, trouvé la coupelle où j'ai dû éprouver chaque principe, et la balance où j'ai pefé chaque corps pour le placer au lieu convenable relativement à fon poids? Seroit ce dans l'ignorance complète où nous fommes du grand et du petit abfolu, que j'aurois puifé le droit de fuppofer autant de corps et de tel volume que je l'aurois cru nécesfaire pour compléter le fyftême total? Leur exiftence est elle donc d'une nécesfité indispenfable, et ce fyftême est il fi rigoureufement démontré, qu'il ne foit plus permis de s'en écarter? la durée de l'univers tient elle à ce que de tels corps en foient la pierre angulaire? faut il y croire fans les avoir vus? qui est ce qui a été à portée de les examiner et de connoitre leur masfe? quel droit ai je de donner des conjectures et des fuppofitions pour des vérités, et d'asfurer qu'il exifte des corps là où on n'en a jamais vu, et où l'on ne pourra jamais en voir? Peut être que les chofes fe pasfent d'une manière exactement oppofée à mes prétentions: peut on fubftituer des preuves tirées de ce qu'on n'a point vu à celles d'un genre contraire?

Vous voyez, Monfieur, que je comparois au tribunal de la raifon, et que, prenant votre ton, j'y dépofe mes principes et les preuves de mon fyftême. Elle rejettera tout ce qui portera le caractère de l'erreur: elle réduira à des Justes Bornes ce qui embrasfera trop d'étendue, renverra à des obfervations plus multipliées ce qui est prématuré.

turé et ce qui a besoin de preuves plus appropriées et plus concluantes : elle suppléera à ce qui manque, remplira les lacunes, et enfin liera chaque chaînon, depuis le premier jusques aux limites les plus reculées, pour ne faire de l'univers qu'un tout dépendant de la réunion harmonique de toutes ses parties.

Le tribunal où elle préside est si équitable, que c'est avec plaisir que, renonçant à tout amour propre, je lui soumets les preuves de mon système, étant convaincu que mes erreurs seront remplacées par des vérités. Je recevrai toujours cet échange avec transport ; elle méprise ces ornements parasites dont les avocats tâchent d'étayer les mauvaises causes ; elle permet le doute là où les principes sont en défaut ; elle exige que l'on présente chacun d'eux dépouillé de tout ce qui lui est étranger ; elle veut que l'on s'aide des moyens convenables dans la recherche de la vérité, sur laquelle elle se reserve de prononcer : si elle diffère, ce n'est que pour indiquer ce qui manque encore pour parvenir légitimement à des conséquences ultérieures.

Vous m'avez fourni tant de moyens de perfectionner mon système, qu'ignorant à chaque lettre ce qui devoit résulter des suivantes, j'ai été insensiblement conduit plus loin qu'elles ne sembloient me l'indiquer ; en jettant maintenant un coup d'oeuil général sur l'ensemble, je retrouve tous les pas que j'ai faits, et j'en entrevois le fort et le foible ; vous jugerez de leur étendue, la totalité étant soumise à votre examen. Je ne puis qu'acquiescer d'avance à votre décision ; elle m'apprendra jusques à quel point je devrai compléter ou changer mes preuves : voici donc la recapitulation de tous les points fondamentaux qui doivent passer par le creuset de votre jugement.

1°. *Les fixes ont elles un mouvement dépendant des forces centrales ?*

Leur mouvement particulier est assez prouvé par les observations (*a*) ; mais on peut demander encore, si ce mouvement est rectiligne, ou courbe et régulier.

2°. *L'univers entier est il soumis aux loix de l'attraction*

(*a*) Voyez pag. 143 note (*b*).

tion Newtonienne, qui n'en fasse qu'un tout dépendant de la liaison de toutes ses parties?

Cette question dépend de sçavoir, si l'univers n'est qu'un ouvrage informe, composé au hasard de pièces de rapport, ou si c'est un tout dont toutes les parties liées harmoniquement se correspondent relativement au temps, à l'espace, et à la masse.

3°. *La voye lactée doit elle former un seul système particulier, et les fixes qui sont situées au dehors de ses limites forment elles un pareil système (b)?*

On seroit tenté de le croire, puisqu'on voit dans d'autres parties du ciel des nébuleuses séparées qui offrent la même apparence; à l'égard de la seconde partie de la question, elle suit de la première, puisque la voye lactée paroît si bien tranchée par ses bords.

4°. *Le soleil a-t-il une orbite particulière?*

Oui, de même que les autres fixes (c).

5°. *La terre et les planètes n'éprouvent elles pas de petites altérations dans leurs révolutions annuelles, et ne seroit ce pas là la cause du mouvement de la ligne des noeuds, et des aphélies?*

Ceci se voit dans le mouvement de la lune relativement au soleil, et il en doit être de même des Planètes principales; mais il seroit essentiel d'examiner, si ces altérations sont perceptibles? quelle partie pourroit en être attribuée au mouvement des aphélies et de la ligne des noeuds des Comètes? Celle qui seroit constante, pourroit dépendre de la révolution du soleil dans son orbite (d).

6°. *Les vraies orbites des Planètes et des Comètes sont elles elliptiques?*

Elles le seroient si le soleil étoit en repos, mais dans le fait ce ne sont que des cycloïdes.

7°.

(b) Pag. 149 note (b).

(c) Voyez pag. 148 et notre Remarque (g) à cet endroit.

(d) Les progrès ultérieurs de l'Astronomie nous ont permis de répondre d'une manière plus satisfaisante à cette question dans nos remarques, pag. [illegible].

7°. *Dans le cas qu'elles fussent elliptiques, conserveraient elles la même courbure?*

Tout de même que la lune et les autres Satellites.

8°. *Y a-t-il au centre des systêmes de fixes un corps qui les régisse comme notre soleil régit les Planètes et les Comètes?*

Celà paroît conforme à l'analogie, et l'ordre de la révolution de ces fixes en devient plus simple; reste à sçavoir si c'est l'unique cause de leur état permanent.

9°. *Ce corps est il fort grand et lumineux?*

Il doit avoir nécessairement une masse considérable, et sa grandeur doit être proportionée à sa densité. L'une et l'autre doivent l'être à l'étendue du systême; il peut avoir une foible lumière propre, ou être éclairé par le soleil le plus voisin. Si c'est de cette dernière manière, il peut être opaque et cependant paroître lumineux (*e*).

10. *Dans ce dernier cas pourroit il être possible de découvrir celui qui est au centre de notre systême de fixes?*

Cela ne feroit pas impossible, si sa masse n'étoit pas beaucoup plus dense que celle du soleil ou des Planètes, parcequ'alors des extrémités du systême son diamètre pourroit paroître encore assez grand pour être apperçu.

11°. *Doit il avoir des Phases?*

Oui s'il est au centre de révolution de quelque soleil qui

(*e*) Il pourroit de même être lumineux, et cependant paraître opaque, voyez nos remarques pag. 165 et 244. Mais aussi s'en faut il encore beaucoup que son existence soit suffisamment prouvée: elle n'est pas d'une nécessité indispensable pour le maintien de l'ordre dans le systême des fixes. NEWTON concluait le repos sensible des étoiles de leur distribution uniforme par l'espace (*Princip. Lib.* III. *Prop.* XIV. *Coroll.* 2.) Aussi M. HERSCHEL dans ses Mémoires sur la Construction du ciel n'a point supposé de corps central régissant le systême des étoiles: en effet, il paraît suivre de ses observations, ainsi que l'a remarqué nouvellement M. SOLDNER, (*Ephem. de Berlin pour* 1803 *pag.* 190) que notre soleil n'est pas considérablement éloigné du centre de ce systême; donc si ce centre était occupé par un tel corps, il semble que le mouvement relatif des étoiles devrait nous paraître bien plus considérable qu'il n'est indiqué par les observations

qui l'éclaire; s'il a des taches, si sa configuration varie, s'il tourne autour de son axe, comme il semble en général que celà doit-être.

12°. *Si la nébuleuse d'Orion ne semble pas remplir toutes ces apparences, et si par conséquent on ne pourroit pas soupçonner avec raison que c'est un de ces corps?*

Les changements qu'on y a remarqué d'après les observations semblent annoncer quelque période, et suivant la théorie des Phases elle ne sçauroit guères s'expliquer autrement (*f*).

13°. *Si chaque systême de fixes est régi par un corps de cette espèce, ne peuvent ils pas rassemblés, former un systême plus étendu, dans le centre du quel il y ait un nouveau corps régissant, dont la sphère d'activité embrasse ce plus grand systême?*

La voye lactée étant formée de plusieurs systêmes réunis, si l'on trouvoit que chacun, ou seulement l'un d'eux, a dans son centre un corps régisant, on peut conclure d'après l'analogie, que la voye lactée entière en a un aussi elle même, à l'action du quel elle obéit en faisant sa révolution autour de lui (*g*).

14°. *Ce dernier corps ne doit-il pas être immensément grand?*

Son étendue doit être proportionnée à celle de son domaine.

15°. *Y en a-t-il d'ultérieur à considérer, et seroit il possible d'aller encore graduellement plus loin?*

La voye lactée doit, comme les autres systêmes, appartenir à des systêmes encore plus grands; mais tout ce qui excède notre sphère de visibilité ne doit pas nous occuper, quoique nous soyons autorisés sur l'analogie à croire, que cette marche progressive s'étende encore très loin. Nos efforts doivent se borner d'abord à constater par l'observation l'existence d'un de ces corps régisants, surtout de celui duquel dépend notre systême.

J'ai

(*f*) Voyez nos remarques pag. 129 et 242.
(*g*) Voyez notre remarque (*a*) pag. 242.

J'ai voulu voir, si en réunissant ainsi sous un même coup d'œuil les principales questions de mon systême à résoudre, il ne feroit pas possible de parvenir à quelque chose de plus rigoureux que la simple probabilité. Je pourrois en accumuler encore un bien plus grand nombre, mais celles ci, qui sont les plus essentielles, m'ont paru suffisantes pour remplir cet objet.

J'ai vu avec plaisir que vous vous étiez d'autant plus volontiers arrêté à l'espèce de subordination graduelle qui forme le fonds de mon systême, qu'elle nous laisse le choix commode de substituer l'ellipse aux cycloïdes de chaque degré, et qu'elle nous découvre la mesure propre à la masse de chaque corps, celle du temps de leur révolution, et de l'espace qu'ils parcourent. Je ne reviendrai pas sur cet objet que vous avez déjà éclairé, et auquel je ne pourrois rien ajouter. Il me feroit aisé de faire voir, que tout autre arrangement ne feroit ni aussi parfait, ni aussi simple, ni aussi harmonique; et que l'analogie y feroit totalement en défaut, si ce qui se passe relativement aux plus grands systêmes n'étoit pas conforme à ce que nous observons dans les petits.

Tant qu'on a considéré le soleil et les étoiles fixes comme étant en repos, personne n'a osé songer à les troubler dans cette possession; cet état sembloit devoir être un attribut de la grandeur; et à mesure qu'on imaginoit des corps plus considérables, leur prétention au repos devenoit plus incontestable. Pour moi je ne sçaurois en général me départir de l'idée, que le mouvement d'un corps doit être d'autant plus réel, constant, et uniforme, qu'il est, ainsi que son cortège, plus immense.

Le calcul de la manière dont un systême de fixes pourroit exécuter sa révolution en vertu de leur seule pesanteur autour d'un centre sans y supposer un corps régissant feroit infini si l'on vouloit examiner chaque cas différent en particulier; mais que l'on suppose seulement deux corps en mouvement dans le même plan, il est facile de voir, qu'ils pourront faire leur révolution autour de leur centre commun de gravité dans une ellipse ou un cercle, de manière à parcourir constamment la même orbite; ce centre sera le foyer commun des courbes décrites; leurs grands axes seront dans la la même ligne droite, mais leurs aphélies ſeront oppoſées, et les deux corps ſe mouvront de manière que la ligne droite, qui les joindra, paſſera par le foyer commun des courbes de révolution: il ſuit de là qu'ils l'accompliront dans le même temps.

Si l'on conſidère de même trois, quatre, ou un plus grand nombre de corps, faiſant leur révolution dans des cercles concentriques, on pourroit les ſuppoſer tels, qu'ils employeront un temps égal à parcourir leurs orbites en vertu d'une force centrale: mais comme on ne peut guère ſuppoſer dans la nature une pareille égalité dans les révolutions, ſuppoſons les inégales; ou bien que les mouvements ſoient forcés de s'exécuter dans différents plans, et ſuivant diverſes directions; on ne trouve encore rien dans cette ſuppoſition d'où l'on puiſſe déduire une régularité et une permanence d'état: on trouvera toujours mieux ſon compte à ſuppoſer un corps au foyer commun, tel que le ſoleil est ſitué relativement aux Planètes et aux comètes, dont la marche est ſi régulière. Je demande avec vous, Monſieur, comment ſans le ſoleil une comète oſeroit s'approcher de Jupiter. (h)

Je ne penſe point du tout à recourir aux tourbillons pour expliquer la cauſe du mouvement des corps céleſtes, quoi-

---

(h) Quoiqu'il ſoit très probable, que lors de la formation primitive des ſyſtèmes d'étoiles, l'attraction ait réuni dans leurs centres de gravité la plus grande quantité de matière, et dû par conſéquent faire naître dans ces centres des corps d'une maſſe inconcevable, ainſi que l'a imaginé M. KANT (*Hiſt. nat. du Ciel. chap. 7 pag. 102*); il n'y auroit néanmoins du côté mathématique aucun inconvénient à ſuppoſer ces centres vuides de pareils corps. M. SOLDNER, qui s'est nouvellement occupé de la recherche du mouvement des étoiles dans cette hypothèſe, est parvenu à ce réſultat digne de remarque, que la quantité de mouvement y est preſque partout la même dans toute l'étendue du ſyſtème des fixes, n'étant dans la proximité la plus voiſine de ſon centre que tout au plus double de celle qui a lieu à ſes extrémités les plus reculées (*Éphém. de Berlin pour 1813 pag. 185*). Notre auteur paraît en penſer autrement pag. 245 et 246.

quoique cependant le peu de ſuccès ſeul qu'on a eu juſqu'à préſent à en approfondir le mécanisme ne m'empêchât pas de croire à leur poſſibilité; je crois que, ſoit qu'on les adopte, ſoit qu'on ait recours à l'attraction Newtonienne, il faudra toujours faire dépendre ce mouvement d'un principe mécanique, et ce ne feroit pas ſans des preuves bien rigoureuſes et bien multipliées qu'on pourroit établir, que ce mouvement s'exécute dans un vuide parfait, et que les corps peuvent regner réciproquement les uns ſur les autres ſans l'intervention d'aucune matière, ainſi que le prétendent les Disciples de Newton (*l*). Nous ſommes ſi accoutumés à ne concevoir du mouvement dans un corps qu'autant qu'il lui est communiqué médiatement ou immédiatement par un autre, qu'il n'y auroit que des preuves de la dernière évidence du contraire qui pourroient nous faire départir de cette idée.

Si jamais on ſe détermine à adopter les tourbillons, je doute fort qu'on puiſse les employer utilement en laiſſant leur centre vuide. De deux choſes l'une; ou le tourbillon, par exemple celui du ſoleil, ne ſervira qu'à pouſser les Planètes vers lui, et dans ce cas il faut qu'elles ayent une force centrifuge, et une vîteſse qui leur ſoit propre, indépendante de l'effet du tourbillon; ou il ſervira ſeulement à produire les révolutions circulaires, et alors le tourbillon devroit avoir déjà cette forme, puiſque la matière dont il est composé auroit cette direction, et qu'elle entraîneroit par ſon courant les Planètes avec elle; c'est ce qui ne manqueroit pas d'arriver, ſi les orbites des Planètes et des Comètes étoient circulaires et concentriques, ſi elles étoient dans le même plan, et qu'elles ſuivisſent la même direction. Mais comme le nombre des comètes rétrogrades est auſſi conſidérable que celui des directes, la direction du courant des couches du tourbillon qui les entraine devroit corres-

pon-

(*l*) Pour être disciples de cet homme immortel il ſuffit d'admettre, que *l'attraction agit* ſelon des lois conſtantes qu'il a établies, ſans prétendre expliquer *comment elle agit*, ſi c'est, par exemple, *par l'intervention d'une certaine matière*, ou non: il y a longtems que le géomètre a abandonné au métaphyſicien le ſoin de pareilles recherches.

pondre à chacune d'elles, et conséquemment être composée d'autant de couches diverses, qu'il y a des astres différents: malgré cette opposition confuse des directions, les courans, qui se croisent, devroient cependant conserver la régularité de leurs mouvemens, afin que la vitesse de chacun de leurs points fut telle que l'exigent les loix de KEPLER: qui est ce qui les assujétira à toutes ces conditions? La même question, comme on le voit, revient toujours.

Que l'on suppose qu'à la place du courant la planète reçoive à chaque point de son orbite une impression qui la pousse dans la direction qu'auroit dû prendre le courant pour l'entraîner dans cette même direction, en supposant qu'elle n'eût eû aucune vitesse par elle même; on n'avancera rien, et la question restera toujours la même à résoudre. Si le coup reçu avoit simplement pour direction le centre, nous ne pourrons en déduire aucune idée de tourbillon proprement dite: il produiroit son effet quand même la matière qui le forme seroit supposée sans mouvement: cet effet seroit proportionné à la densité du corps, et aux divers degrés de vitesse qu'il prendroit, et qui augmenteroit à mesure qu'il approcheroit du centre. Je sçais bien que les sectateurs de ce systême ont tenté d'expliquer cette impression reçue par la combinaison de divers mouvements; mais je ne pense pas, que toutes les expériences, qu'ils ont imaginé et exécuté pour parvenir à cet objet, soient décisives, et la preuve rigoureuse en reste toujours sujette aux plus grandes difficultés.

On peut en attendant établir pour principe, que l'effet de la gravitation est dûe à une matière quelconque, telle que les Planètes, qui ont une vitesse propre, sont détournées continuellement par elle vers le soleil. D'où naît cette nouvelle question, de sçavoir si cette matière, qui manifeste son effet dans la sphère d'activité du soleil, l'accompagne pendant sa révolution dans son orbite, ou si cet astre, quelque part qu'il se trouve, se l'approprie continuellement de nouveau: dans le dernier cas il est évident, que l'impression de cette matière, ou du tourbillon, dépend absolument du soleil, puisqu'elle a toujours lieu là ou il est, et que je suppose un corps dans chaque tourbillon qui le régit et le di-

dirige dans tous ses points: dans le premier cas nous revenons forcément à l'idée du courant qui entraîne les Planètes et les comètes, avec cette seule différence, qu'ici une partie du courant est employée à former le tourbillon, et l'autre fuit par son mouvement, pour en éviter l'effet.

Si l'on demande: d'où est ce que le corps qui est au centre du tourbillon a tiré son mouvement? ce sera comme si l'on demandoit: qui est ce qui l'a procuré au tourbillon lui même? question aussi insoluble que l'autre. Et comme la supposition des courants me paroît susceptible des plus grands inconvénients, et présenter les plus grandes difficultés, je m'arrêterai à penser, que la gravité de chaque corps céleste réside en lui même, quelque difficile qu'il soit d'en expliquer le mécanisme (*k*). L'effet de la gravité est si exactement proportionné à la masse, que je ne sçaurois concevoir un tourbillon sans un corps central. Le tourbillon qui entraîne un systême entier de fixes devroit être bien différent, si la gravité de chacune de ses parties n'étoit pas dûe à un corps central, vers lequel chaque fixe pesât de la même manière que les planètes pésent vers le soleil: plusieurs physiciens ont cherché à remanier et à rajuster les tourbillons pour tenter de les étendre à toutes les parties de l'univers; mais il ne paroît pas que le moment soit encore venu d'en mettre le mécanisme à l'abri de toute objection; il pourroit y avoir différentes manières de les concevoir, et nous avons encore trop peu de données pour faire un choix décidé.

Comme notre soleil a son orbite particulière, et qu'il fait sa révolution dans une cycloïde très compliquée, le systême de Copernic ne sçauroit être reçu que comme une hypothése utile; la seule différence qu'il y a entre notre astronomie apparente et la théorique, c'est que dans celle là la terre est en repos, et que dans celle-ci c'est le soleil. Je serois bien étonné, je crois, de voir une Astronomie démontrée en toute rigueur; on y parviendroit, à la vérité, par une suite d'hypothéses, dont la précédente seroit ren-

(*k*) C'est aussi l'opinion de M. la Lande, d'après Maupertuis et la plupart des métaphysiciens Anglais. *Astronomie art.* 3530.

renverfée par la fuivante, qu'on abandonneroit de nouveau pour une autre. Voilà du moins la voye qu'on a réellement fuivi, et il y a lieu de demander, fi l'on pourroit en découvrir une autre?

Chacune de ces hypothéfes s'est appuyée fur ce qu'elle repréfentoit les chofes telles qu'on les voyoit, et il est évident, qu'on pouvoit alors les admettre; mais n'étant fondées que fur l'apparence, on ne pouvoit pas les étendre à ce qu'on ne pouvoit pas obferver. Quand on voyoit que tout le firmament tournoit autour de la terre en vingt quatre heures, on put en conclure le mouvement de celle-ci autour de fon axe, ce qui est maintenant démontré; mais comme celà n'a pas fuffi, il a fallu admettre le mouvement de la terre autour du foleil en repos; ultérieurement, que celuici fe mouvoit auffi, et qu'il changeoit de place; ainfi de fuite des uns aux autres. Il reste cependant toujours douteux, s'il étoit poffible d'arriver jusques là fans recourir à des principes méchaniques et cosmologiques, ou en s'aidant feulement d'une foule de fragments de preuves particuliéres et ifolées, qui à la vérité pouvoient mettre les chofes à l'abri du doute, mais qui relativement à la liaifon et à l'enchainement des parties, qui doivent former l'enfemble, ne pouvoit fuppléer à la rigueur nécesfaire en pareil cas.

Que l'on s'aide ici des principes cosmologiques, et que l'on fuppofe que rien dans l'univers n'est dans un repos abfolu, alors tout s'animera; la terre, le foleil, les fixes, feront leurs révolutions dans des orbites particuliéres: fuppofez de plus que tous ces mouvements puisfent différer les uns des autres de toutes les maniéres posfibles relativement au temps et à l'espace; foudain vous verrez naître le mouvement de la terre autour de fon axe, qui rend inutile la fuppofition dure du mouvement de tout le firmament autour d'elle dans 24 heures, et les corps céleftes n'en feront plus à la même diftance: fi vous admettez de plus que tout doit y être réglé par des loix générales, il en éclorra de fuite différents fyftêmes, dans les quels feront placés les planètes et les fixes elles mêmes, en un mot, touts les corps céleftes quelconques.

Les

Les principes cosmologiques sont encore si peu connus, que je n'oserois assurer irrévocablement la réalité des conséquences que je viens d'en déduire, et qu'on ne dût pas recourir à d'autres pour les prouver. A l'égard des méchaniques, on s'en est déjà beaucoup plus occupé; l'applatissement de la terre me paroît une preuve sans replique de son mouvement autour de son axe, et je ne vois pas ce qu'on pourroit y objecter. Les preuves de la figure elliptique des orbites des planètes et des comètes qu'on a tirées de ces principes appliquées aux loix de la gravité, en supposant le soleil en repos, me parroissent du même genre, mais je ne puis pas fixer maintenant à quel ordre de preuves on devra les rapporter: la révolution du soleil dans son orbite est avérée, mais n'est pas prouvée *a postériori*, ce qui cependant seroit, ce me semble, nécessaire; les orbites elliptiques ne sont encore, qu'hypothétiquement admises, et il est fort douteux qu'on puisse parvenir à les prouver d'une manière satisfaisante sans avoir recours aux principes cosmologiques.

Il paroît que les astronomes ont été heureux d'avoir d'abord dirigé leurs premiers pas dans la vraie route. En partant de l'apparence des objets soumis à leurs observations, ils ont été toujours plus loin à mesure que les phénomènes se sont multipliés, et n'ont dû s'arrêter que parceque les moyens de faire d'observations ultérieures leur manquent encore.

Je ne sçaurois trop insister avec vous sur l'avantage qui résulte de l'arrangement et de l'ordre apparent des astres: ce qui les distingue du cours ordinaire des choses ici bas, où l'on est tenté de ne voir qu'un désordre frappant, c'est que dans le firmament tout est assujéti à une loi générale et constante, et que les divers mouvements qu'on y distingue sont dépendants graduellement les uns des autres, ainsi que vous l'avez expliqué par votre série récurrente. Ici bas au contraire une infinité de loix différentes, de causes, de ressorts, se compliquent si fort ensemble, qu'il faudroit beaucoup de temps et de réflexions pour trouver la loi générale que suivent les vicissitudes qu'on y remarque. A cet égard on peut dire, que nous con-

connoissons mieux le ciel que la terre; et peut être parviendra-t-on plutôt à connoître l'ordre qui régne dans la marche des fixes, ainsi que la loi qui régle les changements quelle éprouve, qu'à expliquer la cause des variations du Baromètre, et l'état de l'air qui nous environne, qui dépendent, selon les apparences, d'une infinité de causes et de circonstances. On peut presque assurer, que chaque montagne, chaque vallée, chaque source d'eau, chaque constitution différente du sol y contribuent.

Nous pouvons conclure de tout celà, que le firmament a une stabilité que ne comporte pas l'état de notre terre, il doit y avoir une sorte d'horologe, qui pour chaque espace de temps exige de nouveaux signes de division; chaque corps céleste entre d'une manière déterminée dans sa construction; chaque ressort a son effet; à peine en connoissons nous les secondes et les minutes, et je trouve que nos jours, ou même nos années, n'ont aucune proportion avec elles quand je réfléchis aux questions que vous avez accumulé sur cet objet, et avec lesquelles vous vous êtes singulièrement familiarisé. Soyez assuré que cette pendule n'éprouvera pas d'interruption, comme celà arrive si souvent aux notres.

Je finirai cettre lettre en vous témoignant combien je suis aise que vous ayez jugé mes recherches sur la figure de l'athmosphère solaire dignes d'être suivies, et encore plus de l'espoir que vous me donnez que nous pourrons l'observer ensemble, ainsi que la nébuleuse d'Orion; si je ne me trompe, on en a découvert bien d'autres semblables dans le ciel (*l*); nous verrons bientôt ce qu'on en doit penser, ainsi que des autres merveilles qu'on a découvert relativement aux étoiles fixes, tandis que nous nous sommes occupés à considérer l'univers sous un point de vue qui vraisemblablement n'est pas fort éloigné du vrai.

Je n'airai pas plus loin, et je suspendrai ici ma tâche, jusques à ce que vos nouvelles observations m'ayent appris, si nous sommes sur la route de la vérité, ou s'il faut recti-

(*l*) Voyez notre remarque (*l*) pag. 185.

[illegible] en changer nos idées; vous sçavez combien je suis difficile sur la rigueur des preuves, et j'ai eu la satisfaction de vous faire voir, combien l'[illegible] y avoit heureusement gagné. C'est aux observations de la physique à l'enrichir et à la perfectionner.

Je suis &c.

FIN.

CATALOGUE DES COMÈTES calculées par M. HALLEY.

Année	Nœud ascendant.	Inclinaison de L'orbite.	Périhélie dans L'orbe.	Périhélie dans L'écliptique.	Latitude du Périhélie.	Distance Périhélie.	Logarithme de la Distance.	Temps du Périhélie.
	° ′ ″	° ′ ″	° ′ ″	° ′ ″	° ′ ″			d h ′
1337	♊ 24. 21. 0	32. 11. 0	♉ 7. 59. 0	♉ 12. 45. 15	22. 40. 30 B	40666 R	9, 609236	Jul. 2. 6. 2
1472	♑ 11. 46. 20	5. 20. 20	♉ 15. 33. 30	♉ 15. 40. 20	4. 25. 50 A	54273 R	9, 734584	Feb. 28. 22. 23
1531	♉ 19. 25. 0	17. 56. 0	♒ 1. 39. 0	♒ 0. 48. 15	17. 3. 5 B	56700 R	9, 753583	Aug. 24. 21. 18½
1532	♊ 20. 27. 0	32. 36. 0	♋ 21. 7. 0	♋ 16. 59. 40	15. 17. 0 B	50910 D	9, 706803	Oct. 19. 22. 12
1556	♍ 25. 42. 0	32. 6. 30	♑ 8. 50. 0	♑ 11. 6. 0	31. 10. 20 B	46390 D	9, 666424	Apr. 21. 20. 3
1577	♈ 25. 52. 0	74. 32. 45	♌ 9. 22. 0	♍ 7. 58. 0	69. 35. 20 A	18342 R	9, 263447	Oct. 26. 18. 45
1580	♈ 18. 57. 20	64. 40. 0	♋ 19. 5. 50	♋ 19. 17. 10	64. 40. 0 B	59628 D	9, 775450	Nov. 28. 15. 0
1585	♉ 7. 42. 30	6. 4. 0	♈ 8. 51. 0	♈ 8. 59. 10	2. 55. 25 A	109358 D	10, 038850	Sept. 27. 19. 20
1590	♍ 15. 30. 40	29. 40. 40	♏ 6. 54. 30	♏ 2. 55. 50	22. 45. 50 A	57661 R	9, 760880	Jan. 29. 3. 45
1596	♒ 12. 12. 30	55. 12. 0	♏ 18. 16. 0	♏ 22. 44. 35	54. 44. 30 B	51293 R	9, 710058	Jul. 31. 19. 55
1607	♉ 20. 21. 0	17. 2. 0	♒ 2. 16. 0	♒ 1. 29. 40	16. 10. 5 B	58680 R	9, 768490	Oct. 16. 3. 50
1618	♊ 16. 1. 0	37. 34. 0	♈ 2. 14. 0	♈ 6. 10. 0	35. 50. 0 A	37975 D	9, 579498	Oct. 29. 12. 23
1652	♊ 28. 10. 0	79. 28. 0	♈ 28. 18. 40	♊ 12. 41. 35	58. 14. 0 A	84750 D	9, 928140	Nov. 2. 16. 40
1661	♊ 22. 30. 30	32. 35. 50	♋ 25. 58. 40	♋ 21. 37. 30	17. 17. 0 B	44851 D	9, 651772	Jan. 16. 23. 41
1664	♊ 21. 13. 0	21. 18. 30	♌ 10. 41. 25	♌ 8. 40. 35	16. 1. 50 A	1025751⁄2 R	10, 011044	Nov. 24. 11. 52
1665	♏ 18. 2. 0	76. 5. 0	♊ 11. 54. 30	♉ 21. 6. 35	23. 8. 0 B	10649 R	9, 027309	Apr. 14. 5. 15½
1672	♑ 27. 30. 30	83. 22. 10	♉ 16. 59. 30	♋ 9. 26. 0	69. 27. 40 B	69739 D	9, 843476	Febr. 20. 8. 37
1677	♏ 26. 49. 10	79. 3. 15	♌ 17. 37. 5	♋ 16. 21. 5	75. 44. 10 B	28059 R	9, 448072	Apr. 26. 0. 37½
1680	♑ 2. 2. 0	60. 56. 0	♐ 22. 39. 30	♐ 27. 26. 50	8. 11. 40 A	612½ D	7, 787106	Dec. 8. 0. 6
1682	♉ 21. 16. 30	17. 56. 0	♒ 2. 52. 45	♒ 2. 0. 30	16. 59. 20 B	58328 R	9, 765877	Sept. 4. 7. 39
1683	♍ 23. 23. 0	83. 11. 0	♊ 25. 29. 30	♋ 10. 36. 55	82. 52. 0 B	56020 R	9, 748343	Jul. 3. 2. 50
1684	♐ 28. 15. 0	65. 48. 40	♏ 28. 52. 0	♐ 15. 15. 25	26. 35. 20 A	96015 D	9, 982339	Maj. 29. 10. 16
1686	♓ 20. 34. 15	31. 21. 40	♊ 17. 0. 30	♊ 16. 24. 0	31. 17. 35 B	32500 D	9, 511883	Sept. 6. 14. 33
1698	♐ 27. 44. 15	11. 46. 0	♑ 0. 51. 15	♑ 0. 51. 15	0. 38. 10 A	69129 R	9, 839660	Oct. 8. 16. 57

ERRATA.

Page 3 ligne 25, après le mot nombreux : placez un point.
— ibid. lig. 26, effacez la virgule.
— ibid. lig. 27, après le mot héritiers : placez la virgule.
— ibid. lig. 29, après le mot édition : placez la virgule.
— ibid. lig. 31, effacez la première virgule, et au lieu de la seconde placez un double point.
— ibid. lig. 32, au lieu de par : lisez pas, au lieu de publiées : lisez publiés, et au lieu de la virgule placez un point.
— 4 lig. 4, effacez la virgule.
— ibid. lig. 30, au lieu de avec : lisez à.
— ibid. lig. 32, après le mot remarques : placez la virgule.
— ibid. lig. 34, au lieu de [illegible] : lisez [illegible].
— ibid. lig. 36, effacez la virgule.
— 5 lig. 4, au lieu de par : lisez pas.
— ibid. lig. 29, au lieu de [illegible] : lisez [illegible].
— ibid. lig. 34, au lieu de [illegible] : lisez [illegible].
— 6 lig. 2, effacez la virgule.
— ibid. lig. 8, au lieu de a-cheves : lisez achevé, et après le mot [illegible] : placez la virgule.
— ibid. avant dernière lig., au lieu de [illegible] : lisez [illegible]barkels.
— 7 lig. 16, au lieu de a-chevera : lisez achevera.
— 8 lig. 11, effacez l'accent des mots touchés et [illegible].
— ibid. lig. 29, au lieu de ou : lisez où.
— ibid. lig. 30, au lieu de [illegible] : lisez [illegible].
— 9 lig. 16, effacez le premier accent du mot dégré.
— ibid. lig. 30, effacez l'accent du mot [illegible].
— ibid. lig. 31, effacez le second accent du mot [illegible].
— 10 lig. 2, effacez le second accent du mot [illegible].
— 11 lig. 16, au lieu de [illegible] : lisez [illegible].
— ibid. lig. 17, au lieu de [illegible] : lisez [illegible].
— ibid. lig. 19, effacez la virgule.
— 12 lig. 6, au lieu de encores : lisez encore.
— 13 lig. 26, au lieu de [illegible] : lisez [illegible].
— 14 lig. 2, au lieu de architechtonique : lisez Architectonique.
— 15 lig. 1, au lieu de receuil : lisez recueil.
— 22 lig. 23, au lieu de [illegible] : lisez [illegible].
— 24, avant dernière lig., au lieu de [illegible] : lisez [illegible].
— 25 lig. 30, effacez l'accent du mot à.
— 26 lig. 4, au lieu de [illegible] : lisez [illegible].
— 29 lig. 30, au lieu de [illegible] : lisez [illegible].
— 36 lig. 7, au lieu de [illegible] : lisez [illegible].
— ibid. lig. 22 & 23, au lieu de [illegible] : lisez [illegible].
— 37 lig. 4, effacez l'accent du [illegible].

Page

ERRATA.

Page 37 lig. 19, au lieu de ma : lisez m'a; effacez l'accent du mot à.
— ibid. lig. 24, au lieu de en: lisez ne.
— 38 lig. 22, au lieu de la virgule placez un point.
— 39 dernière ligne du texte, au lieu de limitationes: lisez limitations.
— 40 lig. 5, effacez le premier accent du mot dégré: et lig. 20 le second du mot évitér.
— 42, avant dernière ligne, effacez la virgule, et les accens des mots particuliér et regardér.
— 45 lig. 18, effacez l'accent de donner, et en général de toutes les dernières syllabes des infinitifs, lorsqu'il s'y serait glissé par méprise.
— 46 lig. 18, au lieu de 87 : lisez 94.
— ibid. lig. 24, effacez l'accent du mot réparu.
— ibid. avant dernière lig., effacez le troisième accent du mot événément.
— 47 lig. 3, au lieu de parcourus : lisez parcourues.
— 48 lig. première, après le mot nous : placez une virgule.
— ibid. lig. 37, effacez l'accent du mot sécondes.
— 51 dernière ligne, au lieu de manque : lisez défaut.
— 56 avant dernière lig., au lieu de noitre: lisez naître.
— 59 lig. 24, au lieu de ou : lisez on.
— ibid. lig. 32, au lieu de aujord'hui : lisez aujourd'hui.
— ibid. avant dernière ligne, au lieu de cette matière : lisez ce sujet.
— 63 lig. 18, au lieu de nauroit : lisez n'auroit.
— 65 lig. 24, au lieu de des : lisez de.
— ibid. lig. 33, au lieu de tous: lisez toutes.
— ibid. avant dernière ligne, au lieu de 92 : lisez 94.
— 66 lig. 30, au lieu de 1798 : lisez 1799.
— 79 lig. 27, au lieu de borné: lisez bornés.
— ibid. lig. 35, au lieu de infinie : lisez infini.
— 82 lig. 6, au lieu de a : lisez à.
— 84 lig. 33, au lieu de des: lisez de.
— 85 lig. 19, sur dependoit: placez l'accent qui manque.
— 91 lig. 33, au lieu de par: lisez pas.
— 92 lig. 5 en remontant, au lieu de et : lisez est.
— 93 lig. 31 après le mot ni: ajoutez de.
— ibid. dernière ligne, effacez l'accent de réligieusement.
— 95 lig. 10, au lieu de cetta : lisez cette.
— ibid. lig. 11, au lieu de sur les: lisez des.
— ibid. lig. 14, effacez le mot ou.
— 100 lig. 11, au lieu de SÉNÈQUE : lisez SÉNÈQUE.
— ibid. lig. 5 en remontant, effacez l'accent de réparu.
— 109 lig. 22, au lieu de occupez: lisez occupés.
— 112 lig. 7, en remontant, au lieu de couverte: lisez recouverte.
— 113 lig. 8, changez le point en signe d'interrogation.
— ibid. avant dernière ligne effacez le mot et : et après la dernière ligne ajoutez: et l'Histoire nat. du ciel de M. KANT, 3ième partie.
— 119 lig. 12, au lieu de ou: lisez on.
— 120 lig. 35, au lieu de inverse: lisez inverse.

Page

ERRATA.

Page 123 *lig.* 3 *en remontant, au dessus de* considerer: *placez l'accent qui manque.*

— 128 *lig.* 4 *en remontant, après les mots* le lieu de: *ajoutez* leur.

— 129 *lig.* 7, *effacez la troisième virgule.*

— *ibid. lig.* 8, *après le mot* pas: *placez une virgule.*

— 130 *lig.* 18, *au lieu de* n'à: *lisez* n'a.

— *ibid. lig.* 34, *au lieu de* dc: *lisez* à.

— 131 *lig.* 9, *au lieu de* ou: *lisez* on.

— 141 *lig.* 23, *au lieu du second* dc: *lisez* des.

— 142 *lig.* 23 & 24, *au lieu de* combiaer: *lisez* combiner.

— *ibid. lig.* 27, *au lieu de* nappercevrions: *lisez* n'appercevrions.

— 143 *lig.* 18, *au lieu de* changeent: *lisez* changement.

— 148 *lig.* 25, *après la parenthèse ajoutez:* Mais KEPLER ne faisait servir ses considérations sur la forme apparente de la voie lactée qu'à soutenir contre BRUNUS et la philosophie moderne une proposition erronée, que le système solaire occupe dans le ciel un espace bien plus considérable qu'une fixe, et que le soleil est comme le centre auquel se rapporte tout l'Univers, ainsi qu'il paraît par l'inspection de l'endroit cité de KEPLER. *Epitome Astronomiæ Copernicanæ Lib.* I. *pag.* 38.

— 148 *lig.* 29, *au lieu de* appercoit: *lisez* apperçoit.

— 149 *lig.* 18, *au lieu de* rapportentent: *lisez* rapportent.

— *ibid. lig.* 26, *au lieu de* dinstinguons: *lisez* distinguons.

— 150 *lig. première, au lieu de* dinstingue: *lisez* distingue.

— *ibid. lig.* 14, *au lieu de* jespère: *lisez* j'espere.

— 151 *lig.* 14, *au lieu de* aussii: *lisez* aussi.

— *ibid. lig.* 16, *au lieu de* es: *lisez* ses, *et au lieu de* sons: *lisez* sont.

— *ibid. lig.* 34, *au lieu de* fa: *lisez* sa.

— 152 *lig.* 6, *au lieu de* Ils: *lisez* Il.

— *ibid. lig.* 34, *au lieu de* matéiraux: *lisez* matériaux.

— 155 *lig.* 19, *au lieu de* résondre: *lisez* résoudre.

— 156 *lig.* 16, *au lieu de* suppofer: *lisez* supposer.

— 157 *lig.* 32, *au lieu de* le: *lisez* la.

— 165 *lig.* 21, *au lieu de* fausfe: *lisez* fausse.

— 167 *lig.* 31, *au lieu de* concoit: *lisez* conçoit.

— *ibid. lig.* 32, *au lieu de* tranchans: *lisez* arêtes.

— 169 *lig. première, au lieu du premier* ce: *lisez* de.

— *ibid. lig.* 2, *au lieu de* dcs: *lisez* des.

— *ibid. lig.* 5, *effacez la virgule.*

— 172 *lig.* 2, *au lieu de* par: *lisez* pas.

— *ibid. lig.* 20, *au lieu de* inperceptibles: *lisez* imperceptibles.

— 176 *à la fin de la page ajoutez:* Parmi les modernes JORDANUS BRUNUS fut le premier qui osa renouveller ces opinions, mais qui dans un tems de tenèbres et de superstition contribuèrent à faire périr l'infortuné dans les flammes allumées par ses inquisiteurs.

— 178 *avant dernière ligne, au lieu de* six: *lisez* cinq.

— 178 *lig.* 16, *au lieu de* si: *lisez* sa.

Page

E R R A T A.

Page 193 *lig.* 9, *effacez la virgule.*

—— *ibid. lig.* 30, *au lieu de* qu'il : *lisez* qu'elle, *et au lieu de* répété : *lisez* répétée.

—— 194 *lig.* 15, *la virgule après le mot* si, *doit être placée au devant de ce mot.*

—— 196 *lig.* 20, *au lieu de* lès : *lisez* les.

—— *ibid. lig.* 31, *au lieu de* contume : *lisez* coutume.

—— 198 *lig.* 13, *au lieu de* n'auroît : *lisez* n'auroit.

—— *ibid. lig.* 22, *au lieu de* quelles : *lisez* qu'elles.

—— 205 *lig.* 27, *au lieu de* différends : *lisez* différens.

—— 206 *lig.* 21 & 24, *effacez les premières virgules.*

—— 208 *lig.* 17, *au lieu de* le noeud : *lisez* les noeuds : *bis.*

—— 209 *dernière ligne, effacez le dernier mot* hiver.

—— 210 *lig.* 9, *après le premier mot* si : *ajoutez* le.

—— *ibid. lig.* 23, *après le mot* pas : *placez une virgule.*

—— *ibid. lig.* 24, *enlevez le second accent du mot* réellé.

—— 212 *lig.* 12, *effacez le troisième accent du mot* déterminéé.

—— 215 *lig.* 13, *la virgule après le mot* cette, *doit être mise au devant de ce mot.*

—— 216 *lig. dernière, au lieu du second* et : *lisez* eet.

—— 217 *lig.* 3, *au dessus du mot* etoiles : *placez l'accent qui manque*

—— 219 *lig. première, au lieu du second* ou : *lisez* on.

—— *ibid. lig. dernière. au lieu de* recommançoit : *lisez* recommençoit.

—— 222 *lig.* 20, *au lieu de* luniversalité : *lisez* l'universalité.

—— 226 *lig.* 23, *au lieu de* obite : *lisez* orbite.

—— 228 *lig.* 20, *au lieu de* australes : *lisez* australe.

—— 231 *lig.* 4, *au lieu d'* éloigne : *lisez* éloigné.

—— 233 *dernière ligne, effacez la seconde virgule.*

—— 234 *lig.* 25, *au lieu de* par : *lisez* pas.

—— 237 *lig.* 33, *effacez la seconde virgule.*

—— 242 *lig.* 12, *la virgule après* quand, *doit être placée au devant de ce mot.*

—— *ibid. lig.* 20, *au lieu de* voy 'es : *lisez* voyes.

—— *ibid lig.* 33, *effacez l'accent de* Ciél.

—— 243 *lig.* 34, *au lieu de* placé : *lisez* placée.

—— 245 *lig.* 21, *au lieu de* eu : *lisez* en.

—— 247 *lig.* 28, *enlevez le second accent du mot* portéé.

—— 248 *lig.* 20, *au lieu de* un : *lisez* une.

—— 250 *lig.* 21, *effacez la virgule.*

—— *ibid. lig.* 31, *au lieu de la virgule placez un double point.*

—— 253 *lig.* 5, *au lieu de* par : *lisez* pas.

—— 261 *lig.* 2, *effacez la première virgule.*

—— 264 *lig.* 4, *au lieu de* doi : *lisez* doit.

—— 265 *lig.* 5, *au lieu de* lensemble : *lisez* l'ensemble.

—— *ibid. lig.* 13, *au lieu de* vainere : *lisez* vaincre.

—— 267 *lig.* 23, *au lieu de* devroient : *lisez* devroit.

—— 268 *lig.* 27, *au lieu de* régissent : *lisez* régissant.

—— 271 *lig.* 12, *au lieu de* cuthousiasme : *lisez* enthousiasme.

—— 272 *lig.* 15, *au lieu de* les : *lisez* le.

—— 285 *lig.* 4, *en remontant, au lieu de* n'sirai : *lisez* n'irai.

BN

www.ingramcontent.com/pod-product-compliance
Ingram Content Group UK Ltd.
Pitfield, Milton Keynes, MK11 3LW, UK
UKHW020310230726
13925UKWH00001B/333